新型职业农民培育规划教材

高原特色农业实用技术

宋家雄　主编

中国农业科学技术出版社

图书在版编目（CIP）数据

高原特色农业实用技术 / 宋家雄主编．—北京：中国农业科学技术出版社，2015.10（2025.7重印）

ISBN 978－7－5116－2057－6

Ⅰ.①高…　Ⅱ.①宋…　Ⅲ.①高原－特色农业－农业技术－昭通市－技术手册　Ⅳ.①S－62

中国版本图书馆 CIP 数据核字（2015）第 071688 号

责任编辑　崔改泵
责任校对　马广洋

出 版 者　中国农业科学技术出版社
　　　　　北京市中关村南大街 12 号　邮编：100081
电　　话　(010)82109194(编辑室)　(010)82109702(发行部)
　　　　　(010)82109709(读者服务部)
传　　真　(010)82106624
网　　址　http://www.castp.cn
经 销 者　各地新华书店
印 刷 者　北京虎彩文化传播有限公司
开　　本　710mm×1 000mm　1/16
印　　张　21
字　　数　388 千字
版　　次　2015 年 10 月第 1 版　2025 年 7 月第 2 次印刷
定　　价　46.00 元

《高原特色农业实用技术》编委会

策　划　张绍雄　中共昭通市委副书记

余杨举　昭通市人民政府副市长

主　任　肖本敏　昭通市农业局党组书记、局长

副主任　浦　勇　昭通市农业局党组成员、副局长、畜牧局局长

刘银盘　昭通市农业局党组专职副书记

庄清海　昭通市农业局党组成员、副局长

赵高慧　昭通市农业局党组成员、副局长、市农业科学院院长

王清亮　市农业局党组成员、副局长

主　编　宋家雄　昭通市植保植检站农技推广研究员

编　者　（按章节顺序编排）

程金朋　胡明成　刘光禄　武绍宏　金　轻　胡　祚

宋维际　蔡兆翔　赵家学　宋家雄　何　梅　张汉学

石安宪　王　琴　高　熹　李　强　唐明凤　张玉林

周明钟　赵孔发　杜光永　姚光陆　凌　英　王芳荣

赵　洁　普　春　蔡荣靖　鲍　锐　田丽华　杨毅娟

罗道瑛　管彦荣　马永翠　陈发国　艾祖军　王登山

胡　义　朱泽娥　陈官平　尤正荣　陈　英　覃兴合

饶　军　刘龙邦

校　核　刘　涛　周天丛　唐永忠

主编简介：宋家雄，男，1966 年生，农技推广研究员，昭通市植保植检站工作，主要从事农业植保技术的研究与推广和市农业局科教等工作。多年来，他所主持和参与的项目已带领合作团队获得 13 个“先进集体”荣誉和 53 名“先进个人”的表彰和奖励；51 人次 19 单位次获省部级的一、二、三等奖励，3 人晋升正高职称，20 余人晋升副高职称。在《植物保护学报》《植物检疫》《植物保护》《环境昆虫学报》《应用生态学报》《西南农业学报》《云南农大学报》《中国植保导刊》等期刊上发表学术论文多篇；主编教材 1 部；被公开报道为“昭通庄稼的守护神”；是云南省突出贡献、省百佳职工、省创新人才获得者；是昭通首届名家、首席植保专家和省科技厅农业科技大课堂主讲专家，获省政府、农业部奖 7 次。2003 年至今与云南农业大学合作的花椒项目共同指导培养本科生 47 名、研究生 21 名。

内容简介

全书从云南的高原农业生产实际出发，根据高原特色农业发展要求，以“高原粮作、特色经作、山地牧业、淡水渔业”四大产业为重点，组织相关在职精英专家，将他们多年研究与推广所总结出来的先进技术编写成书，以供广大农技干部、有关领导和农民们学习与参考。

序　一

昭通是典型的农业大市、人口大市，境内山高谷深、沟壑纵横，立体气候特征明显，自然灾害多发频发。同时，昭通农业基础设施薄弱、科技水平较低、管理粗放、市场竞争能力弱，整体发展水平、发展质量、发展层次较低。加大应用科技改造传统农业的力度，大力推广应用先进技术是昭通破解“三农”问题的关键所在。

近年来，市委、市政府始终坚持农业的基础地位不动摇，坚持以科技进步和改革创新为根本动力，以提高农业综合生产能力为主攻方向，通过总结提炼、学习借鉴、市院合作等有效方式，扎实推进品种良种化、种养规范化、管理科学化、产品优质化科技攻关，探索实践了一系列符合昭通实际的种养殖业技术、规程，农业的标准化水平不断提高，主导产业规模不断扩大，农业特色产品不断增加，有效推动农业增效、农民增收。

《高原特色农业实用技术》紧密结合昭通气候特点、资源禀赋、产业特色，以“高原粮作、特色经作、山地牧业、淡水渔业”四大产业为重点，整合收录、分类整理了近年来昭通农业产业发展理论探索、实践经验、院校合作成果汇编成册，是昭通广大农技干部、乡土专家、种养能手实践总结和智慧结晶，融针对性、指导性、实践性为一体，既是实用教材又是工具书。相信《高原特色农业实用技术》的编辑出版必将为全市农科人员提供技术参考，必将为广大种养人员提供技术指导，必将为推动昭通高原特色农业发展再上新台阶作出积极贡献。

是为序！

中共昭通市委副书记　张绍雄

2015 年 2 月 6 日

序　二

发展昭通高原特色农业，是优化农业产业结构，破解农业产业小、散、弱、差“短板”，促进农民增收的重要举措，是推进昭通特色农业产业化的必由之路。增强农业科技支撑保障，推进先进农业实用技术广覆盖、深落实，是发展高原特色农业的重要推手。

在长期的工作实践中，我市广大农科专家通过大量的技术研究与示范推广，探索总结出了一系列有效、管用的高原特色农业实用技术，其中一些技术成果，如《花椒主要病虫害防治研究与示范》经省科技厅组织专家鉴定，已达到了国内同类研究领先水平。正是各项先进实用技术的推广应用，为科技支农、科技富农提供了有力支撑，促进了昭通农业产业的持续健康快速发展。

为进一步推动昭通高原特色农业科技化发展，昭通市农业局组织专家编写了农业科技培训教材——《高原特色农业实用技术》一书。全书共设“高原粮作、特色经作、山地牧业、淡水渔业”4 篇 21 章，内容涵盖面广、技术先进实用，既可供地方领导参考应用，又可供广大农技人员学习实践，还可作为培训教材推广使用，具有较强的实用价值，对于进一步规范提升昭通农业新技术的推广与应用，提高广大农技队伍素质和培育新型农民，促进昭通农业持续快速发展具有重要作用和重大意义。

希望全市各级各有关部门宣传推广应用好该书，让该书的作用和价值得到充分发挥，同时也希望各位专家继续努力、不断钻研，研究出更多更新的先进实用技术，更好地服务“三农”。

昭通市人民政府副市长

2015 年 3 月 30 日

目　录

第一篇　高原粮作

第二篇　特色经作

第三篇　淡水渔业

第四篇　山地牧业

第一篇　高原粮作

第一章　玉米高产栽培技术*

第一节　良种选择

玉米是昭通市第一大粮食作物，种植面积广，各种植区域气候类型多样，进行品种选择时需根据当地生态条件及种植用途选择适宜品种。选购品种时，应选用经国家或省级农作物品种审定机构审定的、适应在当地种植的优良品种。

结合种植目的，饲料玉米宜选用株型紧凑、耐密植、群体产量高、抗逆性强、灌浆速度快、增产潜力大、淀粉和蛋白质含量高的杂交品种；鲜食玉米宜选用口感好、生育期短、上市早的糯玉米或甜脆玉米。

第二节　整地播种

一、整地

翻犁深耕≥20 厘米。翻犁后应打碎土块，做到土壤疏松、土垡细碎。整地过程中，前茬进行过地膜覆盖的田块，需及时捡拾干净残膜，避免土壤污染及影响种子出苗。

二、播种

1. 播前准备

种子的准备：选用符合 GB 4404.1 要求、经包衣、标签标识完整（标注品种名称、产地、质量指标、检疫证明编号、种子生产及经营许可证编号或者进口审批文号等事项）、标签标识标注内容与销售的种子相符的合格种子。

覆膜与否：实践证明覆膜能够有效节水保墒，起到增产增效的作用。北部海拔 1 600 米 以上、南部海拔 1 800 米以上的山区，建议覆膜。

---

* 本章编写人：昭通市农业科学院　程金朋

2. 播种

（1）湿直播。

开沟打穴：播种时，在整地的基础上按所选择的套、间种方式和密度拉绳划线，然后再在种植线上开沟10～15厘米，保证行向一致。马铃薯套玉米和小麦套玉米要在马铃薯和小麦播种时拉绳划线把幅带及行向确定下来，预留好玉米种植行。

底肥：按以有机肥为主、重施底肥的原则，施用农家肥1 000～1 500千克/亩（1亩≈667平方米，全书同）；膦肥（普钙或钙镁膦）30～50千克/亩，氮肥（尿素）5～10千克/亩，钾肥（硫酸钾）10～15千克/亩，或用复合肥（N∶P∶K＝15∶15∶15）30～40千克/亩，再根据土壤缺素状况适量补施微肥。施用底肥时，也可选用玉米专用控释肥（N∶P∶K＝1.25∶0.6∶1），以节省追肥环节的管理成本，具体施用量为30～40千克/亩。

摆种：开沟施肥后，在肥上面盖一层2～3厘米细土，然后按所选择种植模式规定的株距将玉米种子胚面与行向一致竖立摆好，胚根向下。

盖土：种子摆好后，用细土覆盖5cm左右。盖土厚度可根据各地墒情适当调整，但同一地块盖土厚度尽量一致，以确保出苗整齐。同时，每种植1亩玉米，应育苗200～300株用于缺塘补苗。

盖膜：采用幅宽80～100厘米的地膜进行覆盖栽培，种子盖土后，将膜筒放在墒的一头，用土将膜顶端压紧，然后将膜筒紧贴墒面，拉紧向后滚动膜筒，边滚动边用土压紧膜的两边，一厢盖完后剪断膜，最后用土将膜端压紧。

引苗：玉米出土见苗后，应及时将膜破一小口把苗引出，再用细土将破口封严。

（2）育苗移栽。

育苗地的选择与整理：育苗地应选在水源方便，离移栽地块近，不易被人、畜践踏，向阳背风的地方。

苗床准备：苗床按80～100厘米理厢，厢面要求平整、压实。多雨潮湿的地区可直接在地面上育苗，干旱少雨的地区厢面应低于地面8～10厘米，两厢间留一条30厘米的过道，便于苗床管理。

营养土配制：用过筛无石块、残茬等杂物的细土，按土肥比1∶1的比例加入无害化有机肥，再加入土和有机肥重量2%～3%的复合肥和1%的普钙，混合均匀后，堆放7～10天即可使用。

制钵育苗：用纸、膜、塑料等容器装营养土制作营养袋，也可用制钵机制作营养坨。营养袋（坨）摆放好后，每袋（钵）播入种子一粒，播种后立即喷洒足够的水。

育苗管理：整个苗期都要保证苗床内土壤潮湿，气温低或抢抓节令移栽的地方，可加盖地膜或搭盖塑料拱棚增温促苗。

移栽：移栽最佳时期为苗二叶一心至三叶一心时。移栽时，按确定的株行距规格定植。应定向移栽，玉米叶片与定植沟垂直或每行都按同一方向与定植沟倾斜成45°角。移栽后应浇足定根水。完成上述程序后进行盖膜，具体方法同直播。

第三节 模式种植

一、净种

劳动力紧张，不考虑种植效益的农户可选择净种，净种宜采用宽窄行种植，种植规格为玉米小行距 40～50 厘米，宽行 100～110 厘米，株距 23 厘米，种植密度控制在 4 000 株左右/亩。

二、间套种

1. 间种

马铃薯间玉米：宜采用二套二，根据土壤肥力、玉米植株的直立性等因素，因地制宜采用 160～180 厘米的幅带；马铃薯小行距 40 厘米，株距 30～35 厘米，2 000～2 500 穴/亩；玉米小行距 40～50 厘米，株距 20～25 厘米，2 950～4 150 株/亩。

玉米间豆类或蔬菜：宜采用二套二，150～170 厘米的幅带；豆、菜小行距 40～50 厘米，株距 30～35 厘米，2 200～3 000 穴/亩；玉米小行距40～50 厘米，株距 20～25 厘米，3 100～4 450 株/亩。

玉米间魔芋：玉米间白魔芋宜采用二套四，240 厘米的幅带；魔芋小行距 40 厘米，株距 25～30 厘米，3 700～4 400 株/亩；玉米小行距 40 厘米，株距 20～25 厘米，2 200～2 750 株/亩。玉米间花魔芋：宜采用二套四，300 厘米的幅带；魔芋小行距 50 厘米，株距 25～30 厘米，2 960～3 560 株/亩；玉米小行距 50 厘米，株距 20～25 厘米，1 800～2 220 株/亩。

玉米间红薯：宜采用二套四，180 厘米的幅带；红薯小行距 33 厘米，株距 20～27 厘米，5 400～7 400 株/亩；玉米小行距 40 厘米，株距 20～25 厘米，2 950～3 700 株/亩。

2. 套种

宜采用小麦套玉米，150～160 厘米的幅带，小麦播幅 50～65 厘米（或 3

小行)，小麦行间套种两行玉米，玉米小行距 40 ~ 50 厘米，株距 20 ~ 25 厘米，3 300 ~ 4 450 株/亩。

第四节 田间管理

一、中耕管理

1. 追肥

未施用控释肥的田块需根据土壤肥力和产量指标及时进行追肥。玉米生长到 5 ~ 6 片叶展开时，结合第一次中耕锄草追施氮肥，用量占总追用量的 30% ~ 40%，用于提苗；到 10 ~ 12 片叶展开时，结合揭膜和第二次中耕锄草追施氮肥总用量 60% ~ 70% 的穗肥。追肥时可根据土壤中元素的丰缺状况采用叶面喷施磷酸二氢钾、微肥等进行叶面喷肥。

2. 浇水

干旱，特别是开花至灌浆期干旱，会严重影响玉米产量，有灌溉条件的地区需要随时观察玉米田间长势，中午高温时段玉米少数叶片发生卷曲时即应及时浇水，浇水需避开中午高温时段。干旱年份，浇水可结合追肥同时进行。

3. 中耕锄草

基本原则：中耕锄草是中耕管理的重要内容之一，特别是在大喇叭口期前，杂草对玉米生长影响较大，耗肥耗水，需要及时控制。

防治办法：锄草首选人工和机械锄草，但雨水较多年份及缺少劳力家庭可采用化学药剂锄草，化学药剂防治分芽前防治和芽后防治，芽前防治应是在玉米播种后杂草出芽前或中耕锄草后用 50% 异丙草胺乳油 100 毫升 + 38% 莠去津悬浮剂 75 ~ 100 毫升对水 40 千克或 40% 乙莠（配方比例为 1∶1）悬浮剂 200 ~ 300 倍液均匀喷施于地面。芽后防治在无露水、无风时进行，一年生杂草用 10% 草甘膦水剂 40 ~ 60 倍液均匀喷洒在杂草茎叶上，多年生杂草用 10% 草甘膦水剂 20 ~ 30 倍喷施喷洒在杂草茎叶上。

二、主要病虫害防治

1. 基本原则

预防为主，及早防治。选用抗病抗虫品种，中耕除草，轮作换茬，生物多样性混间种相结合。进行化学防止时应避免使用国家明令禁止使用的农药。每种农药每季施用不超过 3 次。

2. 病害防治

叶斑病及锈病：用70%甲基硫菌灵可湿性粉剂700倍液或80%代森锌可湿性粉剂400倍液或50%腐霉利可湿性粉剂1 000～1 500倍液，隔7天喷一次，连喷2～3次，交替轮换使用。

玉米丝黑穗病：用2%戊唑醇可湿性粉剂8～12克拌种100千克或15%三唑酮可湿性粉剂150倍液体拌种。

玉米纹枯病：喷施5%井冈霉素400～500倍液防治或40%菌核净可湿性粉剂800～1 000倍液防治或70%甲基硫菌灵可湿性粉剂800倍液喷雾防治，间隔7天一次，交替轮换使用。

3. 虫害防治

玉米螟：对心叶内的玉米螟每亩撒3%辛硫磷颗粒剂4～5千克。玉米抽雄期可用40%辛硫磷乳油1 000～1 500倍液于玉米螟卵孵高峰期和螟虫盛发期喷防。

蛴螬：在蛴螬发生期，用90%晶体敌百虫加水5～10倍拌绿叶菜或绿草毒饵诱杀，也可用40%辛硫磷乳油1000倍液或40%毒死蜱乳油1 000倍液于傍晚喷施地面及幼苗。

黏虫：用2.5%溴氰菊酯乳油2 000倍液或50%辛硫磷乳油1 000～1 500倍液喷雾。

蚜虫：用10%吡虫啉3 000～4 000倍液或20%啶虫脒6 000～8 000倍液喷雾。

鼠害：每亩投放80%敌鼠钠盐粉剂按1：1 000倍配成的毒饵0.15～0.22千克；或用0.005%溴敌隆毒饵0.2千克。

第五节　收获贮藏

一、成熟判断

玉米品种不同，成熟时植株表现不同，从植株形态上不能直接判断成熟与否，需要撕开苞叶，观察籽粒形态，当籽粒上乳线消失，种脐处黑层出现即达到生理成熟，此时种子含水量在35%～40%，产量不再增加，往后水分逐渐降低。当大部分籽粒达到这一标准即可收获。

二、收获

收获宜选择在晴朗天气进行，便于收获和晾晒。

三、贮藏

1. 果穗贮藏

昭通适合采用果穗贮藏。玉米收获后可直接将苞叶编成辫在通风良好的地方进行挂藏，也可用秫秸编成圆形或方形的通风仓，将去掉苞叶的玉米穗堆在仓内越冬，第二年再脱粒入仓。

2. 籽粒贮藏

采用籽粒贮藏时，需要先将玉米充分晾晒，待水分达到宜脱粒水平是，进行脱粒贮藏。贮藏时应去除杂质，水分控制在13%以下，温度不超过28℃，做好防潮、防霉、防虫工作，定期检查，及时翻仓或晾晒。麦蛾是昭通市主要贮藏害虫，春暖前对玉米实行趁冷压盖密闭贮藏，对防止蛾类害虫有较好效果。

第二章　马铃薯实用栽培技术*

第一节　品种选择

一、马铃薯良种选择标准

马铃薯优良品种需要以下特点：首先是块茎的产量高，如单株生产能力强，块茎个大，单株结薯个数适中且集中。其次是抗逆性和耐性强，在同样环境条件下，感病轻，减产幅度小，适应能力较强。第三是块茎的性状优良，包括薯形好，芽眼浅，耐贮藏，大中薯率高，商品性好，而其干物质、淀粉含量高或适中，食用性好；第四是具有其他特殊优点，如早熟，赶上市场最高的行情，不耽误下一茬作物；还原糖含量低，适合炸薯（片）条所用品种等。总之，符合高产、优质、高效的马铃薯品种，就是优良品种。

二、马铃薯优良品种选用

1. 优良品种特性介绍

（1）“云薯401”是昭通市农科院和省农科院合作选育的鲜食、炸条兼用型新品种，平均生育期130天（晚熟），株型半直立，结薯集中，单株结薯数量10个左右，商品率81%，中抗晚疫病，薯块长形，白皮白肉光滑，芽眼浅、少、淡粉色，块茎干物质含量28.5%，淀粉含量为23.2%，蛋白质含量2.14%。

（2）“丽薯6号”是鲜食品质较好的马铃薯新品种，生育期120天（晚熟），株型直立，薯块大而整齐，单株结薯数5个左右，中抗晚疫病，薯块椭圆形，白皮白肉，芽眼较浅。块茎干物质含量为20.0%，淀粉含量14.24%，蛋白质含量2.06%。

（3）“青薯9号”是鲜食品质较好的马铃薯新品种，生育期130天（晚熟），株型半直立，结薯集中，大而整齐，单株结薯数8个左右，中抗晚疫病，薯块椭圆形，红皮黄肉，芽眼较浅，脐部凸起。块茎淀粉含量19.76%，干物

---

* 本章编写人：昭通市农业科学院　胡明成

质25.72%。

（4）“威芋3号”是鲜食品质较好的马铃薯品种，该品种生育期100天左右（中熟），株型半直立，结薯集中，大中薯率80%以上，淀粉含量16.24%，薯块长筒，黄皮白肉，芽眼浅，表皮较粗。

（5）“师大6号”是鲜食品质和加工市场前景很好的马铃薯新品种，富含花青素，具有养颜、抗癌等功效，生育期110天左右，株型半直立，结薯集中，大中薯率80%以上。

（6）ZT－22（昭薯2号进入2014年云南省区域试验）属于中晚熟品系，大春作生育期约115天。块茎休眠期约90天，耐贮藏。植株抗晚疫病和PVX。结薯较集中，商品薯率80%以上。干物质含量24.8%，淀粉18.33%、还原糖0.07%。蒸煮品质好，洋芋风味浓。适于薯片和淀粉加工，丰产性好。

（7）PFA（昭薯3号进入2013年云南省区域试验）属于中—晚熟品系，不同栽培季节的生育期约100～120天；植株结薯集中，单株结薯5～7个，商品率高，薯块圆球形、休眠期65～70天，耐储存，中抗晚疫病，干物质含量26.1%，淀粉含量18.7%，还原糖含量0.25%。蒸煮风味浓香，适口性好，适于鲜食销售和薯片加工。

2. 种植方式的区域划分

按能否种植玉米的地区来划分，分为两种类型来确定种植方式与规格，即：能种植玉米的地区（南部为昭、鲁、巧三县区和永善、大关两县的南部海拔1 400～2 400米；东北部镇雄、彝良、威信、盐津、绥江、水富和永善、大关两县的北部海拔1 000～2 000米），以马铃薯和玉米间套种为主；不能种植玉米的地区，为马铃薯净作区。

3. 适宜种植区域、季节品种选择

（1）净作区（玉米种植上线区）适宜种植的有“云薯401”“青薯9号”“ZT－22”“合作69号”“合作88号”等晚疫病抗性强，品质优良的新品种。

（2）坝区（玉米套作区）适宜种植的有“丽薯6号、7号”“青薯9号”“宣薯2号”“师大6号”等中抗晚疫病，品质优良的新品种。

（3）秋（冬）作区适宜种植的有“丽薯6号”“宣薯2号”“师大6号”“PFA”“大西洋”“费乌瑞它”等中（早）熟品种。

第二节　脱毒种薯

一、马铃薯退化与减产

马铃薯连续种植几年后，生长期间经常出现植株变矮，分枝减少，叶片皱缩、卷曲、变脆、变色及出现相间的斑驳、植株长势衰退，块茎长得越来越小，产量大幅下滑，一年不如一年，最后失去种植价值。脱毒的种薯如不因地制宜地采取留种措施，种植1～2年又会严重感病退化。因此，农民利用脱毒种薯需要经常更换（高寒山区一般3年左右，坝区及江边河谷区最好一年一换），才能达到高产稳产的目的。

二、脱毒种薯推广

脱毒的马铃薯由于不带病毒，能正常健康生长，因此，能明显提高产量。2008年起，根据市情，因地制宜在马铃薯生产县（区）大力组织指导群众开展“一分地”与繁种推广模式，采取“一分地”工程和县级集中统一繁种相结合的方式，“一分地工程”是一种化整为零的马铃薯脱毒种薯扩繁方式，是指在昭通市马铃薯主产区，每一户农户每年都种植一分地脱毒马铃薯原原种（脱毒微型薯），第二年可生产一亩地原种，第三年可生产10亩地一级种，可满足第四年100亩地的大面生产用种。通过“一分地工程”的实施，一可以避免大规模异地调种、运种，减少种薯碰损和运输成本；二可以省去三级集中繁种的仓储和生产费用，可以大大降低脱毒种薯扩繁的生产成本；三实施“一分地工程”的农户不仅可以低成本地解决自己的生产用种，而且多余的脱毒种还可以卖到需要的地方，又增加了一笔收入。这样就可以从根本上解决昭通市马铃薯生产中脱毒种薯更新难的问题。

三、防止种薯退化措施

脱毒的马铃薯种薯生长健壮，增产显著，但如果不注意保种，很快就会严重退化、减产。保种具体措施如下。

（1）利用脱毒种薯。脱毒种薯最好来自种薯生产单位、企业或种薯集中繁殖村（社）。因为这些部门是经过繁种体系的，虽然这些部门在繁殖过程可能也感染一些病毒，但病株少，病毒很轻。

（2）采用“一分地”方式自留种。每一户农户每年都种植一分地脱毒马铃薯原原种（脱毒微型薯），第二年可生产一亩地原种，第三年可生产10亩（15亩=1公顷。全书同）地一级种，可满足第四年100亩地的大面生产用种。

（3）种好管好种薯田。种薯田要求生产高质量的种薯和较高的繁殖系数，不是追求高产。故种薯田应做好以下工作：选择适宜的播种期和收获期，以免蚜虫大量传播为准则；整薯播种，以防止切刀传播病毒和细菌性病害；加大种植密度，生产小种薯，既增加繁殖系数，又可使种薯较小，有利于整薯播种；拔出病株，消灭本田病原是保种的一项重要措施；喷药灭蚜，在大田种植有蚜虫侵入，要注意发现蚜虫时立即喷药灭蚜，防治传病。

（4）种薯单收、单运、单贮。为防治种薯感染病毒和混杂，应将种薯单收、早收，特别是种两种以上的种薯还应防治种薯混杂。种薯早收、单运、单贮还可以避免用具及运输过程中传毒和混杂。商品薯收、运、贮应在种薯之后进行，防止用具传播。

第三节 模式管理

一、种薯要求及合理轮作

马铃薯种植应尽量选用脱毒种薯，在冬春气温较高的地区，种薯发芽较早，种薯发软皱缩，会在一定程度上影响出苗质量和苗的长势。为此，要注意选择无虫眼、无病斑、种薯完整、表皮光滑、芽眼明显、薯形端正的薯块作种薯。

春播马铃薯采用合理轮作是预防或减少病虫害的有效措施，最好前作是大豆、油菜、荞子类；次为禾谷类作物（玉米与马铃薯间作地为同一块地的玉米行）、葱蒜、黄瓜，忌与茄科（茄子、番茄、烟草等）轮作；尽量不与根菜类轮作，因为根菜类（如莴笋、萝卜）与马铃薯都需要从土壤里吸收大量的钾素营养，从而导致缺钾影响产量。

二、整地

栽培马铃薯应选沙壤土和壤土，冬前深耕 20～50 厘米，播种前进行土壤深翻、晒垡，耕翻深度 30 厘米，并将土块细碎、耙平。在播种前统一划线、用双飞粉或石灰打点。

三、种植模式与规格

（一）套种规格

以间作（俗称套种）玉米为例，马铃薯、玉米“二套二”，套种规格为：复合带（条带）1.9 米（1 米为 3 尺）下线，马铃薯每亩 2 126 穴［小行距 40 厘米（10 厘米为 3 寸）、株距 33 厘米、与玉米间距 55 厘米］；玉米每亩 3 050 株（小行距 40 厘米、株距 23 厘米、与马铃薯间距 55 厘米）（图 2－1）。

（二）净种规格

净种亩播 3 200～3 460 穴，按 110 厘米下线、拉线后在线两边开好 2 条宽 25 厘米、深 10 厘米的播种沟（图 2－2），或在线两边打穴播种，穴距 35～38 厘米宽窄行条播、大行距 70 厘米、小行距 40 厘米，原则上玉米和马铃薯种植密度随海拔下降而降低，随土地肥力增高而降低。

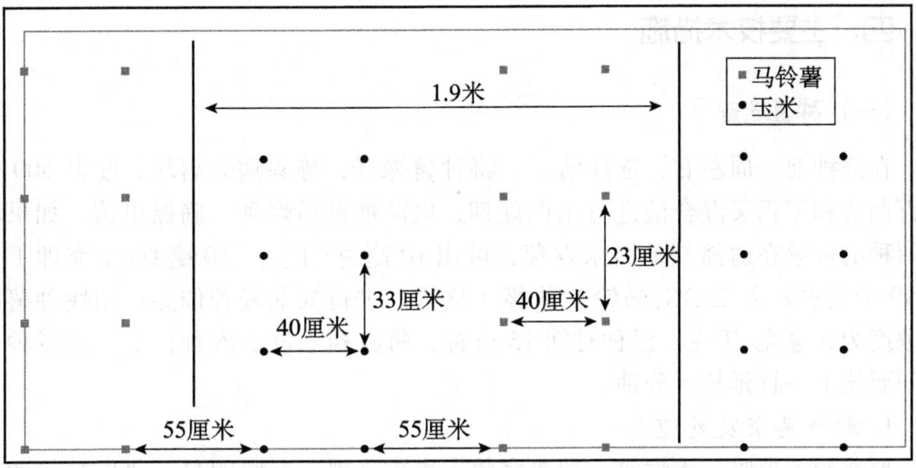

图 2-1 与玉米二套二田间种植示意图

图例说明：马铃薯、玉米“二套二”种植。条带 1.9 米下线，马铃薯每亩 2 126 塘（小行距 40 厘米、株距 33 厘米、与玉米间距 55 厘米）；玉米每亩 3 050 株（小行距 40 厘米、株距 23 厘米、与马铃薯间距 55 厘米）。密度设置以调整穴距来增减每亩播种穴数

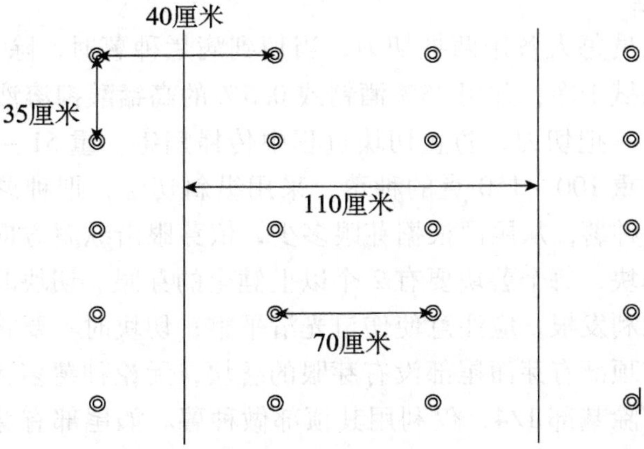

图 2-2 净作田间种植示意图

图例说明：规格为双行条播，110 厘米下线，大行距 70 厘米，小行距 40 厘米，穴距 35 厘米，折合每亩 3 460 穴。此规格适宜昭通市玉米种植上限至以上 200 米地区，不同海拔地区和地块肥力不同，密度设置以调整穴距来增减每亩播种穴数

（三）适宜垄作的地区及地块

在春雨来得早的地区，马铃薯生长后期易遇上涝灾的地区，地势低洼易积水的地块，应以垄作为宜；春旱严重的地块和坡地应以平地打穴起垄为主种植。

四、主要技术措施

（一）种薯准备

在播种前一周左右，选择晴天，将种薯摊开，拣除病烂薯块，喷洒500倍的百菌清和甲霜灵混合液进行杀菌处理，以防播种后烂种，确保出苗。如果秋播留种的种薯在适播期前尚未发芽，可用10毫克/千克（10毫克/千克即1克对99千克水）九二〇对马铃薯种薯（整薯）进行播前浸种催芽；切块种薯浸种浓度为5毫克/千克。浸种时间15分钟，每缸药水浸3次种，下一缸浸种的时间要比上一缸延长5分钟。

1. 种薯要求及处理

要选择无虫眼、无病斑、种薯完整、表皮光滑、芽眼明显、薯形端正的薯块作种薯。薯块较小，低于50克的要求整薯播种；大于50克的要求切块，每个切块必须保证有2个有效芽。种薯切块的目的是，减少主茎数量，避免不必要的营养消耗，增加大薯率，节约种薯用量。

2. 切块方法

种薯切块人员每人备用两把切刀，当切到病烂种薯时，除了汰除病烂薯，同时要把切刀擦拭干净，并用75%酒精或0.5%的高锰酸钾溶液擦（浸）刀消毒处理，换用另一把切刀，防止切块过程中传播病害。重51～100克的种薯，纵向一切两瓣；重100～150克的种薯，采用纵斜切法，把种薯切成2～3瓣；重150克以上的种薯，从尾部根据芽眼多少，依芽眼沿纵斜方向将种薯斜切成立体三角形的小块，每个薯块要有2个以上健全的芽眼。切块时应在靠近芽眼的地方下刀，以利发根，应注意使伤口光滑平整；切块时不要将薯块切成片状和楔状。对只有顶部有芽而尾部没有芽眼的薯块，无论种薯多大，采用去基部留顶切法，即切除基部1/4，仅利用其顶部做种薯。如尾部有芽的种薯，应尽量避免只留尾芽的切块播种。总之，要根据薯块形状、芽眼多少、芽眼排列方式灵活运用多种切块方法。

3. 对种薯切块后的处理

为了防止种薯切块后薯块腐烂，以及播种后预防晚疫病的发生，要求对切块种薯进行以下技术之一处理。

（1）用80%必得利或58%瑞毒霉10克对水2千克喷种薯150千克，要求切块后30分钟内进行喷雾处理，并及时晾干。

（2）用1千克滑石粉拌5克必得利或瑞毒霉涂抹切口，促使伤口尽早结痂愈合。

（二）肥料用量

1. 底肥

亩施腐熟农家肥1 000～2 000千克，约含16%五氧化二膦的过磷酸钙50千克，或含16%五氧化二磷的过磷酸钙和钙镁磷肥（这两种肥料均称为磷肥，用钙镁磷肥时应将其与农家肥沤制1个月左右）各25千克，约含尿素25千克，约含50%氧化钾的硫酸钾10千克，如用复合肥，按复合肥的氮磷钾含量折算，减少前面所列氮、磷、钾肥料的用量。

2. 追肥

一般在开花前进行2次，第一次在齐苗后结合中耕每亩追施氮肥10～15千克；第二次在现蕾时每亩追施10千克钾肥。

（三）适时播种，合理密植

1. 播种时间

选择在3月上中旬为宜，矮山、坝区宜适当早播，高寒山区宜推后播种。

2. 播种要求

播种前，春旱地区应在预先开（打）好的沟（穴）内浇足底水，将氮、磷、钾等肥料按照每亩预算的用量均匀施入沟内或穴内，于肥面上回入3厘米厚的细土，再将种薯（块）安放在穴内或按预定穴距播于沟中，具体尺寸见田间种植示意图，安放时芽朝上，后将农家肥丢放在种薯（块）上面。

3. 盖穴厚度

以10～20厘米为宜，即高寒地区浅盖，矮山春旱地区厚盖。

4. 地膜覆盖

使用90厘米幅宽的地膜，破膜下种，盖膜后四周用土压实，在垄面上每隔5米压一条土带，防止大风揭膜，墒脚的压土不能太高，以免遮光多降低增温效果。

（四）中耕管理

1. 水分管理

有灌溉条件的地区如遇干旱，应在苗期、现蕾期进行灌水，尤其在现蕾至开花期，应灌水2～3次。

2. 中耕及追肥

播种后，一般到4月中下旬出苗整齐时，进行第一次中耕锄草、并于苗的基部适当培土5厘米以上，随后追施氮肥，在高产创建核心示范区，应同时用磷酸二氢钾进行叶面施肥，施用浓度0.3%、每亩每次施用量150克，以12天为一周期喷施一次，整个生育期共喷施3次。在现蕾期，结合第二次中耕锄草，追施硫酸钾。施肥壅土后，形成25厘米左右高、60厘米左右宽的高墒。

第四节　主要病虫害防治

一、晚疫病发生和流行预测预报

可以采用以下方法。

（1）直接观察田间是否已经出现“中心病株”，一旦出现，即意味着晚疫病已经发生，在有利气候条件下可能流行。

（2）借助于简易温湿度计，空气相对湿度大于90%的持续时间超过12小时，或接连2天降雨，即可能有晚疫病发生。

二、病虫害防治

结合施底肥时亩用1包二嗪膦5%颗粒剂防治地下害虫，出苗后随时巡查地块，观察是否有病虫害发生。如发现病虫害，要及时防治。对病害及时将中心病株连穴土（半径20厘米以内）一起清除该地块。重点防治晚疫病，使用机动喷雾器施药，从两侧向行心喷，使药液充分附着在叶背。连续阴雨天晴后或连续晴天阴雨后一定要打一遍药。

1. 晚疫病防治

从苗齐后开始，前期喷施80%代森锰锌可湿性粉剂500倍液或58%甲霜灵锰锌可湿性粉剂500倍液或80%烯酰吗啉1 500倍液。每隔7～10天一次，共喷2～3次。一般情况下从苗齐期至现蕾期（易感和感病品种）每亩用代森锰锌120克对水50千克喷雾一至两次（视气候定）→现蕾期每亩用72%克露或58%甲霜灵锰锌100克对水50千克喷雾，每隔7～10天喷药一次，共喷施2～3次→盛花期之后银法利、福帅得防治1～2次。晚疫病抗性较好（晚熟品种）发现中心病株或盛花期开始防止，秋（冬）马铃薯种植成败与否的关键之一在于晚（早）疫病防治的成功与否，如果舍不得投入，减产将较严重。

2. 其他化学防治方法

视病害发生情况及气候状况防治，在出苗达到80%～90%的时候，用68.75克/升银法利悬浮剂75毫升（或者72%克露可溶性粉剂100克）、77%可杀得可湿性粉100克对水50千克喷雾，每隔7～10天喷1次，连喷3～5次（银法利与克露或安泰生、甲霜灵锰锌等药剂交替使用），可以预防晚疫病、环腐病及黑茎病的发生。在青枯病发病初期，用72%农用硫酸链霉素4 000倍溶液（即 15 克药剂对水 60 千克）或 77% 可杀得可湿性粉 500 倍溶液（即 120 克药剂对水 60 千克）灌根，每株灌兑好的药液 250～500 克，隔 10 天灌 1 次，连灌 2～3 次。防治蚜虫可用 60 毫升 40% 乐果乳油或 10～15 克 10% 吡虫啉可湿性粉剂对水 60 千克喷雾。

3. 病害、虫害防治

在喷施磷酸二氢钾的时候结合第一次喷药（800 倍的 75% 百菌清可湿性粉剂，用药量每亩 60 克）预防病害。进入 6 月下旬应开始监测晚疫病发生情况，如遇连续阴雨、气温偏低时，应及时喷药防治晚疫病，建议使用的药剂：银法利、克露、金雷多米尔、甲霜灵锰锌等，以后每间隔 12 天喷药一次，整个生育期喷药 3～4 次。对地下害虫发生较多的地块，用 50% 辛硫膦乳剂 1 000 倍液灌根。

第五节　收获贮藏

一、适时收获

1. 杀秧

马铃薯地上茎呈现枯黄时，地下块茎易从脐部脱落，要及时收获，覆膜栽培更要及时，以防高温、高湿造成腐烂而减产。根据各种植点情况采用机械或人工收获，收获前 7～10 天，先将秧棵割掉，使块茎在土中后熟，表皮木栓化，收获时不易破皮，大大减少某些能从茎秆传入薯块的病原菌，有利于收挖工作方便快捷。杀秧后的田块 10 天后可选土壤干燥、天气晴朗及时收挖。

2. 种薯分级

留作种薯的要分大小分拣，按照大薯（大于 150 克，即 3 市两）、中薯（100～149 克）、小薯（50～99 克）、其他（小于 50 克）的大小分开，并摊晒晾干包装；用作商品薯的部分按客商要求分规格分拣。

二、贮藏措施

（一）搞好田间病害防治，适时收获

加强田间管理，防治病害的发生是减少块茎病斑和烂薯最有效的办法，通过及时有效的田间防治，可以大大降低田间病害的感染率，从而有效保证马铃薯贮藏的入库质量；适时收获可以促进薯皮老化，而薯皮的老化程度是决定其是否耐贮的重要指标，薯皮嫩易擦伤和破皮形成伤口，危险性病菌极易侵入，温湿度条件一经满足即会引起腐烂并扩大蔓延，所以必须采取措施使收获的薯

块表皮老化，增强其保护和抗伤害的能力。

（二）确保入库质量

基本要求是薯块完整，薯皮干燥，无病薯、烂薯及其他杂质等。病烂块茎直接把大量病菌接种在薯堆内，成为贮藏室发病的菌源；烂薯的伤口易于真菌和细菌性病害的侵入，为病害的扩大和蔓延创造了方便条件；另外，薯块附带过多的泥土，容易造成贮藏室温度升高，通气不畅，并会带入各种病菌。

（三）分类贮藏

要做到分品种、分级别、分用途单室贮藏，特别是以种薯生产为主的农户尤其应该做到这一点，以保证用种的品质和种子纯度。

（1）种薯贮藏。不同品种的种薯，必须分室贮藏，以做到没有机械混杂，确保品种纯度。若温湿度过高，易出现热伤发芽，影响播种出苗，但过低的贮温也能降低块茎芽的萌发与生长能力，种薯在入窖前实行晒种防治种薯腐烂，播种前一个月将种薯出窖以促进早结薯。

（2）食用薯、商品薯的贮藏。较种薯贮藏条件而言，食用薯和商品薯的贮藏条件相对宽松，做到薯块不冻、不烂、不黑心、少损耗及保持新鲜度即可。

（3）加工薯贮藏。贮藏条件比较严格，要求温度通常不低于7℃，湿度为85%～90%，目的是尽量降低薯块中还原糖含量，保证油炸成品颜色合格。

（四）控制与调节贮藏室的温湿度

马铃薯贮藏保鲜与温度关系最为密切，它对马铃薯的休眠长短以及芽的生长速度有极大的影响。贮温越高，休眠后的马铃薯发芽越快，芽生长也越快，一般认为1～4℃最有利于安全贮藏（加工薯在贮藏后加工前需要一个回暖过程，温度控制在15～18℃，保持10～15天，种薯和商品薯一般贮藏在4℃以下），低于0℃则易发生冻害，高于5℃利于病菌活动和繁殖，引起伤热、腐烂。经过休眠的马铃薯块茎在高温条件下易发芽，浪费养分而失去食用价值。马铃薯块茎贮藏环境的相对湿度应保持在80%～93%，湿度过大，可使块茎过早萌发，也使薯堆上层块茎出现“出汗”现象，易诱发病菌大量繁殖，造成薯堆腐烂，若空气太干燥，块茎失水皱缩变软，影响食用品质。

（五）加强贮藏期间病害防治及贮藏期间管理

马铃薯贮藏期间，易受干腐病、环腐病、软腐病、黑心病等的危害，这些病害的发生与薯块的带菌量关系密切。贮藏库内环境条件的影响也很重要，尤以温度和通气条件最为关键。总体上，贮藏温度在5～25℃均可发病，以15～20℃为适宜条件，当温度大于25℃时伴以潮湿条件易引起薯块腐烂，在贮藏初期，往往因通风不良而使薯块处于缺氧状态，利于厌氧性病原细菌的侵染而加重薯块的腐烂。防治马铃薯贮藏期间的病害，应采取预防为主，从大田、收获、入库和贮藏等方面把好各个关键环节综合防治。按照贮藏的不同时期以及天气情况灵活掌握，原则是“既要求防冻又防热，既防湿又防干”，并做到及时检查，发现问题及时处理，若有腐烂薯及时捡出，若温湿度不适宜，应及时调节。

第三章 优质水稻栽培技术*

第一节 旱地育秧

一、良种选择

选择当地主推审定的优良品种、并具有优质、高产稳产、耐寒、抗病性强的品种（系）。目前昭通市粳稻区推荐品种：凤稻14、15、29号，会粳10号，云粳31号，昭粳12号（CT－3），昭糯一号等品种。

二、秧田整理

（一）苗床地选择

选择背风向阳、排灌方便，土质肥沃，耕作层深在20厘米以上，土壤有机质含量高、蓄水保墒和供肥能力强的土壤。

（二）苗床培肥

旱地育秧必须冬前培肥，冬前培肥后的地块必须达到松软、平整、中指能轻松插入土壤。

选好的苗床地秋末冬初就可以开始培肥，按每平方米苗床5～8千克腐熟家畜厩粪、0.1千克普钙拌匀，均匀撒入苗床翻挖；入冬前未培肥的苗床可采用播前培肥，在播种前一周结合理墒，按每平方米苗床5～8千克腐熟家畜厩粪、0.1千克普钙充分拌匀，均匀撒入苗床厢面再均匀浇上半桶约10千克腐熟人畜粪水，待粪水吸干后进行翻挖与苗床土壤充分混匀。

（三）理墒

经过培肥的苗床在播种时进行理墒，按1.8～2米下线，墒面净宽1.3～1.4米，埂宽50厘米，长不超过15米，低墒高埂，埂高5～10厘米。墒面做好后，按每平方

* 本章编写人：昭通市农业科学院 刘光禄

墒面施敌克松2.5～3克，硫酸钾5克，硫酸锌3克与细土拌匀后，均匀地撒于墒面，用锄头使农药、化肥与土壤充分混匀，浇透水待墒面无积水即可播种。

三、种子处理

选子粒饱满的种子，一是晒种1～2天，目的是杀菌、打破休眠，晒种时切忌不能把种子直接放在水泥地皮上，以免烫伤种芽，最好摊薄在簸箕、筛子里面晒。二是用泥水或盐水选种，目的是把瘪谷和不饱满的谷子漂掉，泥水或盐水的浓度以生鸡蛋放进去不沉底为度。把晒好的谷种放入对好的泥水或盐水中充分搅动，把所有漂浮的瘪谷打掉，捞出沉底的种子放入1 500倍施保克浸种48～72小时，捞出用清水冲洗后装入尼龙网袋放入用塑料薄膜包裹绿肥草中催芽两天至破胸露白。注：催芽过长，不利于低位分蘖（发棵）。播种时可用一包8009（旱育保姆）与2.0～2.5千克稻种拌均匀后即可播种。

四、播种

（一）播种节令及播种量

昭鲁坝区播种时间为3月上旬至中下旬，就是在惊蛰、春分节令内播完，最迟不能超过4月5日。每亩大田用种2～3千克。

（二）播种

（1）播种。播种当天对做好墒面进行浇水，必须浇透，使土壤含水量达到饱和，用中指可轻松插入为度。再按秧床净面积计算，每平方米秧床播芽种0.1～0.12千克，播种要采取分墒称量下种，可分两次撒播，第一次撒播2/3，第二次再补撒，尽量做到均匀。再用光滑的木板或铁铲轻轻地把播下的种子拍入泥中，使谷种三面入泥。及时用6份细土与4份腐熟细粪配成的营养土撒盖在种子上，厚度必须达1厘米左右，不能让种子外露。

（2）秧田除草。播种后用1 500倍“施田补”乳油液除草剂均匀喷施于盖上营养土的墒面上，切忌不能喷在种子上，“施田补”与种子接触会抑制种芽生长。

（3）盖膜。喷洒除草剂后，用2米长的竹片两头插入开好的墒沟，每隔40厘米插一根，拱高约40厘米，及时用0.06毫米（6丝）厚、2米宽的塑料薄膜覆盖，其作用是保温、保湿和防鸟。一定要播完一墒及时盖一墒。

五、苗期管理

（一）管水

播种后到一叶一心前不浇水。以后如果叶片出现早晚无露珠，或午间叶片打卷，应选择在上午浇水，必须浇足浇透。注意：旱育一定要旱作管理，切忌频繁浇水。

（二）通风、炼苗

播种盖膜第二天无论天气阴晴必须揭开两头的膜通风一小时，以后见绿再通风，一般三天即可以见绿，见绿后每天中午通风2~3小时，气温低也要通风，气温高加大通风量，两头的膜全揭开，早上10点揭膜，下午6点关膜，维持5天左右；一叶一心时，加大通风量，白天两头全开，傍晚关膜，若遇低温要及时把膜盖上，这样维持7~10天，再昼夜通风3~4天，然后在早上全揭膜，揭膜后按每平方米施敌克松1克，拌细土均匀地撒在墒面上及时浇透水，再管10天左右开始移栽。

（三）防病

在移栽前一天用1 500~2 000倍三环唑可湿性粉剂防苗瘟。

秧龄达30~35天，苗龄约四叶一心至五叶一心，苗高15厘米左右及时移栽。在等水栽秧的地方，旱秧也可栽中、大苗，即秧龄达45~55天。但播种量应比栽小苗的适当减少10%~20%，一般每平方米播芽种100克为好，另外大苗移栽要注意在三叶一心期施一次清粪水。

第二节　大田栽培

一、整田

大田整理不论机犁耙或牛犁耙，犁的耕作层深度达20厘米以上，耙平整理程度达到田平、泥化、寸水不露泥，浅水耙田。

（一）冬闲干田

在当年水稻收获后要及时深犁晒垡，到第二年栽秧前7天进水泡田整田，旱育秧沉淀一天移栽。

（二）腊水田

当年水稻收获后尽量把水撤浅，及时深犁使田垡尽量露出水面，晒垡以改善水田的通透性，到第二年栽秧前7天进水泡田，可以边耙边栽。

（三）小春或蔬菜田

移栽前15天收完田间作物，深犁晒垡10天，进水泡田，可以边犁、边耙、边栽。

（四）底肥

每亩施腐熟农家肥1 000千克、尿素12～15千克、普钙30～50千克、硫酸钾5～10千克、硫酸锌1.5～2千克。耙前均匀地撒在田面上再耙田。

二、移栽

（一）栽插

用铁铲带土取秧（铲断部分根系有利于刺激新根发生），要带土移栽，稀植浅插，栽插深度在1～2厘米，过深不利于早生快发，过浅不抗倒伏。每丛栽两苗。切忌不澄田就栽秧。要做到浅水栽秧、栽清水秧不栽浑水秧、浅插、栽正不栽斜。

（二）栽插密度

采用宽窄行条栽，栽插密度在2.5万丛左右，规格为13.3厘米×（13.3厘米+26.7厘米）/2，株距13.3厘米、小行距13.3厘米、大行距26.7厘米。每丛栽2苗。

三、田间管理

（一）管水

大田期的管水口诀是“浅水栽秧，寸水活苗，薄水分蘖，深水孕穗，湿润壮籽，干干湿湿”的交替管理。对排灌方便的田块，要求在最高蘖数达到有效穗70%～80%时，晒田一次，晒到干不开裂，湿不积水，再隔5～7天，重晒一次，达到泥土表面泛白、风吹稻叶响、叶尖刺手掌为止；以后进行2～3寸的水层管理，时间5～7天；灌浆结束至成熟，以湿润为主，达到养根保叶。

（二）追肥

为了避免恋青遭受8月低温的冷害，栽后5～10天每亩追尿素6～7.5千克，可与除草剂混合施用；轻施促花肥（拔节初期）亩追尿素2～2.5千克、硫酸钾2.5～3.7千克；巧粒肥（抽穗初期）不要普遍追施，要看苗施肥，把肥料追施在欠肥的地方，每亩不超过2千克尿素。

（三）病虫害防治

昭鲁坝区水稻病虫害主要有：稻瘟病（叶稻瘟、穗颈瘟）、稻曲病、稻负泥虫、黏虫及稻飞虱。应遵循预防为主，综合防治和无公害的方针。具体防治方法是：

稻瘟病：一块田出现3%的叶稻瘟病株（叶片上出现褐色斑点）时，及时用1 500～2 000倍75%的三环唑可湿性粉剂药液防治1～2次；始穗期（10%的抽穗）用同样的药液预防一次。

稻曲病：用400倍5%的井冈霉素药液在始穗期（5%）和齐穗期（80%的抽穗）各防治一次。

黏虫：当田间百丛虫量有30头时，及时用1 000倍4.5%的高效氯氰菊酯乳油药液防治。

稻飞虱：当田间百丛虫量有1 000头时，用2 500倍10%的吡虫啉可湿性粉剂药以防治。必须连片统防，叶面叶背都要喷到药液。

（四）除草

秧苗移栽后每亩可用一包田毛均匀撒入田里；结合第一次追肥，每亩田可再在尿素中加一包野老均匀地撒入田里。

四、收获贮藏

适时收获，要求九黄十收，就是一块稻田里有九成谷粒落黄就要及时收获。在天气好的情况下，及时脱粒、晒干，扬净，颗粒归仓，用国家发放的小粮仓贮藏，防治鼠害。

第四章　小麦高产栽培技术*

小麦是昭通市主要粮食作物之一，播种面积居昭通市粮食作物第三位，产量居昭通市粮食作物总产量的第四位。小麦适应性广，11 县（区）都可以种植，与大春作物实行留行套种，可有效缓解昭通市因积温不足而造成的大小春茬口矛盾，增加复种指数，提高土地利用率。

一、选种、晒种

1. 选择优良品种

选择适宜当地种植的早熟、抗逆性强、抗病性强、丰产性好和品质优良的品种，如云麦 53、云麦 52、云麦 42 、绵阳 19、绵阳 37 号等。

2. 晒种去杂

播种前进行晒种，去除碎粒、瘪粒、杂物。

二、精细整地

前茬作物收获后，及时翻犁，耙平，精细整地。

三、适时播种

因地制宜确定播种期，一般播种节令在霜降前后 10 天。

四、种植模式

在生产上因品种、因地、因时而宜，可采用条播、穴播、撒播，无论哪种播种方式，都应浅播、匀播，保证出苗整齐。

1. 净种

（1）条播。小麦播幅 20 厘米，空行 10 厘米。每亩播种量 10 ~ 12 千克。

（2）撒种。根据种子的发芽率、千粒重而定，一般播种量 10 ~ 13 千克。

（3）点播。株行距 30 × 20 厘米，每塘播 5 ~ 10 粒，每亩塘数不少于 1. 3 万塘，播种量 9 ~ 12 千克，根据种子的发芽率、千粒重而增减。

---

* 本章编写人：昭通市农业科学院　武绍宏　金轻

2. 套种

（1）小麦套玉米，复合带 1.5 米，小麦播幅 0.6 米，玉米 0.9 米套双行。

（2）小麦套烤烟，播幅 2.1 米，小麦播幅 0.6 米，烤烟预留行 1.5 米，播种量 6 ~8 千克。

五、田间管理

1. 施肥

施足底肥，早施分蘖肥，补施拔节肥。

（1）条播、点播、撒播亩施用农家肥 1000 ~1500 千克，尿素 5 ~10 千克，磷肥 20 ~30 千克，钾肥 5 ~10 千克。分蘖肥：5 ~10 千克结合灌水，拔节肥看苗补施。

（2）套种亩施用农家肥不少于 1000 千克，尿素 5 ~10 千克，钾肥 5 ~10 千克。

2. 病虫害防治

（1）病害。昭通市常见的小麦病害主要有锈病、白粉病、赤霉病。锈病、白粉病可用 40% 粉锈灵 20 ~40 克对水 50 千克喷雾，赤霉病用 70% 甲基托布津 100 克对水 50 千克喷雾。

（2）虫害。主要是蚜虫，可用 40% 乐果 50 克对水喷雾，开花期还可加入磷酸二氢钾 150 克作根外追肥。

3. 中耕锄草

及时薅锄，清除田间杂草。

六、收获和贮藏

把握好天气，适时收获。贮藏在阴凉干燥处，有条件可贮藏在冷库中，防止虫害和霉变。

第五章 苦荞栽培技术*

苦荞［*Fagopyrum tataricum*（L.）Gaertn］属蓼科荞麦属，广泛分布于亚洲的高海拔地区。我国主要集中在云南、四川、贵州、西藏自治区、甘肃、陕西、山西等地海拔 1 500～3 000 米的高寒山区。

苦荞有很高的营养价值和药用价值，籽粒蛋白质、脂肪、维生素、微量元素的含量普遍高于大米、小麦和玉米。其中，芦丁是苦荞中含量最多的功能物质，能维持毛细血管的抵抗力、具有清热消炎作用等。据北京、天津、四川等地的一些医疗单位近年来大量的临床观察和动物试验证明，苦荞食品具有明显降血脂、降血糖、降尿糖的作用。

第一节 苦荞种植区域

一、春播地区

海拔范围 2 000～3 000 米，是昭通市优质苦荞的主要种植区，该地区的苦荞主要种植在高寒、土壤贫瘠的山区，这些地区为玉米种植上限以上地区。据不完全统计，2013 年春苦荞种植面积为 18.36 万亩，其中，昭阳区 2 万亩，鲁甸县 3.78 万亩，巧家县 4.26 万亩，大关县 0.62 万亩，永善县 5.4 万亩，镇雄县 0.5 万亩，彝良县 1.5 万亩，威信县 0.3 万亩。各县（区）面积及分布乡（镇）、村见表 5－1。该地区的苦荞一般在 4～5 月播种，8～9 月收获，全生育期 100～120 天。

表 5－1 昭通市春苦荞种植面积与分布（万亩）

县（区）	面积	乡（镇）	村
		苏家院	顺山
		大山包	合兴、马路、车路、大山包、老林
		苏甲	桂花箐、布兴
		乐居	新河
		洒渔	新立、新海

* 本章编写人：昭通市农业科学院 胡祚 宋维际

续表

县（区）	面积	乡（镇）	村
昭阳	2.0	青岗岭	金瓜、白沙
		靖安	洪家营、小堡子、龙潭、大坪子、百顺、五星、大耆老、碧海、碧凹、松杉、长寨
		盘河	放马坝、冷家坪
		小龙洞	宁边、小脑包
		北闸	海子、箐门、岩脚
		大寨子	大寨子、雨霏、车德、卜鲁期、新林
		炎山	大沟、松乐、中寨
		田坝	凉山、木厂
鲁甸	3.78	水磨	铁厂、滴水、黄泥、嵩坪
		龙树	照壁
		新街	转山包
		江底	大水井、仙人洞、坡脚、箐脚
巧家	4.26	马树	小米地、草皮地、八皮、老箐、孔家营、木桥
		老店	铅厂、树坡、红土、大岩洞、云上、三合
		包谷垴	燕麦沟、红箐、包谷垴、洼落、青山、新坪、红石岩、周家坪
		白鹤滩	水塘、核桃、大沟、中村、咪吐、复兴
		药山	麦坪、药山、木瓦、发拉、大村、小村
大关	0.62	红山	白果、纸厂、天星、红山
		上高桥	大寨、新民
		玉碗	出水、火地
永善	5.4	马楠	兴隆、桃山、马楠、坪厂、冷水
		水竹	水竹、双旋、黄河、塘坝
		莲峰	莲峰、南林、米田、后山、官寨、黑寨、六井、文潭、大荡
		茂林	茂林、松林、文山、冷米、永安、新林、甘沙
		伍寨	伍寨、新胜、长海、中寨、白云
镇雄	0.5	花山	花山、大火地、小米地、放马坝
		林口	林口、娃飞、木黑、干秋
		以古	以古、老官房、麦车、小米多、黑塘
		泼机	关门山、堵密、摆洛
		场坝	摩多、安家坝、罗汉
		芒部	关口、松林
		坡头	亳都
		果珠	高坡
		牛场	沙沟

续表

县（区）	面积	乡（镇）	村
彝良	1.5	五德	新寨、新田
		坪上	屯上、大地
		树林	管坝、树林
		扎西	河口、石坎
威信	0.3	高田	马家、新华
		罗布	罗布
		双河	双河、菜营
		长安	瓦石、长安
		三桃	新街

二、秋播地区

海拔范围 1 500 ~ 2 400 米，该区为马铃薯与玉米间作地区，在马铃薯能在立秋前基本成熟的平坝、山区和半山区。据不完全统计，2013 年秋苦荞种植面积为 33.13 万亩，其中，昭阳区 5 万亩，鲁甸县 5.05 万亩，巧家县 4 万亩，大关县 2 万亩，永善县 2.46 万亩，镇雄县 11 万亩，彝良县 1.6 万亩，威信县 2.02 万亩，各县（区）面积及分布乡（镇）、村见表 5 - 2。该种植区的苦荞一般在 7 ~ 8 月播种，10 ~ 11 月收获，全生育期 90 ~ 100 天。

表 5 - 2　昭通市秋苦荞种植面积与分布（万亩）

县（区）	面积	乡（镇）	村
昭阳	5.0	北闸	塘房、岩脚、海子、箐门
		布嘎	白石、新街、迎水
		小龙洞	小龙洞、中营、小米、小脑包
		盘河	大花、新店、油榨房、新华、放马坝、头寨、三寨、五寨
		靖安	洪家营、小堡子、百顺、五星、大耆老、碧海、碧凹、长寨
		青岗岭	青岗岭、白沙、新桥、乐德古、大营
		洒渔	白鹤、新立、新海、居乐
		乐居	乐居、中河、仁和、新河
		苏家院	顺山、迤那、双河
		苏甲	苏甲、布初、鱼坝、桂花箐、水井、车噜、梨园、瓜寨
		大寨子	大寨、铁池、卜鲁期、锅厂、窝凼、新林
		炎山	炎山、松乐、庙湾、中寨
		田坝	田坝、水屯、二坪、酒房

续表

县（区）	面积	乡（镇）	村
鲁甸	5.05	水磨	营地、岩头
		龙树	照壁、塘房、新乐
		新街	新街、闪桥、坪地营
		江底	大水井、仙人洞、坡脚
		马树	马树、小火塘
巧家	4	老店	老店、治乐、尹武、阿泥卡、坪地营、法土南、迤西卡、田坝
		东坪	柯都、凉坪、威宁、东坪、药坪、道角
		崇溪	干沟、安居、背风、羊棚
		白鹤滩	水塘、核桃、大沟、中村、咪吐
		包谷垴	燕麦沟、红箐、包谷垴、洼落
		药山	大元、发泥、天生、荞麦地、塘上
		红山	白果、纸厂、天星、红山
		新店	牛角、白牛、杉曲、水井
大关	2	上高桥	团结、红旗、打堡、龙堡
		吉利	营底、回龙、小寨、吉利、龙坪、尾甲
		木杆	甘顶、细沙、向阳、银吉、漂坝
		高桥	太华、联盟、新场、核桃、新开
		寿山	寿山、甘海、益珠、中坪
		悦乐	青林、妥河、悦乐、大坪、太坪
		天星	斜纹、沿河、鱼孔、毛坝、银盘、双河、中心、绿蓝、南甸
		翠华	联合、翠屏
永善	2.46	码口	黑武、黑甲、犀牛、烟坪
		大兴	梨园、核桃
		溪洛渡	云荞
		墨翰	金竹、箐林
		务基	锦屏
镇雄	11	花山	花山、大火地、小米地、放马坝、黄莲
		牛场	沙沟、牛场、和平、诸宗、向乐、大寨
		五德	新寨、新田、鹿角坡
		赤水源	岔河、银厂、铁厂、洗白、螳螂、马店、木瓜园
		杉树	瓦桥、细沙河、杉树、海子、大堡
		碗厂	碗厂、庆坝、笋子、官房、长岩
		盐源	盐源、付家寨、仓海、干河、蓼叶、木歪、杉树坪、铁炉

续表

县（区）	面积	乡（镇）	村
		罗坎	李子、坳田、茶蔚、洛尾坝
		木卓	墨黑、环山、木卓、六井、银屏
		雨河	雨河、新河、小洛脚、乐利、黄坪、大坪、瓜雄、官庄
		芒部	关口、庙河、芒部、松林、茶园、元孔、三滴水、口袋沟
		尖山	尖山、尾坝、长安、田湾
		果珠	云岭、果珠、拉埃、高坡
		大湾	石田、龙塘、雨萨、仕里
		花朗	花朗、文阁、林正、仓上
		坡头	堰塘、坡头、德隆、毫都、石里、花果
		黑树	黑树、尾嘴、苏木、泥坝、碗水
		鱼洞	青杠、瓜乌、鱼洞
		泼机	关门山、堵密、摆洛、亨地、老包寨、庙山
		以勒	庙埂、大山、火草、以勒、毛坝、瓜果
		林口	林口、娃飞、木黑、干秋、风岩、熊贝、菜子、硝林
		塘房	凉水、杉树林、芒部山、顶拉
		中屯	齐心、头屯、郭家河、青山
		场坝	摩多、安家坝、罗汉、麻园
		以古	以古、老官房、麦车、小米多、黑塘、比道角、安尔
		坪上	屯上、大地
		母享	堰沟、陇东、平桥
		乌峰	小河、毡帽营、松林湾、高山
		树林	林口、碗厂
彝良	1.6	奎香	奎阳、黑拉、寸田、坪地、松林
		龙街	恒底、尖山、龙洞、龙街、银坪、坪子
		扎西	墨黑、长地、罗坭、龙里
		水田	水田、河坝
		高田	凤阳、大湾、坡上、钨城
		罗布	桃坝、新庄、簸火、青龙、黑龙
威信	2.02	双河	茨竹坝、天池
		林凤	金凤、龙塘、柏香、坪房
		长安	安稳、安乐、天坪
		庙沟	宗家坳、扎实沟
		三桃	三桃

第二节 目标要求

一、品质要求：达到无公害食品生产要求

1. 种植田块的选择及水质要求

严格选择生产基地，检测土壤中重金属如汞、镉、铅、硌的含量；要求基地周围无污染大气的污染源；生产用水污染物不能超标，特别是重金属元素和有毒有害物质及剧毒农药残留；水源的选择和水质的处理都是种植地监控的重点，工业、居住区的废水排放，都有可能带来过量的重金属、农药、病毒、细菌等，为此，种植基地要远离工业及居住区，以避免水源受到污染。种植地的水质应该满足农业用水标准，种植地及周围土壤中的重金属含量指标不超标。在日常的管理中，应定期对水质进行测定。通过水质分析和对污染指标的监测，从而测出污染物的组成、变化及漂移的情况。以上监控都要建立纠偏和验证程序，并保存记录，标准依据主要有 GB 3095—1982 环境空气质量标准、GB 9137—1988 大气污染物最高允许浓度标准、GB 15618—1955 土壤环境质量执行二级标准、GB 3838—1988 国家地面水环境质量标准、GB 5084—1992 农田灌溉水质标准等。

2. 农药化肥等投入品的供应

必须选用 NY/T 394 规定可以施用的肥料种类，有机肥必须符合卫生标准，使用正规厂家的农药化肥，要保证三证齐全，按照国家规定的农药安全使用标准、农药残留检测等标准执行，设置施用农药及化肥种类、用药量、施肥量、用药时间、施肥时间、间隔期等关键限值，制订相应的危害分析，预防措施及控制手段和验证程序，并要有完整的记录。

3. 种植环节的把关

选择抗病虫、抗逆性强的品种、使用健康种子，对外来种植品种进行检疫，严禁从疫区调种，实行合理密植、实行配方施肥、加强肥水管理的保健栽培，利用频振杀虫灯、诱蚜黄板杀虫，保护利用天敌，发挥其对有害生物的自然控制作用，科学合理用药，防止污染水源进入种植基地，注重收获后的贮藏保管和运输，防止在运输、贮藏、加工过程中二次污染和发生霉变。

4. 培养农产品质量管理人才

培养包括认证审核、质量管理人才等，使农业生产和管理者的农产品质量安全意识有较大提高并自觉按照无公害标准对农产品质量进行有效控制。

二、经济和营养安全等目标

1. 栽培模式

结合各生态类型地区的耕作模式、气候特点、土壤肥力，研究各具特色的栽培模式，使春荞区比当地栽培模式增产 10% ~15%，秋播区比当地栽培模式增产 15%以上。

2. 制订现代种植模式

制订包括适宜品种、种植规格、技术标准、配套机械等在内的现代种植模式。

3. 建立示范基地

结合整建制推进等项目的实施，建立现代种植模式示范基地，扩大影响。

4. 生产率目标

通过选育推广抗病虫、抗逆性强的品种，提高苦荞的产量潜力；主要依靠综合的栽培管理技术，包括合适地块的选择、合理密植、适时播种、合理施肥、水分管理、病虫害综合防治等技术的配套应用，充分发挥品种的生产潜力。

5. 可持续性目标

在提高生产率的同时，要保护、改善和合理利用农业环境和资源。要继续研发良种、肥料、灌溉和合理用药技术，并根据持续性目标进行改进，并开发出新的高产优质高效综合技术。

6. 营养安全目标

国际上关于农产品的认识正在发生变化，从单纯的注重饮食能量安全转向能量安全和营养安全的结合。应制订选育出微量元素含量较高的育种目标。

7. 经济高效目标

生产苦荞也要做到生态、技术、经济的统一，形成效益型的生产结构。推广应用简化轻型栽培技术等提高苦荞的生产效益。

第三节 品种选择

一、品种选择的要求

1. 生育期要求

春播区要求品种能在终霜期前后 4 ~5 天播种，秋季霜前能完全成熟，如在高海拔一年只能一熟的地区，生育期长的品种一般都会比生育期短的品种产量高。在该地区一般选用品种的生育期为 100 天以上，如当地种植多年高产稳产的品种、昭苦 1 号、云荞 2 号。

秋播区要求品种能在降霜前收获，如在中低海拔地区，选用品种的生育期为 100 天以内，在该区域，海拔越高对品种的生育期要求越短。推荐选用昭苦 2 号、云荞 1 号。

2. 出粉率的选择

如以加工荞粉为主，应选择粗蛋白质含量高的品种如昭苦 1 号、云荞 2 号。

3. 黄酮含量的选择

如以提取黄酮为主，应选择黄酮含量高的品种昭苦 2 号、云荞 1 号。

4. 耐瘠性选择

在土地瘠薄、施肥水平低的地区和地块，则应选用适应性广、耐瘠的品种。

二、建议品种

1. 昭苦 1 号

生育期 88～107 天，中熟品种；株高 90.8～121.8 厘米，抗倒伏，田间生长势强，生长整齐，成株株型紧凑，主茎节数 15.6～15.8 个，主茎分枝数 4.2～6.6 个；单株粒重 4.1～6.8 克，千粒重 18.4～21.9 克，籽粒外壳呈灰白色，形状呈长棱形。结实集中，落粒性中等。粗脂肪 3.55%，粗蛋白 14.01%，粗淀粉 66.11%，可溶性糖 1.89%，总黄酮 2.38%。

昭苦 1 号在第七轮国家苦荞品种区域试验西南春播组中，2003—2005 年三年平均产量为 141.6 千克/亩，比对照九江苦荞增产 6.3%，居参试品种第 2 位；2007 年，在贵州威宁和云南丽江的国家生产试验中，昭苦 1 号在 2 个试点的平均产量为 135.2 千克/亩。其中，在云南丽江，昭苦 1 号产量为 118.3 千克/亩，比当地苦荞品种增产 19.3%。

该品种 2008 年通过国家小宗粮豆品种鉴定委员会鉴定。

2. 云荞 1 号

生育期 83～88 天，早熟品种；株高 101.7～102.5 厘米，抗倒伏性较好；主茎节数 13.7～14.8 节，主茎分枝 5.8～6.1 个；千粒重 17.4～20.5 克，单株粒重 3.9～4.5 克。籽粒外壳呈黑色，形状呈短三棱形。粗蛋白含量 13.38%，粗淀粉含量 64.68%，粗脂肪含量 3.00%，黄酮含量 2.529%，属高蛋白、高黄酮含量的品种。

云荞 1 号在第八轮国家苦荞品种区域试验北方组中，3 年平均产量为 127.8 千克/亩，比对照九江苦荞增产 8.3%，居参试品种第 4 位。

该品种 2010 年通过国家小宗粮豆品种鉴定委员会鉴定。

3. 云荞2号

生育期81～92天，中熟品种。株型紧凑直立，株高107.5～120.7厘米，属中高杆型品种；主茎节数13.7～16.0节，主茎分枝4.8～7.2个，花呈黄绿色，雌雄蕊等长；单株粒重3.4～7.4克，结实率高；千粒重18.4～21.1克，籽粒较大、灰色，长三棱形。该品种耐寒、耐旱。蛋白质含量16.1%～16.6%，黄酮含量1.7%～1.9%，碳水化合物含量63.9%～70.7%，脂肪含量2.8%～3.5%。

云荞2号在第九轮（2009—2011年）国家苦荞品种区域试验北方组中，三年的平均产量为143.2千克/亩，比对照九江苦荞增产7.3%，居9个参试品种的第2位。2011年，在甘肃定西、宁夏回族自治区固原、甘肃平凉和陕西榆林的国家生产试验中，云荞2号在4个试点的平均产量为164.6千克/亩，比对照九江苦荞平均增产24.9%，比当地苦荞品种平均增产10.0%。

该品种2012年通过国家小宗粮豆品种鉴定委员会鉴定。

4. 昭苦2号

生育期84～88天，早熟品种；株高95.4～102.6厘米，抗倒伏性较好；主茎节数14.3～14.5节，主茎分枝5.5～6.3个；千粒重17.4～20.6克；单株粒重4.3～4.5克。叶色浅绿，叶心形，叶柄绿带浅红。花白色。籽粒外壳呈灰色，形状呈短三棱形。籽粒粗脂肪含量2.95%，粗蛋白含量13.51%，粗淀粉含量61.07%，总黄酮含量2.611%。属高蛋白、高黄酮含量的品种。

在第八轮国家苦荞品种区域试验北方组中，3年平均产量为127.7千克/亩，比对照九江苦荞增产8.2%，居参试品种第5位。在内蒙古自治区赤峰试点，昭苦2号的产量为149.5千克/亩，居所在试点参试品种的第1位。在第八轮国家苦荞品种区域试验南方组中，比对照九江苦荞增产6.1%，居参试品种第3位。

该品种2010年通过国家小宗粮豆品种鉴定委员会鉴定。

第四节　播前准备

一、地块选择

1. 茬口选择

苦荞对茬口选择不严格，无论在什么茬口上都可以生长，但忌连作。在昭通，春播苦荞多种植在高寒山区，前作多为马铃薯，在有夏播油菜的地方，前作选择油菜地也能获得较好的产量。在秋播地区，可选择豆类、玉米、菜地种植苦荞。

2. 选地

苦荞根系不发达，要求土壤疏松，有利于根系的生长发育。黏土或重黏土不利于苦荞的生长发育；沙质土壤结构松散，保水保肥能力差，养分含量低，也不利于苦荞生长发育；壤土有较强的保水保肥能力，排水良好，增产潜力较大。苦荞对酸性土壤有较强的忍耐力，碱性较强的土壤，苦荞生长受到抑制，经改良后方可种植。云南高寒山区多为灰泡土，农民俗称夜潮土，土质疏松，耕层深厚，适宜苦荞的出苗，但磷肥含量偏低，需补充较多的磷肥。苦荞是忌涝作物，在生长发育期间如土壤含水量偏高，会极大地影响苦荞的生长发育，导致产量偏低。因此，苦荞种植地块应选择缓坡地。

二、整地

深耕是苦荞丰产栽培的一条重要经验和措施。加厚熟土层，提高土壤肥力，既有利于改善土壤中的水、肥、气、热状况，提高蓄水保墒和防止土壤水分蒸发，又有利于苦荞发芽、出苗和生长发育，同时可减轻病虫草对苦荞的危害。农谚有“深耕一寸，胜过上粪”。深耕改土效果明显，但深度要适宜，各地研究结果表明，苦荞地深耕一般以 20 ~ 25 厘米为宜。对于熟土层较浅的地块，每年的耕层应比上一年增加 3 ~ 5 厘米，但不能一次耕得过深，以免当季生土层偏厚，会对产量有明显的影响。

在地势低洼易积水之地，应开沟提厢种植，有利排水和减轻积水对苦荞生长发育的影响。

三、施肥

1. 施肥量的确定原则

前茬如是小麦、玉米等吸肥量大的作物，苦荞地施肥宜多些；如前茬为豆科作物、油料作物，土壤肥力消耗少，施肥量可少些；秋苦荞因播种迟，生育期短，施肥量应该比春苦荞高一些。温度、降雨量等气候因素影响到土壤中肥料分解和苦荞对养分的吸收利用，所以不同地区的施肥效果也不一致。

2. 基肥

以前作是马铃薯为例，每亩的施用量为农家肥 500 千克、尿素 5 千克、16% 普通过磷酸钙或钙镁磷肥 20 ~ 30 千克、硫酸钾 5 千克，有的地方将种子准备好后，用清粪水加上普通过磷酸钙和磷肥与种子拌裹形成“包衣种”后待播，如加尿素，应在半个小时之内播完，如无尿素，可在上午拌好至下午播完，但一旦加入化肥，都不得过夜播种，这种方式最为节省劳力。

3. 追肥

第一次追肥在出苗后 20 天左右，封垄前及时结合第一次薅除追施氮肥；苗情长势健壮的可少追，追肥宜用尿素等速效氮肥，一般每亩以10千克为宜。第二次追肥于初花期进行，每亩用1千克尿素加0.3千克磷酸二氢钾对水50千克喷施。

第五节　播　种

一、适时播种

适时播种是苦荞获得高产成败的关键措施，播种早晚都会影响苦荞的产量。农谚道：春荞霜后播，秋荞霜前收。说的就是春播区播种时间要在当地终霜期前后4~5天播；秋播区要保证在当地降霜来临前收获，以此来确定秋荞的播种期。如在昭通市年均温6.2~7.0℃的地区，当地苦荞春播的节令是：正常年立夏节令前5天内播完，闰月立夏节令后5天内播完。各产区的具体适宜播种期应根据品种和当地各时期的有效积温而定。如果选用品种比当地品种生育期短，可适当推迟播期，以求安全。如果在有效积温高的地区种植苦荞，应使苦荞的盛花期避开当地的高温（>26℃）期，同时保证霜前成熟为基本原则。秋荞的适宜播种期为立秋前后4~5天。

二、种子处理

苦荞高产不仅要有优良品种，而且要选用高质量成熟饱满的新种子，播种前的种子处理，对于提高苦荞种子质量、全苦、壮苗奠定丰产作用很大，种子处理主要有晒种、选种和温汤浸种几种方法。

1. 晒种

选择播种前3~10天的晴朗天气，将苦荞种子薄薄地摊在地上或席上，如场院窄，种子层厚，需翻动几次。晒种时间应根据气温的高低而定，气温较高时晒一天即可。

2. 选种

目的是剔除空秕粒、破损粒、草籽和杂质，选用大而饱满整齐一致的种子，大而饱满的种子含养分多，发芽率高、发芽势强、生根快、出苗快，幼苗健壮。苦荞选种方法有风选、水选、筛选。

3. 浸种

用35~40℃温水浸10~15分钟效果良好，能提早出苗；加用其他微量元素溶液如钼酸铵（0.01%）、高锰酸钾（0.3%）、磷酸二氢钾（0.5%）、尿素（0.5%）浸种12个小时还可促进苦荞幼苗的生长和产量的提高。

4. 拌种

用40%多菌灵胶悬剂对水，配成浓度为0.3%的药液，在常温下浸种12个小时，防治褐斑病；用种子重量0.3% ~0.5%辛硫磷拌种，防治蝼蛄、蛴螬和金针虫等地下害虫。

三、播种量

苦荞播种量是根据土壤肥力、品种、种子发芽率、播种方式和群体密度确定的。在一般情况下，大、中、小粒种的每亩播种量分别以6千克、5千克、4千克为宜。

四、播种方式

1. 点播

采取打穴人工点播较费工，据调查，4个人1天才能播1亩地，每亩地比畜力牵引的条播多费3个工左右，种植规格和播种量同条播。这种播种方式主要用于小地块的种植。

2. 撒播

整好地后撒种子，有的用牛或马拖拽捆扎在一起的灌木将种子盖上，有的用牛或马在地里翻犁一遍将种子盖上，这种播种方法省工，每人每畜每天能播4~5亩地，但肥料不集中，不能满足苦荞的营养需求，又无株行距之分，密度不均匀，密处成一堆，稀处不见苗。田间管理困难，一般产量较低。

3. 条播

主要是畜力牵引的顺犁沟点播。180厘米下线，以130厘米开厢，预留走道50厘米，在厢内用牛或马开7条沟播种，行距20~22厘米，穴距19~20厘米，每塘播种8~10粒，确保每穴出6~7苗，每亩留苗量为6.8万~8.2万苗。条播的优点是深浅一致，落子均匀，出苗整齐，在春旱严重、墒情较差时深墒播种、适时播种。条播还便于中耕除草和追肥。

五、播种深度

苦荞是带子叶出土的，顶土能力弱，播种深了难以出苗，播种浅了又易风干。因而，播种深度是全苗的关键措施。掌握播种深度，一要依当地播种苦荞时的常年气候情况，如在播种季节雨水丰富，播后覆土应浅些；如播种季节雨量偏低，覆土层应厚些。二要依土壤水分，土壤水分充足时要浅播，土壤水分欠缺时要深播。三要依播种季节，春荞宜深些，秋荞稍浅些。四是依土质，沙质土和旱地可适当深一些，黏土地则要稍浅些。为了保证顺利出苗，覆盖种子土层一般以 3 ~ 4 厘米为宜，在沙质土和干旱区可以稍微深些，但不要超过 6 厘米。

第六节 田间管理

一、苗期管理

黏重的土壤播后雨后天晴，会造成地表结板，影响出苗，可用钉耙破除板结，疏松地表。破除地表板结要注意，在雨后地表稍干时浅耙，以不损伤幼苗为度。前期应做好田间的排水工作。水分过多对苦荞生长不利，会造成较长的缓苗期，对产量有较大的影响。

二、中耕除草

第一次中耕除草在幼苗高 6 ~7 厘米时结合间苗和追肥进行，此时苗小，宜浅锄。第二次中耕在苦荞封垄前，结合培土进行，中耕深度 3 ~5 厘米。此次中耕主要是耕翻走道内被踩实的土壤，在走道内提土对苦荞培土，同时也形成一条排涝沟。而对苗间的杂草则主要用手拔除。中耕后根系受到损伤，地上部生长暂时受到抑制；但以后由于断根发生大量侧根，根系更为强大，由抑制转为促进，有利促进穗部多花多粒。

三、灌溉浇水

苦荞是喜湿作物。农谚有“秋荞不怕连绵雨”，“若要苦荞收，花开沟里游泥鳅”等，都充分说明了这点。苦荞根系不发达，抗旱能力较弱，以开花灌浆期需水为最多。昭通市春苦荞多种植在旱坡地，缺乏灌溉条件，苦荞生长依赖于自然降水。苦荞受旱，拔节期缺水会使株高降低，分枝减少，叶片变小，退化小穗和小花数增多，降低粒数；孕穗期缺水后期叶片功能减弱，影响性细胞的形成，花粉粒发育不正常，不孕小花增多。因此，有灌溉条件的地区，如遇干旱，应灌水满足苦荞的需水要求，以保证苦荞的高产。

四、预防倒伏

“荞倒一包壳”，这是说明苦荞倒伏后对产量影响很大的农谚。①预防倒伏的根本措施，是选用高产抗倒伏品种；②杜绝随意播种，应称量到地块，控制基本苗数；③施用钾肥，一是增强茎秆强度，二是可使根增长；④用 200 毫克/千克矮壮素在苦荞现蕾期喷施，可降低株高 20 厘米以上。

第七节　病虫草害防治

苦荞病虫草害的防治，应以农田防治为主，以药剂防治为辅。在生产上选用抗病品种、实行轮作、清洁荞地、冬前深耕、降低病原菌和虫源基数。同时，通过精选种子、药剂拌种、增施磷钾肥、精耕细作、合理密植、培育壮苗、加强田间管理以增强苦荞的抗病和抗虫性。

一、病害防治

1. 立枯病防治

每10千克种子用75%敌克松粉剂60克拌种，或用70%甲基托布津15克加水400克拌荞种10千克；在苗期如发现立枯病发生，要拔除病株带出荞地外销毁，同时用65%代森锰锌600～800倍液或甲基托布津1 000～1 200倍液喷雾，隔7～10天喷一次，连喷2～3次，对病株周围区域要多喷几次。

2. 轮纹病、褐斑病防治

用1∶1∶100的波尔多液、65%的代森锌700倍液或50%的多菌灵胶悬剂500～800倍液交替喷雾防治。

3. 霜霉病防治

每亩用58%甲霜灵锰锌可湿性粉剂100克、或用200毫克/升的20%菌核净水乳剂对水交替喷施2～3次。

二、危害苦荞的几种主要害虫

1. 黏虫

黏虫不能在高寒山区越冬，为迁飞性害虫，随季节的变化南北往返迁飞危害，因此，春荞、秋荞都可受到其危害。多集中在植物心叶、叶背等避光处啃食叶肉，3龄以后开始蚕食叶片，5、6龄食量大增，暴食危害，可将植株吃成光秆。

2. 钩翅蛾

危害苦荞的叶、花和果实。从7、8月危害苦荞，海拔越低，发生越早。幼虫群集危害叶片，2～3龄后爬行，或吐丝下垂，分散危害。啃食叶片使呈薄膜状，几天后形成筛孔状。

3. 大造桥虫

幼虫以苦荞叶片为食，初时形成缺刻，严重时可吃光叶片。

4. 草地螟

是一种暴发性害虫，食性很杂，可危害52种植物。幼虫危害苦荞的叶、花和果实，大发生时，造成重大损失。一年发生 1～2 代，以幼虫和蛹在土中越冬。成虫有较强的趋光性。幼虫共 5 个龄期，1 龄幼虫在叶背面啃叶肉，受振吐丝下垂。2～3 龄幼虫群集在心叶，吐丝结网，取食叶肉，3 龄幼虫后期开始由网内向网外扩散危害。4、5 龄幼虫进入暴食期，可昼夜取食吃光原地食料后，群集向外地转移。成虫期湿度大，幼虫期较干燥的气候条件，是造成草地螟严重发生的主要原因。

5. 二纹柱萤叶甲

为鞘翅目叶甲科害虫。成虫体长 6～8 毫米，宽 4～5.5 毫米，越冬成虫早春成批出现后，主要危害留生苦荞和蒿属植物，待大面积苦荞出现时，开始转移危害。幼虫以 3 龄幼虫为害最重，食量占各龄幼虫的 90% 以上。

6. 非洲蝼蛄

为直翅目蝼蛄科害虫。昼伏夜出危害。成虫有趋光性、趋化性，蝼蛄在土内活动危害，晚 9～11 时为取食高峰。喜欢在表土层穿行，形成很多隧道，或咬断幼根，或使幼苗根部与土分离而干枯，造成缺苗断垄；直接危害苦荞时，在出苗后咬断幼根、幼茎，使幼苗枯死。

7. 小地老虎

为鳞翅目夜蛾科害虫。滇东北一带农民称之为“土蚕”。以幼虫危害，在近地表处咬断幼苗，严重时出现缺苗断垄现象。

8. 金龟子

幼虫称为蛴螬，食性极杂，终生在土中危害作物的地下部分。蛴螬的发生活动与土壤温、湿度和土质关系较大，当 10 厘米土温 15℃时，开始上升土表，平均土温 15～18℃时活动最盛，23℃以上则往深土中移动，土温降到 5℃以下，即进入深土层越冬，蛴螬一般在阴雨时期危害严重。

三、害虫防治技术

1. 深翻灭蛹

在苦荞收获后，至第二年播种前，进行深耕，让虫蛹暴露于外，借雪凌消灭越冬蛹。

2. 灯光诱杀

利用成虫的趋光性，在成虫发生期，采用黑光灯、频振式杀虫灯诱杀成虫。

3. 破坏卵块生态环境

卵期进行中耕除草，从而达到减少田间卵块量，以控制大量幼虫危害。

4. 药剂防治

药剂防治一定要掌握在幼虫 3 龄以前，可用绿晶 0.3% 印楝素乳油 90 毫升/亩、京绿0.38%苦参碱可溶性液剂150毫升/亩、绿浪1.1%百部·川楝·烟乳油800倍、云菊5%乳油1 000倍，喷雾防治，可收到较好的防治效果。

5. 灯光诱杀或毒液诱杀成虫

在成虫发生期，可采用黑光灯或频振式杀虫灯诱杀成虫，或用马粪加敌百虫诱杀成虫；还可在田间放置糖酒醋毒液诱杀成虫，糖酒醋毒液的配制为：红糖3份、酒1份、醋4份，再加2份水，然后再加毒液总量25%的敌百虫或其他杀虫剂制成。每3~5亩地放一盆。

6. 毒饵诱杀或毒土触杀

蛴螬、地老虎发生严重的地区，还可采用毒谷、毒饵的防治方法。①毒谷的配制方法是：用稻谷或麦粒5千克煮至半熟捞出晾干，加辛硫磷0.5千克搅拌均匀，每亩撒施1~1.5千克，可随种子撒入犁沟内，或耕地时翻入土中。毒谷对蝼蛄的杀伤效果很好，也可兼治其他地下害虫。②毒饵的配制方法是：用90%晶体敌百虫500克加水3~5千克，均匀拌在30千克炒香的麦麸上，或其他谷物或青菜，制成毒饵，傍晚顺植株行或选择危害严重的地块，撒施在土表，每亩1.5~2.5千克，对地老虎的防治效果最好。还可用3%辛硫磷颗粒、敌百虫粉等杀虫剂，每亩用2~3千克，拌细土25千克，随耕翻入土中，也可防治多种地下害虫。

四、草害防治

1. 苦荞地杂草发生概述

苦荞生产因地区不同，气候条件不同，种植制度不同，播种期不一致，田间杂草发生规律也不同，因此应针对不同的发生状况，采取相应的综合除草技术。高寒山区的杂草发生特点主要与以下因素有关：一是前作单一，主要为马铃薯，在同一类型地区，其杂草发生规律和种类基本一致，其采取的防除措施也基本一致。二是高寒山区降雨量大，基本达1 000毫米以上，而整个苦荞生育期的降雨量占全年降雨量的50%左右，且又是雨热同季，有利于杂草的生长繁殖。三是高寒山区人均耕地面积大，马铃薯面积占的比例又远大于苦荞面积，在中耕管理上占据了大部分精力，再加上农村劳动力外出打工人员多，故对苦荞的中耕管理难以顾及。四是高寒山区松毛草危害逐年加重，其特点是杂草株型小，群体生长苗期时高度仅为15厘米左右，至开花结籽时高度可达50厘米以上，密度很大，密集于地内，每平方米株数可达2 500株以上，与蒿枝、酸模叶蓼、马唐、牛筋草、藜（灰灰菜）、苘麻、曼陀罗、猪毛菜等等大型杂草相比，难于人工拔除；4月中下旬（视春季气温回升早迟而定）出土，与苦荞播期接近；于7月下旬结籽，在苦荞尚未收获的时候就掉入土中，待来年开春后萌发，难以在结籽前进行化学防除；耕地生长旺盛，休闲地生长衰退；肥地生长繁茂，瘦地生长稀疏。

2. 防治原则

一是高寒山区苦荞产区的防除应纳入整体考虑，即在耕整地时清理草根、人工薅除、化学防除等各个环节上对所有的耕地都要尽力清除；二是要年年坚持防除，方能逐渐减少杂草量。

3. 化学防除

（1）播前防除。高寒山区播种苦荞时已进入立夏节令，在播前 1 个月应耕整土地，让松毛草提前出土，可用草甘膦于播前 3 天防除，然后整地播种。具体的用法是：草甘膦有效浓度为 5 克/升，喷头孔径为 0.8 毫米，在药液中加入 5% 左右的硫酸铵，可明显提高防除效果，每亩地的喷雾量不大于 15 千克。

（2）苗期化学防除。苦荞出苗后，可选用针对性强、安全高效的除草药剂，掌握在多数禾本科杂草 5 叶期以前，阔叶杂草 2 ~ 3 叶期施药。可选用以下药剂：

每亩用 12.5% 盖草能乳油 30 ~ 50 毫升。

每亩用 15% 精稳杀得乳油 33 ~ 50 毫升或 35% 稳杀得乳油 33 ~ 50 毫升。

每亩用 20% 拿捕净乳油或 12.5% 拿捕净乳油 80 ~ 100 毫升。

每亩用 10% 禾草克乳油 30 ~ 50 毫升。

以上药剂均为针对禾本科杂草的选择性除草剂，对禾本科杂草有很好的防效。但对阔叶杂草无效。主要用于发生禾本科杂草的地块，对苦荞安全，施药时间一般不受限制。

每亩用 10% 高特克水剂 100 ~ 130 毫升在预留走道内施药，对猪秧秧、繁缕等阔叶杂草高效，对禾本科杂草无效，可用于主要发生阔叶杂草的地块。

每亩用 10% 高特克水剂 100 ~ 130 毫升，加 12.5% 盖草能乳油 30 毫升在预留走道内施药，能有效防除禾本科杂草和阔叶杂草。

第八节　收获贮藏

一、收获

苦荞的开花期较长，籽粒成熟时间及成熟度及不一致，在同一植株上可以同时看见完全成熟的种子和刚刚开放的花朵。

成熟的种子，由于风雨及机械振动极易脱落，导致苦荞减产。因此，需及时、正确收获苦荞。当苦荞全株 2/3 籽粒成熟，即籽粒变为银灰色、褐色或黑色，呈现本品种固有颜色时是最适宜收获期。过早收获，大部分籽粒尚未成熟；过晚收获，籽粒大量脱落，均会影响产量。

苦荞收获应选择清晨或阴天进行，收割时用镰刀轻割，至手将握不住时，用几根苦荞植株在上部穗子以下扎住，下部散开，竖成圆锥形，轻竖以减少籽粒脱落，收割后宜在田间贮放一定时间，使其后熟，增加粒重，提高种子的成熟度。

二、贮藏

苦荞脱粒后要及时晾晒，降低籽粒含水量，籽粒含水量降至14%方可入库。

苦荞籽粒内脂肪和蛋白质含量较高，遇高温会造成脂肪和蛋白质变性，黄酮含量减少，品质变劣，生活力、发芽率下降。故在贮藏时要求具有良好的防潮、隔热性能，通风性能良好，防虫防鼠，贮藏时间不宜过长。种子宜用低温贮藏。

参考文献

[1] 林汝法．中国荞麦［M］．北京：中国农业出版社，1994.

[2] 柴岩，王鹏科，冯佰利．中国小杂粮产业发展指南［M］．杨凌：西北农林科技大学出版社，2007.

[3] 柴岩，李瑞国，高冬丽．苦荞育种思路和策略［A］．苦荞产业经济国际论坛论文集［C］．北京：中国农业科学技术出版社，2006（2）：33－35.

[4] 柴岩，万世富．中国荞麦产业发展现状与对策［A］．中国小杂粮产业发展报告［C］．北京：中国农业科学技术出版社，2007.8：20－21.

[5] 姚自强，钟兴莲，等．矮壮素、多效唑浸种对苦荞植株性状和产量的影响［J］．山西：荞麦动态2004（1）：24－25.

[6] 杨晶秋，史庆亮，等．苦荞施用微肥研究初报［J］．山西：荞麦动态2003（2）：17－19，18－19.

[7] 胡继勇．苦荞播种量与产量、基本苗与成株率相关性研究［J］．荞麦动态2003（1）．

[8] 赵刚，唐宇，王安虎．多效唑对苦荞产量的影响［J］．山西：荞麦动态2003（1）：23－24.

[9] 姚自强，钟兴莲，等．肥液浸种对苦荞植物学和经济学性状的影响［J］．山西：荞麦动态2001（1）14－17.

[10] 钟兴莲，姚自强．微量元素浸种对苦荞植株性状和产量的影响［J］．山西：荞麦动态1997（2）：22－26.

[11] 钟兴莲，姚自强．钾肥对苦荞产量及植株性状的影响［J］．山西：荞麦动态1998（1）：25－27.

[12] 毛春，程国尧，等．高海拔地区优质苦荞黔苦2号高产高效农艺措施数学模型研究［J］．山西：荞麦动态2005（2）：20－23.

［13］刁操铨，戚昌翰，刘启鑫，等．作物栽培学各论［M］．中国农业出版社，1994：98－125.
［14］宋维际，赵高慧，王莉花．苦荞栽培与加工［M］．昆明：云南科技出版社，2010：43－45.
［15］梅艳，阮培均，王孝华，等．黔苦2号苦荞高产栽培数学模型研究［J］．安徽农业科学，2008（19）：11－13.
［16］马均伊．宁夏南部山区荞麦规范化丰产栽培技术［J］．宁夏农林科技，2009（5）：36.
［17］李世贵．荞麦对环境条件的要求及其高产栽培技术［J］．现代农业科技，2007（21）：136－138.
［18］万丽英．播种密度对高海拔地区苦荞产量与品质的影响［J］．作物研究，2008（1）：44－46.
［19］王丽红，韩玉芝，崔兴洪，等．高寒冷凉山区优质苦荞高产栽培技术［J］．云南农业科技，2009（5）：34－36.
［20］向达兵，彭镰心，赵钢，等．荞麦栽培研究进展［J］．作物杂志，2013（3）：4.

第二篇　特色经作

第六章　昭通优质苹果栽培*

第一节　果园建立技术

（一）园地选择

1. 气候条件

年平均气温9～12 ℃，冬季最冷月（1月）平均气温在－2～5 ℃。4～10月平均气温在15～19 ℃，≥10 ℃积温3 200～3 500 ℃·d。果实成熟期昼夜温差在10 ℃以上。年日照时数2 000小时左右，6～9月不少于300小时以上。年降雨量600～900毫米。

2. 土壤条件

土壤肥沃，有机质含量在1%以上。土层深厚，活土层在60厘米以上。地下水位在1.0米以下。土壤pH值6～7.5。

3. 地势地形

坡度在6°～20°的山区、丘陵、选择背风向阳的南坡，10°以上的修筑梯地。

（二）种植规划

平地果园栽植行向采用南北位种植；坡地果园栽植行沿等高线延长种植。配备必要的排灌设施和建筑物。有风害的地区，应营造防风林。

（三）砧木和品种选择

品种和砧木的选择应以区域化和良种化为基础，结合当地自然条件，选择优良品种的砧木。实行适地适栽。以丽江山定子、西湖海棠、湖北海棠作砧木。品种选择：早熟品种可选美国八号、神砂、华艳、嘎啦；中熟品种可选新红星、金帅、华冠、优系乔纳金；晚熟品种可选红富士、红将军、2001、烟富6。

（四）栽植

1. 园地平整

种植前，对园地进行耕犁、耙平，按种植株行距划线打点，于定点上挖深

---

* 本章编写人：昭通市水果技术推广站　蔡兆翔；昭阳区园艺所　赵家学

宽0.8～1米的栽植沟塘，挖时注意表土与心土分别堆放在两侧。定植沟、穴挖好后，在沟底填厚30厘米左右的作物秸秆，每穴以有机肥50～100千克、普钙1.5～2千克、硫酸钾0.5～1千克与表土混合均匀，回填至低于地面20厘米，灌透水，使土沉实，然后覆上一层表土保墒。

2. 栽植方式与密度

平地和5°以下的缓坡地为长方形栽植，6°以上的坡地为等高栽植，栽植密度：乔砧稀植4米×（4～5）米；乔砧密植3米×4米；短枝型及矮砧密植2米×(3～4)米。

3. 授粉树配置

为了保证种植品种有较高的座果率，应按（4～5）：1的比例配植主栽品种与授粉树品种，授粉品种应与主栽品种有相仿的果实经济价值，可采用等量成行配置，否则实行差量成行配置。同一果园内栽植2个品种。红富士授粉品种：新红星、金帅、千秋。新红星授粉品种：元帅、金帅、津轻。乔纳金授粉品种：元帅、王林、金帅。

4. 苗木的选择与处理

苗木选择要求：品种纯正，砧木一致，砧穗协调；地上部充分成熟，枝条健壮，充实，苗高1米以上，芽子饱满，接口上10厘米，粗度0.8厘米；根须发达，具有分生侧根4条以上，分布均匀、舒展、不卷曲，须根多；嫁接部位愈合良好。

苗木处理：将选好的优质苗用3～5度石硫合剂或300倍多菌灵浸根10分钟，进行消毒处理，备栽。

5. 栽植时间

苹果苗木的栽植一般在春季、秋季进行为好。春栽于2月下旬至中下旬进行，春栽气温、土温回升，树液开始流动，贮藏养分转向生长，栽后易发新根、新枝，成活率较高。昭通市春季干旱、风大，春栽后易缺水，栽后应注意灌水，防春旱。秋栽于9月上旬至10月上旬进行，此时地温高、墒情好，断根当年即可愈合，有利于根系发新根和恢复根系，且由于缩短了缓苗期，幼树生长快又健壮，是昭通地区苹果栽植最适宜时期。

6. 栽植技术

在准备好的定植穴或定植沟内按株距挖深宽30厘米的栽植坑。将苗木放入定植穴内，扶正苗木，使苗木根系自然舒展，纵横成行，边填素土边摇动苗木，使根系土壤充分密接，应注意避免根系与肥料接触，产生“烧根”，随填土随踏实。苗木栽植深度以根茎处高于地面对面10厘米为好。填土完毕后在树苗周围做直径1米的树盘，充分灌水，浇透后用土封穴，并在树干周围培一土埂，覆盖1平方米地膜在树干周围，再在地膜四周放些土压实，以免被风吹起。春栽苗植后立即定干，秋栽苗翌年春季萌芽前定干，定干后，采取适当措施保护剪口。

第二节 果园树相指标

（一）幼龄树（3~6年生树）

（1）亩产量200~1 000千克。

（2）亩枝量：生长期亩枝量1万~5万条，冬剪后留枝量1万~3万条。

（3）亩留花量：2 000~5 000朵花。

（4）亩留果量：1 000~3 000个果。

（5）单果重：200~300克。

（6）花枝率：顶花芽花枝数占总枝数的30%左右。

（7）果实质量：特级果率30%以上，一级果率50%以上，二级果10%，二级以下10%，果实可溶性固形物含量13%以上。

（8）新梢生长量：树冠外围新梢长度40~60厘米。

（9）干周粗度：距地面上30厘米处直径5~10厘米。

（10）覆盖率：果树投影覆盖率为60%~80%。

（11）透光度：树冠投影下的花荫受光面积为10%~25%。

（12）花、叶芽比：1:（3~4）。

（13）枝果比：（5~6）:1。

（14）封顶枝：6月末以前有70%~80%的枝停止生长。

（15）10月保叶率70%以上。

（二）结果树

（1）亩产量1 500~4 000千克。

（2）亩枝量：生长期亩枝量10万~13万条，冬剪后留枝量8万~10万条。

（3）亩留花量：8 000~25 000朵花。

（4）亩留果量：8 000~20 000个果。

（5）单果重：200~250克。

（6）花枝率：顶花芽花枝数占总枝数的30%左右。

（7）果实质量：特级果率20%以上，一级果率60%以上，二级果10%，二级以下10%，果实可溶性固形物含量12%以上。

（8）新梢生长量：树冠外围新梢长度30~50厘米。

(9) 干周粗度：距地面上 30 厘米处直径 10 ~ 20 厘米。

(10) 覆盖率：果树投影覆盖率为 80% ~ 90%。

(11) 透光度：树冠投影下的花荫受光面积为 10% ~ 20%。

(12) 花、叶芽比：1∶(3 ~ 4)。

(13) 枝果比：(5 ~ 6)∶1。

(14) 封顶枝：6 月末以前有 80% 以上的枝停止生长。

(15) 10 月保叶率 70% 以上。

第三节　果园土壤管理技术

(一) 深翻改土

土壤疏松透气是保证果树根系正常生产的重要条件，而深翻则是创造果园土壤疏松透气最基本的措施。在定植前，虽然进行了翻耕、挖大穴的土壤改良工作，但改土只限于局部（定植穴内）。随着树龄的增加，根系不断向外伸展，定植穴外的未改良的土壤就会限制根系生长。因此，必须每年在定植穴的外缘或定植沟的外缘向外扩穴深翻改土，才能满足根系每年不断向外生长对土壤疏松透气的要求。深翻后的果园疏松透气，加速了土壤熟化，使土壤里面难溶于水的营养转化为可溶性养分，提高了果园的有机质、速效磷、速效钾和全氮含量，为根系生长创造了良好的环境条件，从而达到促进果树生长、结果的目的。

果园深翻分为扩穴深翻和全园深翻，扩穴深翻是指沿定植穴、沟外缘向外挖一定距离的深沟，并将沟内的土壤与有机质肥料及一些枯枝烂叶、杂草、作物秸秆等改土材料混合拌均匀，使深翻沟内的土壤结构、水、肥、气、热条件得到改善。全园深翻则是将定植穴、沟外的土壤一次全部深翻完毕，深度 40 ~ 60 厘米。

果园深翻的时期春、秋、冬均可，一般在新根发生高峰期前进行最适宜。由于昭通气候具冬春干旱的特点，因此，苹果园深翻以早秋深翻为最好。每年 9 月下旬至 10 月中旬，昭通雨水充足、气温适宜，正值苹果根系第三次生长高峰，根系生长旺盛、吸收能力强，此时深翻既利于伤根恢复，又利于加强根系吸收，提高树体贮藏养分水平。每年秋季果实采收后结合秋施基肥进行。1 ~ 6 年生幼树采用环状深翻，沟宽 80 厘米左右，深 60 厘米左右，成年树采用顺行间于树冠滴水线外缘向外挖长 2 米、宽 80 厘米、深 60 厘米的深翻沟。如劳力充足可在树冠下四周挖 4 条深翻沟，劳力紧缺也可今年沿东西向挖两条，次年再沿南北向挖两条，逐年轮挖。挖沟时应注意尽量少伤直径 1 厘米以上的粗根，并将表土、底土分别放置，待挖好后要及时回填，不能露根久晒，回填时先在沟内放一层改土材料，盖一层土，盖土时注意将表土放在下面，底土放在上层。改土材料采用秸秆、杂草、稻草、绿肥、厩肥、饼肥、灰肥等。每株可按杂草秸秆 50 千克，腐熟猪牛粪 50 千克，磷肥 1～1.5 千克压入，最后压实。干旱时应及时灌水，使根土密接。

在一些土层较浅且下层底土尚未风化的果园，扩穴深翻后易积水造成烂根。对这类果园深翻时应注意深翻沟的深度不宜太深，而宜浅些，通常在 40～50 厘米之间，或者将深翻沟底挖成斜坡形，其下端与排水沟相连接，以避免造成烂根。

（二）中耕及除草

对于采用清耕休闲的果园，为了防止干旱时土壤板结龟裂和多雨季节杂草繁生，果园耕作层应经常保持疏松潮湿，清除杂草，减少养分消耗，增强土壤微生物的活动，促进有机质的分解，以利根的吸收。应在春季萌芽前、夏季杂草旺盛时及秋季采果后各进行一次全园中耕除草。春季翻耕有利于提高土温和减少春季土壤水分蒸发，促进根系生长，夏季翻耕清除杂草，增加土壤有机质，提高地力，并加深耕作层，促进根系生长，秋季翻耕则松土保墒，涵养水分。耕翻深度 10～20 厘米。在进行果园间作的园地可结合间作物的种植、收获进行翻耕。除了全园翻耕外，在雨水多、杂草滋生的季节，还应进行几次中耕除草，以防土壤板结、杂草滋生，保持土壤疏松湿润。

（三）果园间作

果园间作是指在幼龄果园，为了经济利用果园行间空地，在行间间种其他矮秆作物的方法。果园间作既可增加果园经济收益，又能增加土壤有机质，改善土壤结构及果园生态环境，促进果树生长。适合果园间作的作物通常采用需肥水少的豆科作物、辣椒、白菜、洋芋、药材等。果园间作物的选择应避免种植消耗肥水大、与苹果有相同病虫害和影响果园光照的高秆作物。种植间作物应注意留出树盘。所种间作物最好做到秸秆还地，以利以园养园。

（四）果园绿肥

凡是植物的绿色部分耕翻入土中当肥料的均称绿肥。作为肥料利用而栽培的作物，叫绿肥作物。果园种植绿肥能增加土壤有机质，改良土壤，保持水土，改善果园生态环境。

果园选用绿肥作物要根据气候、土壤、果树等因地制宜。常用的果园绿肥有：一是紫穗槐，春季播种，每 667 平方米用种量 1～2 千克，每年收割 2～3 次。二是苜蓿，春或初夏播种，鉴于昭通市冬春干旱，最好以夏绿肥为好，当年收割 2 ~ 3 次，冬春留残桩，第二年春再发后，收割 3 ~ 4 次。

果园绿肥的用法：

（1）翻压。当年在果树行株间种植生长期短的绿肥作物，可于初花期至花荚期直接翻入土中，使其腐烂作肥。此法适用于成龄果园。

（2）割青。沟埋在树冠外围挖沟，沟宽和沟深均为 30 ~ 40 厘米，沟长与树冠一侧相同，将绿肥与土分层埋入沟中，覆土后灌 1 次水。此法适用于幼龄或行距较大的果园。

（3）覆盖。树盘利用鲜料覆盖树盘或放在树行间作肥料。

（4）沤制。将鲜料集中于坑中堆沤，然后施入果园。

注意事项：在绿肥生长期要施适量的氮、磷、钾肥，以缓解绿肥作物与果树争肥的矛盾；压青后适当灌水，以加速绿肥腐烂分解；尽量选用矮生或半匍匐生长的绿肥作物，高秆绿肥作物要及时收割；播种多年生绿肥作物，4 ~ 5 年需翻耕重新播种。

（五）果园生草

果园生草亦即在果树行间或全园种植对果树有益的特定品种的草，它是果园保持水土，增加土壤有机质和肥力，改善果树生长环境的有效措施。通过果园生草，一是可以促进果树生长，显著提高果品产量和质量。果园生草可改善果树生长环境，提高土壤肥力，增强果树根系的生长、吸收和合成功能，从而促进树体的生长和发育，减少病弱树的发生，由此显著提高果品的产量和质量。二是可以改良土壤结构，持续提高土壤的有机质及肥力，减少化肥投入。由于果园专用草种的地上与地下生物量较高，腐化分解后可较快提高土壤有机质含量。三是可以防治水土流失，保肥、保水、抗旱。果园专用草种具有根系发达、茎叶密集、覆盖性强的特点，故能防治径流和雨水冲刷，有良好的水土保持效果，尤其是山坡易冲刷地和沙荒易风蚀地的效果更为显著。四是可提高生物防治能力，减少病虫害发生和农药用量。果园生草一方面可促进果树健壮生长，从而提高果树抗病力，一方面有利于寄生天敌，减少虫害，因而是生物防治的有效措施。五是抑制有害杂草生长，减少除草用工和化学除草剂用量。果园专用草具有较强的竞争力，成坪后可有效抑制杂草的生长，基本无需人工除杂和施用除草剂。六是调节地温，促进果树维持正常的生理活动。在果园专用草的植被作用下，炎夏期能吸收太阳直射地面的辐射能，使果园气温和地温降低，而严冬则可提高地温。七是可改善地表条件，方便果园作业。生草果园即使雨后或灌溉后，人员也能及时进园作业，使生产效率得以提高。八是可以生产优质牧草，促进果牧结合型经济发展。果园专用草种是优质牧草品种，适口性好，产量及营养价值高，收割后可作为牛、羊、猪、兔、鸭等食草类畜禽的优质饲草。目前，发达国家已将此作为果园科学化管理的一项基本内容，90%以上的果园都采用生草法。为了加快我国果园耕作制度的变革，提高果业生产的经济效益、生态效益和社会效益，农业部中国绿色食品发展中心1998年正式将果园生草纳入绿色食品果业生产技术体系，在全国推广。

1. 果园常用草种的特性及栽培要点

品种：主要有果园白三叶、果园黑麦草、果园苜蓿。

白三叶：多年生豆科植物，适宜年降雨量450毫米以上，根系匍匐生长，茎节生根，集中生长在20厘米内，自然生长高度25～35厘米。年鲜草产量3 500千克/亩，耐践踏及恢复力强。春、秋季播种都可，播种量1千克/亩。管理好的可持续生长7年以上，开花早，花期长，景观效果好。

果园黑麦草：多年生禾本科植物，适宜年降雨量450毫米以上，根系丛生分蘖，须根发达根系集中在20厘米内，自然生长高度30～50厘米，年鲜草产量4 000千克/亩，耐践踏力强。播种时间春秋两季，播种量1～1.5千克/亩，此品种出苗快，苗期短，可生长4～5年。

果园苜蓿：多年生豆科作物，适宜年降雨量250～800毫米，根蘖型，根系发达，主根较深，自然生长高度30～50厘米，年鲜草产量5 000千克/亩，耐践踏及恢复力极强。播种时间春夏秋，播种量1千克，抗旱性及冬季抗逆性优异，可明显降低牲畜的鼓胀病。

2. 生草栽培方法

播种整地：将果园杂草及杂物清除，翻地20～25厘米深，整平耙细，加施底肥，墒情不足应补墒。

播种方式：可采用全园生草或行间生草株间覆盖；可单播也可混播（如白三叶与多年生黑麦草按1∶2）；秋季可撒播，春季宜条播。播深0.5～1.5厘米，播后镇压。

苗期管理：苗期应保持土壤湿润，并适时清除杂草。

成坪后管理：应适时刈割，并进行施肥浇水等养护；越冬要做好防寒保护。

（六）果园覆盖

果园覆盖包括薄膜覆盖和覆草，薄膜覆盖一般在春季干旱、风大的3～4月进行，覆盖时可顺行覆盖或只在树盘下覆盖。树下覆膜能减少水分蒸发，提高根际土壤含水量；盆状覆膜具有良好的蓄水作用；覆膜提高土壤温度，有利于早春根系生理活性的提高，促进微生物活动，加速有机质分解，增加土壤肥力，覆膜还能明显提高幼树栽植成活率，促进新梢生长，有利于树冠迅速扩大，另外，还有促进果实成熟和抑制杂草生长的作用。

果园覆草的主要作用有：优化土壤环境、提高土壤肥力、抑制杂草生长和减少锄地用工、提高果品的产量和质量、减少部分越冬害虫出土为害等。果园覆草一年四季均可，以夏季（5月）为好，旱薄地多在20厘米土层温度达20℃时覆盖。麦秸、麦糠、杂草、树叶、作物秸秆和碎柴草均可用于果园覆草；果园覆草的数量，局部覆草每亩1 000～1 500千克，全园覆草每亩2 000～2 500千克。由于全园覆草时不利于降水尽快渗入土壤，而降水以蒸发方式消耗较多，因此，生产中提倡树盘覆草，其具体技术为：覆草前在两行树中间修筑40～50厘米宽的畦埂或作业道，树畦内整平使近树干处略高，盖草时树干周围留出大约20厘米的空隙，以便降雨后使水沿树干和畦尽快渗入土壤；同时覆草前结合深翻或深锄浇水，株施氮肥0.2～0.5千克，以满足微生物分解有机物对氮肥的需要。覆草厚度为15～20厘米，覆草后在草坡上星星点点压点土，以防风刮和火灾。覆草时注意新鲜的覆盖物最好经过雨季初步腐烂后再用；覆草后不少害虫栖息草中，应注意向草上喷药，起到集中诱杀效果；秋季应清理树下落叶和病枝，防治早期落叶病、潜叶蛾、炭疽病等发生。另外，不少平原地区总结改进了果园覆草技术，即进行夏覆草、秋翻埋的树盘（树畦）覆草，每年5月进行，用草量1 500千克左右，厚度保持5厘米左右，盖至秋施基肥时翻入地下。

（1）覆草时期。一年四季均可，以春夏季为宜，旱薄地多在20厘米，土层温度达20℃时覆盖。

（2）覆草方法。①盖草厚度为15～20厘米，盖到树冠外缘，主干周围0.3米可不盖。盖草后少量压土，防风刮和火灾。土层厚的果园要将挖沟埋草与盖草相结合。如果秸秆丰富，可以增加果树树盘盖草量和行间盖草。②果园覆草经雨季后，盖草开始腐烂，每年或隔年加盖一次，3～4年深翻一次，也可以在秋后每株挖4～6条放射性沟，沟长120厘米，宽50厘米，深50～60厘米，把腐草翻压入沟底。

（3）覆草种类、数量。杂草、树叶、作物秸秆和碎柴草均可。春季覆干草，夏季压青草。局部覆草每亩干草1 000～1 500千克，鲜草一般2 000～3 000千克；全园覆草分别为2 000～2 500千克和4 000千克。

（4）覆草要求。覆草前结合深翻或深锄浇水，株施氮肥0.2～0.5千克，以满足微生物分解有机物对氮肥的需要。土层薄的果园可采用挖沟埋与盖草相结合的方法。长草要铡短，以利于覆盖和腐烂。

覆盖园秋后要浅锄一下，秋施基肥时，不要将覆草翻入地下，追肥时可扒开覆草，多点穴施，施后适量灌水。

第四节　果园施肥技术

（一）苹果需肥的种类

果园施肥是苹果树体管理中的一项重要内容，是保证苹果高产、优质的重要措施。苹果树需要的矿质营养元素较多，达60多种，主要的有氮、磷、钾、钙、镁、硫、铁、锌、铜、锰、硼、钼、氯、钴等14种元素。这些元素都是苹果生长所必需的。

苹果对氮肥的需要量较多，氮是植物细胞中蛋白质和叶绿素的重要组成部分，可促进营养生长，如枝、叶、果实等，使枝条粗壮，叶片浓绿变厚，因此，缺氮时叶片小、色黄、树弱、落花落果重。但氮过多会引起枝叶徒长，不充实，影响花芽的分化，果实着色差，贮藏性降低。

此外苹果的生长对磷、钾、钙的需求量也较多。磷能促进花芽分化和开花坐果，改善果实品质，有利根的生长发育，增加根的抗旱、抗寒能力。钾有利果实的增大，增加着色，促进树体内碳水化合物的转化和运输，提高果实品质和贮藏性。缺钾时果小、叶小、叶片黄绿，叶脉间失绿，叶缘向上，严重时叶缘枯焦。钙在树体内起生理平衡作用，并能提高果实的可贮性。缺钙时易发生生理病害，如果实的苦痘病、水心病等。

苹果对铁、硼、锌等元素的需求量虽然很少，但缺少时，就会影响生长和结果。铁：能促进叶绿素的形成。缺铁时，叶片失绿。尤其新梢尖端叶片明显，成为“黄叶病”。硼：能促进花芽分化和根系生长发育，并能提高糖的含量和维生素的含量。缺硼严重时果实畸形，果肉木栓化。锌：能促进营养生长。缺少时顶端叶片狭小，节间短，小叶密集丛生，叶片厚而脆，被称为“小叶病”。灌水频繁，伤根多，重剪及重茬易发生缺锌病。

（二）施肥原则

对矿质营养元素的供应，一要以有机肥为主，以化学肥料调节为辅；二要适当掌握施肥期和施肥量。由于苹果的品种、树龄、物候期、树势和土壤条件等不同，施肥的时间和用量也就有所不同。三要注意普通化肥营养元素含量单一，单独施用往往造成某种元素的过量，产生元素间的拮抗作用。四是果树专用肥，不仅含有果树所需的大量元素，而且还有需要量很少，但必须有的微量元素，各种元素要按需要比例搭配。因此，在生产上要注意果树专用肥的施用。五要注意保持或增加土壤肥力及土壤微生物活性，所施用的肥料不应对果园环境和果实品质产生不良影响。

（三）准许使用的肥料种类

肥料品种：农家肥、商品肥料和其他肥料。农家肥，包括堆肥、沤肥、厩肥、沼气肥、绿肥、作物秸秆肥、泥肥、饼肥等。商品肥料，包括商品有机肥、腐殖酸类肥料、微生物肥、有机复合肥、无机（矿质）肥、叶面肥、有机无机肥等，但必须是经相关部门登记允许使用的肥料。禁止使用未经无害化处理的城市垃圾、含有金属的橡胶等有害物质的垃圾、硝态氮肥、未腐熟人粪尿和未获准登记的肥料产品。其他肥料，不含有毒物质的食品、鱼渣、牛羊毛废料、骨粉、氨基酸残渣、骨胶废渣、家禽家畜加工废料、糖厂废料等有机物料制成的，经农业部门登记允许使用的肥料。

（四）禁止使用的肥料

未经无公害化处理的城市垃圾或含有金属、橡胶和有害物质的垃圾；硝态氮肥和未腐熟的人粪尿；未获准登记的肥料产品。

（五）施肥方法和数量

1. 基肥

基肥是苹果树体主要营养的来源，应占全年施肥量的60%以上（纯素）。它是提高土壤肥力，改良土壤，改变土壤环境的重要手段。在肥料种类上，一般以农家肥为主，包括农家厩肥、堆肥、土粪等。基肥施用时期一般在果实采收后的秋季，宜早不宜晚，特别是结果大树或当年结果多的树，一定要早施、多施。早施基肥，肥料有充分时间进行腐熟、分解。这样，肥料既可满足当年根秋季生长高峰的需要，也可满足树体秋季营养物质积累高峰的需要，同时，对由于营养不足造成的花中途败育现象及对翌年开花坐果的新梢生长，都有直接重要作用。如果秋季施肥晚或早春补施基肥，一定要施腐熟肥料，否则，由于肥效发挥的晚，正值树体生长后期，必然导致树体旺长，延长生长期，使新梢贪青组织不充实，越冬困难。早施基肥还有利于断根伤口的愈合，并能提高地温，刺激根系的生长，减少根系的冻害。昭通市具体时间一般在9月中旬至10月中旬。

施肥方法上，有环状沟施、放射状沟施、行间条沟施和全园撒施等。环状沟施适宜在幼树期实施。幼树根系分布范围小，沿树冠外围挖环状沟。其深度要根据树体根系主要分布范围的深度，树体大可深些，树体小可浅些，然后将肥料与表土混合施入沟内。第二年施基肥时，在头一年施肥外侧挖沟，以后逐渐扩大施肥范围。

随树龄的增长，根系分布范围越来越大，树冠投影面积也相应增加，为使根系更好地吸收营养，施肥采取放射状沟施。即从距树干 40 ~ 50 厘米处开始，向树冠外围挖 4 ~ 6 条放射状沟。沟宽 40 ~ 50 厘米，深度依树干向外逐渐加深。一般 20 ~ 60 厘米，同样要把肥与土混合施入。这种方法放射沟每年应变换位置。开沟施肥是成年果树施肥的主要方法，即在树冠外缘挖深 40 ~ 60 厘米、宽 30 ~ 40 厘米的沟，把肥填入并与土混合。第二年在头一年施肥的对应面再挖沟，每年变换位置并向外扩展施肥。

穴贮肥水施肥的方法。这种方法对瘠薄、干旱少雨的山地果园更具好处。具体方法是在树冠外围向内 50 ~ 70 厘米的地方，挖深 40 厘米，直径 30 厘米的洞 4 ~ 6 个，每个洞置入长 30 ~ 35 厘米的草把（经水浸泡）一个，将一定量化肥撒在草把上，然后回土填实并浇足水，上面用地膜覆盖。下次浇水施肥时，把地膜弄个小洞，随后浇水肥，最后用石块把小洞盖好。实践证明，这种方法能够使肥水直达苹果根的分布层，既满足了果树生长的需要，又有节水节肥，改良土壤的好处。

有的果园使用绿肥，施用方法同一般基肥的施用方法。但由于绿肥中含氮素较多，磷较少，所以在施用绿肥时，可混入一些磷肥，如过磷酸钙等。每株结果树可施入绿肥 25 ~ 50 千克。施入时要注意一层绿肥一层土，视沟的大小施入 2 ~ 3 次，避免堆积一起腐烂发热影响苹果根系的正常生长。

总之，基肥很重要，有机肥不仅含有果树生长发育所需的各种营养元素，还能改良土壤。因此，在生产中必须重视基肥的施入。幼树时，每亩应在 2 000 千克以上。盛果期大树施肥量按每产 1 千克苹果施 1.5 ~ 2 千克优质农家肥计算，一般盛果期苹果每亩施入 3 000 ~ 5 000 千克有机肥。

2. 追肥

追肥也叫补肥，是补充基肥的不足。在生产实践中，追肥要掌握看树追肥，因地施肥的原则，树有强弱，结果多少之分，对养分的需求也各不相同。对结果量大，弱树要吃“偏饭”，要多给肥。对壮树，花果少或幼旺不结果的树，为缓和枝叶生长，促进短枝形成和花芽分化，应在新梢停长后追肥，量要少。对“大年”树应增加中、后期追肥。“小年”树应着重在发芽前后追肥。应当指出的是对果树中、后期追肥，时间不可过晚，数量也不宜过多，以免造成新梢晚秋贪青徒长，降低树体营养积累水平和抗寒能力，同时也影响品种的着色和果实品质。

因地追肥，果园土壤条件不同，追肥也应区别对待。沙地保肥保水力差，要勤追少施，追肥后不要浇大水，以免造成水肥漏失。

根据一年中苹果树各个时期需肥情况施用，全年分 3 个时期进行追肥。

（1）萌芽前追肥。这次追肥时期是在春季苹果树萌芽前，通常在 3 月中旬。

此次追肥主要是补充头一年贮存养分的不足，它对以后的开花、坐果抽梢等都有直接的作用，在肥料种类上要以速效性氮肥为主，如尿素、硫酸铵等。追肥量要依树龄、树势强弱、产量情况而定。一般幼树每株0.1～0.25千克，进入盛果期的大树，每株1～2千克。方法上可在树下开放射状沟4～6条或沿株、行间于树冠滴水线下开沟，沟深25厘米左右，长1.5～2米，把肥均匀撒入与土拌匀，盖土后随即浇水。也可在树下点穴施，或在树冠下沿外围环状沟深5～10厘米施。

（2）花后追肥。即在苹果开花后进行追肥。此期是苹果树体需要营养最多的时期，除幼果迅速形成、生长外，同时正值新梢旺盛生长，两者在营养分配上容易产生矛盾，相互竞争。因此，在这一时期的追肥相当重要，对果实的大小、产量和质量，对新梢的迅速生长和叶幕的迅速形成都有直接的作用。

苹果“红富士”盛花后25天，是果实细胞分裂盛期，抓住这个时期满足其对水、肥的供应，对提高苹果果实细胞分裂系数，增加果实重量，有事半功倍的作用。幼树、旺树及花前施过的果园，此次肥可不施。

（3）果实迅速膨大期追肥。此期正值果树苹果花芽分化期及果实迅速膨大期，因此这次追肥主要是促进花芽分化和加速果实的迅速膨大。对提高产量，克服树体的“大小年”，促进花芽分化，有重要作用。施肥期一般在6月上中旬进行。肥料种类以磷、钾复合肥为主，配以少量的氮肥。

（4）采果前后采果肥。苹果经过长时间的生长结果，养分消耗很大，所以在采果前后（晚熟种在采前，中熟种在采果后）应补充一定的养分，以恢复树势，促进花芽分化，提高贮藏营养水平，增加树体抗逆性。此次追肥也可结合秋施基肥进行。追肥种类以磷肥为主，辅之钾肥及少量的氮肥。

3. 根外追肥

根外追肥是在果树生产中，一种辅助性的施肥办法。即把肥料配成适当浓度的溶液，喷到苹果树的叶面上，然后树体通过叶片的吸收后利用。这种方法简单易行，可和喷农药结合进行，节省劳力，降低成本，同时，用肥少，见效快，肥料利用率高，还能避免有些肥料土施后易被土壤固定造成的损失，如磷肥。一般叶面喷肥短时间被叶片吸收，喷后10～15天树体出现变化，不受树体营养分配和根系活动的影响，喷到的部位即可满足树体生长发育的急需，如在酸性土壤易出现缺磷、钙、镁，碱性土壤易缺铁、硼、锰等，都可以通过叶面喷施来解决。

根外追肥的种类，有单一性的如尿素、硼砂、硫酸锌等；复合性的如磷酸二氢钾等；多元性的，如叶面宝等。尿素呈中性，有效成分高，且尿素分子体积小，具吸湿性，很容易被叶片吸收，可与波尔多液或硫酸锌、硼砂等多种药肥混用。磷酸二氢钾，一般含五氧化二磷50%左右，氧化钾30%左右，该肥料极易溶于水，显酸性反应，性质稳定，不挥发，不吸湿，是一种高效复合肥，适合做根外追肥。进入7月后喷施一般2~3次。

根外追肥宜在下午3、4点后光弱时进行喷施，中午光强，气温高，肥液在叶面上蒸发快，易烧伤叶片。同时肥液在叶面上停留时间短，吸收的少。一般叶背面易于吸收肥液，所以喷肥时，要注意叶面叶背均匀喷布。

根外追肥要注意：夏季喷施时应避免气温过高，最好在上午10点前或下午4点后喷洒。

根外追肥不能代替土壤施肥，两者各具特点，互相补充，要力争多喷，一年可喷5~7次。

（六）昭通苹果常见缺素症肥的防治

缩果病、小叶病、黄叶病是昭通苹果生产中常见的缺素病，要防治上述生理性病害，必须做到合理施用硼、锌、铁等微量元素肥料。

（1）施用硼肥能显著降低苹果落花落果率，提高苹果的坐果率和产量，对防治苹果缩果病效果十分显著。对于潜在缺硼和轻度缺硼的苹果树可于盛花期喷施一次浓度为0.5%的硼砂水溶液，严重缺硼的土壤可于萌动前每株果树土施50~100克硼砂，再于盛花期喷施一次浓度为0.5%的硼砂水溶液。

（2）施用锌肥对防治苹果树小叶病的发生，且能够提高叶片中的氮、磷、钙等的含量水平，常用6%~8%的硫酸锌水溶液于春季苹果树发芽前喷施，萌芽后用0.5%的硫酸锌与0.3%~0.5%的尿素混合液喷施。

（3）对于苹果树因缺铁而造成失绿黄化的苹果树，常用的方法是将硫酸亚铁与饼肥（豆饼、花生饼、棉子饼）和硫酸铵按1∶4∶1的重量比混合，在果树萌芽前作基肥集中施入细根较多的土层中，根据果树的大小和黄化的程度每株果树的施用量控制在3~10千克。叶面直接喷施硫酸亚铁的效果一般较差，应用黄腐酸铁与尿素的混合液喷施矫治黄化的效果较好，但有效期较短；也可应用硫酸亚铁与尿素的混合液喷布，只喷施硫酸亚铁，效果略差，喷施的浓度为硫酸亚铁0.3%、尿素0.5%，在果树生长旺季每周喷施一次。

（七）苹果施肥新技术

穴贮肥水技术：穴贮肥水地膜覆盖技术简单易行，投资少，见效大，一般可节肥30%，节水70%~90%。具体技术如下：将作物秸秆或杂草捆成直径15~25厘米、长30~35厘米的草把，放在水中或5%~10%的尿液中浸透。在树冠投影边缘向内50~70厘米处挖深40厘米、直径比草把稍大的贮养穴（坑穴呈圆形围绕着树根），依树冠大小确定贮养穴数量，冠径3.5~4米，挖4个穴；冠径6米，挖6~8个穴。将草把立于穴中央，周围用混加有机肥的土填埋踩实（每穴5千克土杂肥、混加150克过磷酸钙、50~100克尿素或复合肥），并适量浇水，然后整理树盘，使营养穴低于地面1~2厘米，形成盘子状，浇水3~5千克/穴即可覆膜；将农膜裁开拉平，盖在树盘上，并一定要把营养穴盖在膜下，四周及中间用土压实，每穴覆盖地膜1.5~2平方米，地膜边缘用土压严，中央正对草把上端穿一小孔，用石块或土堵住，以便将来追肥浇水。在穴中心上方的地膜上穿一小孔，以便以后施肥浇水或承接雨水，并在小孔上压一小石块，以防水分蒸发。一般在花后（5月上中旬），新梢停止生长期（6月中旬）和采果后3个时期，每穴追肥50~100克尿素或复合肥，将肥料放于草把顶端，随即浇水3.5千克左右；进入雨季，即可将地膜撤除，使穴内贮存雨水；一般贮养穴可维持2~3年，草把应每年换一次，发现地膜损坏后应及时更换，再次设置贮养穴时改换位置，逐渐实现全园改良。

第五节　果园灌水技术

(一) 灌水时期

灌水时期主要为展叶期、春梢迅速生长期、果实膨大期等几个时期。灌水后及时松土，同时，用作物秸秆覆盖树盘，以利保墒。

(二) 灌水方法

主要有树盘灌、沟灌、喷灌、滴灌、渗灌等。提倡采用滴灌、渗灌等节水灌溉措施。

(1) 树盘灌。在水源充足的果园，可进行树盘灌，通常在树盘下作一圆盘，修水埂、水道，引水入盘。此法灌水，水量充足，但易破坏土壤结构，土表易板结，肥料流失，淋溶多。

(2) 沟灌。在树冠投影下开轮状沟、株间短沟等，比漫灌省水，对土壤结构破坏轻。

(3) 滴灌。应用滴灌比喷灌节水30%~50%，比漫灌节水80%~90%。由于供水均匀、持久，根系周围环境稳定，十分有利于果树的生长、发育，一般增产25%以上。滴灌间隔期应以果树生育进程的需求而定。通常，在不出现萎蔫现象时，无需过频灌水。

(4) 喷灌。喷灌具有节约用水，保护土壤结构；调节果园小气候，清洁叶面，遇到霜冻时还有减轻冻害的功效。此外在苹果果实成熟期喷水，可促进果实着色增糖；炎夏喷灌可降低叶温、气温和土温，防止高温、日灼伤害。

(5) 微喷。微喷具喷灌与滴灌技术之长处，克服了两者之弊病，比喷灌更省水，比滴灌抗堵塞，供水较快。同漫灌比，全年可节水70%。

(三) 节水新法

用保水剂和抗蒸腾剂，吸湿剂是一种聚丙烯类，吸水保水性极强，其吸水性能超过自重的1 000倍，并有优异的保水性能，在干燥环境下表面能形成阻力膜，阻止膜内水分外溢和蒸发。如果在1平方米的范围内撒下100克，便可使土壤水分增加800倍，使土壤水分蒸发减少75%，并可以从大气中吸水。在一次浇水或雨后便可把水分长期保留下来，供果树长年吸收，由于它遇水膨胀与失水干缩的循环还可以增加土壤孔隙度，防止土壤板结，有利于根系呼吸生长发育。抗蒸腾剂是在不影响树体生理活动的前提下，适当减少水分蒸腾，达到抗旱的目的。理想的抗蒸腾剂要求既促进根系发育，又能在一定程度上关闭气孔，降低蒸腾，即同时具有"开源"和"节流"的作用。近年来发现黄腐酸具有这样的特性，黄腐酸在果树上的应用，有效期限18天以上，明显降低蒸腾(可达59%) 和提高水势 (0.2~0.4MPa)，并发现叶温未明显影响。在早期喷布，会明显改善其体内水分状况。

第六节 整形修剪技术

(一) 整形修剪的原则

(1)"因树修剪，随枝作型"。由于苹果树砧木、品种、树龄不同，以及所处的立地条件及气候等影响，生长与结果不一。因此，修剪时既要根据树形培育计划，又要视树长相随树就势，诱导成形。

(2)"统筹兼顾、长远规划"。修剪是否合理对生长好坏、结果早晚、盛果期长短及产量高低均有一定影响，因此要统筹兼顾、全面安排。根据幼树期、盛果期、衰老更新不同修剪阶段，达到生长均衡、结果合理，才能获得稳产、丰产。

(3)"以轻为主，轻重结合"。在修剪量和程度上，总的要求是以轻剪较为适宜，尤其在幼树期及盛果初期，轻剪多留枝有利于长树、扩冠、缓势及早期丰产。对骨干枝和延长枝应采取短截方式，以培养坚强的各级骨干枝和各类枝组。对一些辅养枝可轻剪缓放，促进形成花芽。掌握这一原则就能有效地调整树势，促进早果、早丰产，并能达到稳产、高产的目的。

(4)"均衡树势，主从分明"。为避免树体各类骨干枝生长势不均衡现象发生，必须采取"抑强扶弱，正确促控"的修剪方法，使各级骨干枝之间要主从分明，不相互干扰。

（5）在修剪中还必须做到如下“五看”，即“看品种特性，看树龄长势，看修剪反应，看自然条件，看栽培管理”来施以相应的整形修剪技术。

（二）整形

1. 昭通苹果生产主要应用树形

（1）纺锤形。这种树形是密植苹果园广泛采用的一种树形，树体有较强的中央干枝，有10～15个自下而上，由大变小，错落着生的主枝，主枝上不培养大的侧枝，直接建造结果枝组基部，主枝较大的树体一般称之为自由纺锤形，而基部主枝较小的称为细长纺锤形。

自由纺锤树形结构标准：干高60～70厘米，树高2.5～3.0米。中央干枝较直立，全树共10～12个主枝，主枝向四周均衡分布，插空排列，不分层次。下层主枝长1～2米，上层主枝依次递减，冠径2.5～3米，相邻两主枝间隔15～20厘米，同一方向主枝间隔50厘米左右。主枝角度80°～90°，主枝与中干粗度比以0.4左右为宜，最大不能超过0.5，保持中央干枝优势，主枝单轴延伸，其上直接着生枝组，以短果枝和中小型结果枝组结果为主。这种树形树冠紧凑丰满，通风透光良好，有利于生产优质果。

细长纺锤形结构标准：干高60～80厘米，树高2.5～3米，冠径2.0～2.5米，中央干枝直立，其上均匀分布15～20个单轴延伸结果枝组，同侧单轴延伸结果枝组间距60厘米左右，单轴延伸结果枝组角度90°，下部结果枝组稍长，向上依次递减，单轴延伸结果枝组的粗度与中央干枝的粗度比为3∶7，整个树冠呈细长纺锤状。

（2）改良纺锤形。这种树形是在疏散分层形的基础上将原树形第一层3个主枝和中干改造，均整成纺锤形组合而成的树型。这种树形是每个主枝或大型辅养枝都呈纺锤体形态，在大型主枝上不建造侧枝、副侧枝，而是直接建造放射状着生，错落有致的大、中、小型结果枝组（或称侧生枝），结果枝组以单轴延伸为主，俗称“大盘子托个纺锤形”。该树形减少了骨干枝的级次和数量，立体结果，是近年来广泛采用的树形。

改良纺锤形树结构标准：干高40～60厘米，树高2.5米，冠径3米左右，中干直立。中干基部第一层着生3个永久性主枝，主枝方位角120°，主枝角基角70°、腰角80°，3个主枝层内距25厘米，主枝上分生小枝组或缺果枝群。中心干上从距主枝50厘米处开始向上每30厘米着生一个小结果枝轴，螺旋上升，错落排列，形同纺锤。下部的小主枝长1～1.5米，越往上越短，水平且单轴延伸，小主枝无侧枝，直接着生结果枝组。

（3）小冠疏层形。基本结构与疏散分层相同。树形树冠呈扁圆形，与大冠疏层形相比，骨干枝级次少，光照良好，立体结果，枝势稳定。

小冠疏层形树形结构标准：干高40~60厘米，树高3.0米左右。全树共有主枝5~6个，多为3-2-1排列。第一层有3个主枝，可以互相邻接或临近，开张角度60°~70°，每一主枝上相对应两侧各配备1~2个侧枝，无副侧枝；第二层1~2个主枝，距第一层60~70厘米，方位插在一层主枝空间，开角50°~60°，其上直接着生中、小枝组；第三层1个主枝，距第二层50~60厘米，其上着生小型枝组。

（4）疏散分层延迟开心形。是稀植果园广泛采用的树形，有明显的中央领导枝，主枝数量较多，有7~9个分层着生在中央枝干上，分3~5层，排列方式大致为3-2-1-1。特点是：中央枝干直立向上生长，有利于扩大树冠和增加结果面积，骨架牢固，树冠匀称，负载力强，树体大、进入结果期后产量大。

树体结构标准：主干高30~50厘米，树高3.5~4米，冠径5~6米，第一层主枝3~4个，方位角120°，主枝间距25~35厘米，主枝角度基角50°~60°，腰角70°~80°，梢角60°，每个主枝分生侧枝2~3个。第二层主枝2个，距第一层80~100厘米，与第一层主枝插空对生，基角70°，腰角80°，每个主枝分生侧枝1~2个。第三层主枝一个，距第二层60~70厘米。

（5）开心形。这种树形形成方式有两种。一种是自然开心形，特点是主干矮，主干上错落着生3个大主枝，各主枝上着生2~3个侧枝，并先留背后侧扩大树冠，这种树形在整形修剪过程中，虽然不留中央枝干，但枝组较多，修剪量也较轻，成形快，开始结果早，主枝光秃部位小，树冠开张，通风透光，是合理密植的理想树形。另一种开心形是由延持开心形树形进一步深化而成的，即树龄达到盛果后期，为了维持合理树势，将树体整成有3~4个主枝的开心形树形。

上述树形是昭通市目前苹果生产上广泛采用的几种树形，具体采用何种树形，应视栽植密度而定。

株行距在4米×5米以上，亩栽33株以下的大冠稀植树幼树期间以主干疏层形为主，随着树龄增加及结果增多，视群体生长状况，逐渐整成延迟开心形或开心形纺锤组合体树型。

株行距3米×（4~5）米，亩栽44~74株树。幼树期间为改良纺锤形，不培养二层以上主枝，最终树形为一层三主枝，其上为中央干枝为轴的纺锤体，即三主枝组合纺锤体形树形。

株行距（1.5~2）米×（3~4）米，亩栽111~148株树。一般矮化中间砧和矮枝型品种，自幼树起就按细长纺锤形或自由纺锤形树形。

2. 常用树形的整形方法

（1）细长纺锤形。苗木栽后，留70~90厘米定干，栽植密度愈大，定干愈高。在春季萌芽后，随时除去距地面50厘米以内的萌芽和嫩梢，以利上部新梢的正常生长。

第一年春、夏期间，注意抹除主干上近地面50厘米以下的萌芽、嫩梢。8～9月，对1米以上的侧梢进行拉枝，角度80°～90°。冬剪时，对中央干枝的处理要因具体情况而定，在中央干枝过强时，可用其竞争枝换头；中央干枝强壮直立者，不要短截，任其自由向上延伸；中央干枝长度不足50厘米，或太细弱时，也可适度短截于饱满芽处，以增强中心干。

第二年春、夏季注意抹除近地面中干上的萌芽。在新梢长达30厘米左右时，对拉平枝上近主干20厘米以内的直立，徒长枝要疏除，20厘米以外的，要扭梢或摘心。对中央领导干上的长梢（80～100厘米）进行拉枝。冬剪时，只疏除靠近主干20厘米以内的直立、徒长枝、对侧生枝中前部的直立强枝可用疏除的方法处理。中央领导干上延长头的竞争枝，一般疏一、截一。延长枝强旺时，可用有一定角度的竞争枝换头，在延长枝中庸时，尽可能保持其直立向上状态，以助其长势。如果树势好，高度达到2米以上时，则不必短截延长头。这样做，有利于中央干枝上成花结果，树势上下平衡，可保持上小下大的纺锤结构。

第三年春、夏、秋的剪法同前。在枝量大，枝条密的情况下，可适当疏剪，尤其拉平枝后部或枝杈间的枝，要随时控制。冬剪时，如果中央干枝强旺，仍可用较弱的竞争枝换头，换头后的新头仍不短截，对于树冠上部强枝，要严格加以控制或疏除，而着生在中央干枝中、下部的长枝不应短截，只需拉平，以缓和生长势，促生短枝，提早成花、结果。

第四、第五年的剪法同前几年，中央干枝延长枝原则上不剪，其上部的侧生旺枝要疏除，以继续控制上强，注意开张中央干枝中、下部枝的角度，注意培养中、小枝组。

一般5年后，树可基本成形，达到高2.5米以上，冠径2米左右。随树龄的增加，中、下部侧生枝会加粗，加长，当直径粗度超过3厘米，长度超过1.5米时，就要着手控制，或密者疏除，或弱者回缩于后部良好分枝处。总之，保持树体和总枝量处于稳定状态。

（2）自由纺锤形。栽后第一到三年修剪，中央干枝延长枝每年留50～60厘米，旺树或用竞争枝换头，或长放不剪。在中央干枝上，每年选留2～4个小主枝，拉开距离，避免密挤和重叠，剪留40～50厘米长，其余辅养枝尽量多留，拉成70°～90°角，不需短剪。对郁密树冠内膛的旺壮直立枝和密生枝在其枝量较多的可将其疏除，如有空间、且枝量较少的可通过拉枝、缓放等措施改造成结果枝组。

栽后第四、第五年修剪，此时树体即将占满其营养空间，树高可达3米左右，株间快要接头。因此，各小主枝的延长枝已不再需要短剪，改用长放，有利于稳定树冠，减少外围旺枝量和增加产量。中央干枝头太高的，待枝势稍有稳定后，可逐步落头到2.5米左右的部位，用弱主枝或枝组换头，中、下层的小主枝过大和过密时，可酌情控制、回缩或疏除，以保持稳定的阔纺锤形。在修剪上，可参照细长纺锤形及疏层形的方法，注意冬、夏修剪等方法，尽早地缓势、促花，培养中、小枝组，每米小主枝有10个左右枝组。

（3）小冠疏层形。栽后第一年，定干高度60~80厘米，夏季培养好几个侧枝，留作主枝用。对于树干近地面40厘米以内的萌芽，嫩梢要随时疏除。选位置居中、强旺的新梢作中央干枝的延长梢。为了保持延枝的优质，要注意控制竞争枝。冬剪时，树壮枝条长时，中央领导干延长枝剪留80~90厘米，主枝剪留40~50厘米，同时主枝开张角度在60°以上，3个主枝间方位为120°。

栽后第二、第三年修剪，继续选留第一、第二层主枝。第一层主枝层间距10~20厘米，方位调到120°。第一层主枝上各配1~2个小侧枝，第一侧枝距中央干枝20~40厘米，第二侧枝距第一侧枝50厘米左右，各侧枝左右排开，顺序排列。第一、第二层要保持70~80厘米的距离，中间要配备几个大枝组。

对主枝的延长枝要在饱满芽位置连年短截，扩大树冠。一般剪留50~60厘米或全长的1/3左右。对强主枝要在秋季和春季开张角度，基角保持70°左右。主枝长度不足80~100厘米者，不必拉枝，留下来8~9月够长时再拉。为了保持主枝的优势和方位，每年注意用竞争枝换头和有效控制竞争枝。

栽后第四、第五修剪，4年生树，春季继续拉枝开角。主枝延长头剪留40~50厘米，中央干枝剪50~60厘米，继续扩大树冠。到5年生时，正常生长势的树，树冠已经够大，第一层主枝可不必再截扩冠，但要继续选留第三层主枝和第一层主枝的第二侧枝。

为早实丰产，应用先放后缩法增养中、小枝组，对个别背上发育枝要扭梢拉平或用冬、夏重截法，逐渐培养紧凑型枝组。

（4）疏散分层形。定干，一般为50~70厘米。定植当年能抽枝3~5个。冬剪时可选择顶端生长健壮的枝条作为中心干，在枝条中、上部饱满芽处剪，一般剪留长度为40~50厘米，同时注意剪口下第三芽的方位，使其位置选留在培养第三主枝的方向上。剪口下第二枝一般生长较强旺，易成竞争枝，应根据其生长情况适当控制。如竞争枝生长位置较好时，亦可选作中心干，而将第一枝剪去。在中心干及竞争枝以下，可选择不同方向生长健壮，开张角度大的枝条作第一、第二主枝，二者由邻近芽形成，各主枝剪留长度为30~50厘米，要比中心干稍短些，以保持良好的主从关系。选定中心干及主枝后，其余枝条应尽量保留，在一般情况下不截和轻截。

第二年冬剪，应在第一年选留的中心干上再选择一个直立枝条继续作为中心干的枝头，留50～60厘米长进行剪截。在其下部选择方向、角度较好的枝条作为第三主枝，距第一主枝40厘米左右，以构成第一层树冠。三主枝呈三角分布，各主枝的枝头剪留长度为40～50厘米。竞争枝在继续控制，使其逐渐转变为结果枝，其余枝条可根据生长情况，不剪或轻剪。如需要迅速形成果的枝条可不剪，以有利于尽快形成花芽，促进早期丰产。

第三年冬剪，中心干和第一层三个主枝头，要适当短剪，以利发枝迅速扩大树冠。为加大层间，改善冠内层间光照条件，这一年不选留主枝，中心干上所发的分枝，都作为辅养枝，一般不剪或轻剪，以缓和生长势，促进早结果。过密者可适当疏除。在第一、二主枝距中干50～60厘米处选择生长健壮，背下斜生的分枝作第一侧枝，剪留长度要比主枝稍短些。

其余枝条在不影响侧枝生长的情况下，应适当多留，以增加树体总生长量，利于迅速扩大树冠和培养果枝。对个别直立、徒长枝要压倒，以控制其生长。并要注意加大主枝的开张角度和树势均衡。

第四、第五年冬剪，4～5年的幼树相继进入初果期，冬剪时首先选择顶端健壮生长的枝条作为中心干，并根据树体结构要求，选出第二层和第三层主枝，所选的第四、第五、第六主枝要在第一层三个大枝的空间。要在基部主枝上选留2～3个侧枝，使树冠基本定型。这个阶段要注意选择生长健壮的枝条，作为各级骨干枝的枝头；根据生长强弱确定剪留的长度，生长旺要长留，反之要短些，一般剪留长度为40～50厘米，要注意调整各骨干枝的方向、角度和从属关系。除对各级骨干枝和填补空间的生长枝需要短剪外，其余枝条都采取缓放，以缓和树势，迅速培养结果枝，使其尽快地形成花芽，提早结果。对旺长直立枝或不易形成花芽的枝，可采取压倒拉平，或基部瘪芽处剪，以控制其生长，使之萌发弱枝。第二年对其分枝缓放，促进形成果枝。

（5）高光效开心形。该树形主要通过疏层形或纺锤形改造而成。其改造步骤是：一是提干，疏除100厘米以下的主枝，对于疏层形树即将第一层三大主枝疏除，将干高提高至100～120厘米，同时逐年疏除主枝上的部分大侧枝及背上大枝，将主枝上的斜生枝、平生枝拉至120°以上，呈斜下垂状，以缓和枝势，配合夏季修剪的拿枝、扭梢、环割培养成下垂结果枝组。二是落头开心，锯除疏层形树第三层以上中心干，落头开心，逐年疏除大主枝上的大侧枝或者将其改造成单轴延伸的下垂枝结果枝组。三是疏除中干上多余大枝，最终使中干上保留3～4个大主枝，3个大主枝间距20厘米左右，呈120°方位角分布，分枝角度60°～70°，如保留4个大主枝，则成90°方位角分布，大主枝上不再留大侧枝，而是通过夏季修剪的拉枝、扭梢、拿枝、环割等技术处理、将主枝上的分枝培养成下垂状结果枝组，主枝上的结果枝组结果4～5年后进行疏除，并用所发新枝重新培养，更新结果枝组。

在高光效开心形树形的培育改造过程中，对大枝的疏除不可操之过急，不能将要疏除的大枝一次疏完，而应分年进行，每年疏除2～3个大主枝，使整个树形改造在2～3年完成。

对于新植树培育成高光效开心形可参照上面开心形树形培育一节进行，所要注意的是普通开心形主干低，一般为50厘米，而高光效开心形主干较高，一般为90～120厘米，所以，定干时应在90～120厘米处选出主枝，其次是普通开心形主枝上分生侧枝，侧枝上再分生副侧枝，整形时要在主枝上选择位置合适的分枝短剪，培养侧枝和副侧枝，而高光效开心形的主枝上不配置侧枝，而直接培养下垂状结果枝组。因此，每年冬剪时，只对定干后选出的3个或4个主枝的延长头进行短剪，以扩大树冠，而对于主枝上的分枝是疏除距中干20～30厘米以内的分枝，其余枝条多采用缓放、拉枝处理。夏季修剪时，采取扭梢、拉枝、摘心处理，培养下垂单轴延伸的结果枝组。疏除背上枝、过密枝和竞争枝。

（三）修剪

1. 主要修剪技术及应用

（1）疏枝。疏枝是当前苹果生产中的主要措施，把一年生或多年生枝从基部剪掉就叫疏枝。

疏枝的应用要因树势而定，幼旺树主要应用在疏除徒长枝、竞争枝、背上直立枝，衰弱树重点疏除过密枝、交错枝、重叠枝、并生枝、外围发育枝及触地枝，及时疏除枯枝、病虫枝。

疏枝减少了枝量，造成伤口，削弱主枝或被疏母枝的生长。生产中为了使幼树扩大树冠，加速成形，应尽量多留少疏，辅养树势。势力不均衡时，对弱小骨干枝要少疏多留，强大骨干枝多疏少留，削弱其长势。旺长树疏枝，要“去强留弱”，“去直留斜”，“去旺留壮”，缓和树势，促花成果；弱树要“去平斜，留直立，去弱留强”，增强树势。

（2）短截。剪掉一年生枝的一部分叫短截，多用于充实壮枝。短剪可增加分、缩短枝轴，促进剪口下侧芽萌发，利于更新复壮。短剪程度不同，反应各异，一定程度内，短剪越重，局部发枝越旺。根据短剪的程度分为轻、中、重、极重短剪。短截方法较多，不同品种、树势、树龄对各种短剪方法敏感程度各异，必须灵活掌握，因树制宜。一般幼树期间，为了快速培养和扩大树冠，对骨干枝多用短截方法。对辅养枝而为了让其尽早结果，一般不短截。短枝型及衰弱树应增加短截数量多截少疏，刺激树体生长，恢复树势。

（3）回缩。对 2 年生以上枝短截称回缩。

回缩主要应用对象：一是连年轻剪长放后，枝势缓和，短枝数量多，大量形成花芽，而座果率偏低的枝条，适当回缩可集中营养供应，提高座果率；二是枝组过高时，应逐步回缩，使其牢固紧凑，避免挡风遮光，影响其他枝的生长；三是某些临时枝和过渡层枝及时回缩可紧凑枝体，避免遮光；四是对多年生下垂弱枝、冗长枝和触地枝及时抬头回缩，利于恢复生长势力。

（4）长放。对枝条不进行任何剪截称缓放或甩放。

长放适宜于枝条生长健壮，有一定空间位置的枝，且以平斜和中庸枝效果好，易形成中、短枝或中短果枝。

竞争枝、直立枝、徒长枝不宜长放，否则加粗生长快，常成“树上长树”或主从不分，层次不明，喧宾夺主。需要长放时，必须先将其压平或通过拉枝改变角度，改变方向。

2. 不同时期苹果树的修剪

（1）幼树期的修剪。幼树期生长特点是树冠小、枝叶量少；生长势旺盛，发育枝多。其修剪任务为：促进树体生长发育，加快树形形成，增加枝叶量，为幼树早果丰产创造条件。以促为主，长留缓放，多截少疏，扩大树冠。

幼树期修剪前 3 年尽量一枝不疏，多利用辅养枝结果，尤其是下垂枝，并促生中短枝，尽早形成花芽结果，有空间的树继续扩大树冠。幼树主要靠辅养枝结果，采用压枝、缓放、别枝、曲枝、疏枝、环剥、刻芽等方法，让辅养枝早成花结果。随着幼树的生长，树冠不断扩大，辅养枝也由小变大。修剪时，可去强留弱，去直立留平斜，去大留小，多缓放少短截，多留结果枝，尽量使其多结果。当树冠已达到合理大小时，对辅养枝加以控制，主要是不让其影响骨干枝的生长发育结果，不能影响冠内枝组生长，要根据不同部位及其周围情况进行促控修剪。

（2）初结果期树的修剪。苹果初结果期树生长特点是：新梢生长旺盛，粗壮直立，树冠趋于稳定，树形逐渐形成，结果部位逐渐增加，产量提高。该期修剪任务是：首先继续培养各级骨干枝，扩大树冠，完成整形任务；其次打开光路，解决树冠通风透光条件；第三，培养好结果枝组，把结果部位逐渐移到骨干枝和其他永久枝上。特别是矮化密植园，树体已经长大，枝间开始交接，必须解决好光照问题。解决光照的方法有：①减少外围发育枝，处理层间辅养枝，解决好侧光；②落头开心，解决好上光；③疏除部分密挤的裙枝，解决好下光。在解决光照的同时，努力培养好结果枝组，做好结果部位的过渡和转移，但此时树势刚开始稳定，产量正大幅度增加，修剪应稳妥，若修剪过重，就会促使树势过旺，造成产量下降，但又必须及时处理辅养枝，在培养结果枝组的同时，打开光路，完成结果部位的过渡和转移。

（3）盛果期树的修剪。果树进入盛果期，此时树势已逐渐缓和，树冠骨架基本牢固，树姿逐渐开张，发育枝与中、长果枝逐年减少，短果枝数量增多，结果量剧增，后期长势随结果量的增加而减弱，内膛小枝不断枯衰，往往出现树冠郁闭，通风透光不良，而引起大小年现象。此期修剪任务是调节生长与结果的关系，维持健壮的树势，保持丰产稳产，延长盛果期年限。修剪上要改善树冠内的光照，促发营养枝，控制花果数量，复壮结果枝组，及时疏弱留壮，抑前促后，更新复壮，保持枝组的健壮和高产稳产，做到见长短截，以提高坐果率，增大果个。

盛果树修剪时应着重注意以下几方面。

（1）平衡树势，控制骨干枝。果园的覆盖率宜为75%，密植果园行间至少保留0.8米的作业道。修剪时外围枝不再短截，同时应避免外围疏枝过多，要多用拉枝、拿枝的方法处理枝头，让其保持优势又不过旺。对中央领导干的修剪，要保持树体不要超过所要求高度，可对原中心领导枝轻剪缓放多结果，疏除竞争枝。对主枝的修剪，旺主枝前端的竞争枝可疏除或重短截，减少外围枝，延长枝戴帽修剪，缓和树势，促进内膛枝生长势，解决光照，对弱主枝注意抬高枝头，减少主枝前端花芽量，以恢复其生长势，此时中干落头，抑上促下。

（2）调整辅养枝，保持树冠通风透光。密植园保留下来的辅养枝应逐步缩剪或疏除，给永久性骨干枝让路。层间大枝应首先疏除，以便保持良好的通风透光条件。

（3）更新结果枝组，稳定结果能力。强旺结果枝组，旺枝比例大，直立徒长枝比例大，中、短枝少，成花也少，修剪时，要调整枝组生长，促进增加中、短枝和果枝的数量。中庸枝组的修剪，应看花修剪，采取抑顶促花，中枝带头的方法，抑制枝组和先端优势，促使下部枝条的花芽量增加；衰弱枝组，旺条少，花芽量大，生长势弱，修剪时应留壮枝、壮芽回缩，以更新其生长结果能力；小年树枝组的修剪，要轻回缩或不回缩，中、长果树不打头，以保证花芽量，对一年生营养枝适当中截，促发新枝，以减少翌年花芽量。大年树的修剪，对连续结果多年的枝组及时回缩，更新复壮，疏除密枝，多短截中、长果枝，减少当年花芽量。

（4）精细修剪，克服大小年。大量结果树的修剪一定要处理好枝梢，生长细弱、连年不能成花的无效枝剪除，对交叉、重叠、并生枝适当压缩或疏除，尽量使结果枝靠近骨干枝。花多的年份多疏除花芽，保留一些有顶芽的中短枝，促使它当年成花，防止开花过多消耗营养。

3. 几种苹果特殊树形的修剪

（1）过旺树的控制。树势生长过旺时，枝生长占优势，相对造成花芽分化营养不足，不利于花芽形成。对于这类枝在改造时，应主要以“缓”为主，延长枝长留，一般剪在弱芽处，加大主枝分枝角度，疏除背上枝组，多留侧、下枝组，实行骨干枝环切等措施，控制养分的运送，促进成花。

（2）弱树的修剪。当树体生长过弱时，可在肥水管理基础上，实行重剪刺激旺长。延长枝应剪在中部饱满芽处，以强枝带头，逐步抬高延长角度，少留背下枝组，以防削弱枝的长势，应多留背上及两侧的枝组，促进生长。

（3）偏冠树的修剪。果树一面枝大，一面枝小出现偏冠生长时，解决办法：一是在枝下部疏枝，在小枝上部疏花；二是拉大大枝角度，抬高小枝角度；三是大枝多留果，小枝少留果；四是大枝方向要少施肥，在小枝方向多施肥，严禁用大砍大割的办法改造树形。

（4）光秃枝的处理。苹果树中有些枝连续几年不剪，常单轴延伸，很少发枝，形成大段光秃，这类枝成花性能差，由于营养面积有限，果实生长发育不良。对于这类枝条在修剪时，若有空间应对之实行环切刺激芽萌发，长出所需枝条或及时回缩，刺激发枝，培养良好枝组，以扩大光合面积。若无空间，应立即疏除以改善树体通风透光条件。

（5）上强下弱树的处理。修剪时，树冠下部枝可用竞争枝带头延伸，延伸枝保持小角度延伸，促进下部枝生长。中上部枝加大延伸角度，选留背下枝作延伸枝，以平衡树势。

（6）上弱下强枝的处理。下部枝大角延伸，背后枝带头，削弱生长势，上部枝小角延伸，背上枝带头，促旺生长。

（7）促花修剪。幼树及挂果初期的苹果树，在修剪时应以弱枝带头，以控制树体的营养生长，增加树体养分积累，促进成花，也可以辅养枝实行环切等截流措施促花。

（8）防止枝势衰弱的措施。苹果进入盛果期后，由于大量结果，树势极易衰弱，修剪时应多采用短截、回缩的手法，以加强营养生长，防止树势衰弱。也可用适量留花的措施增强树势。

（9）交叉枝的处理。树体内交叉枝采用回缩一枝，长放一枝，行间交叉时应两行都回缩，以便留出作业道，改善通风透光条件。株间在交叉支不超过10%时，对生长结果情况影响不大，超过10%的应回缩。

（10）平行枝的处理。幼树和结果初期的苹果树对于平行枝，应尽量拉转利用，以增加树体枝量，进入盛果期的苹果树，在没有空间的情况下，应疏一枝，放一枝，以改善树体通风透光条件。

(11) 辅养枝的处理。辅养枝的果树生长前期，应采取区别拉、压进行促花，以增加树体结果量。结果后应立即回缩避免后部光秃，培养成紧凑的结果枝组。

(12) 对内膛过密结果枝组的处理。要本着疏缩放结合的原则，疏除过密和紊乱枝，回缩过高和细弱的下垂枝，使枝组分布均匀紧凑，集中养分，使其多年成花。对单条直立的徒长枝，有空间可推倒平、别、拉、捋枝、缓和顶端优势，无空间可从基部疏除。对生长中庸水平下垂枝，可少量“带活帽”集中营养。对剪锯口处的萌条，有空去直留斜，无空可全部疏掉。

第七节　花果管理

(一) 人工授粉与疏花疏果

1. 人工授粉

(1) 人工授粉。苹果花期短，若在花期遇到阴雨、低温、大风及干热风等不良天气，会严重影响授粉受精。实践证明，即使在良好的天气条件下，人工授粉也可以明显提高坐果率和果实品质。因此，即使有足够的授粉树，也必须大力推行人工授粉工作。

采花：在栽培品种开花前，选择适宜的授粉品种，采集含苞待放的铃铛花，带回室内。采花时要注意不影响授粉树的产量，按疏花的要求进行。采花量根据授粉面积来定。通常情况下，每 10 千克鲜花能出 1 千克鲜花药；每 5 千克鲜花药在阴干后能出 1 千克干花粉（含干的花药壳），可供 30～50 亩果园授粉用。

取粉：采回的鲜花立即取花药，将两花相对，互相揉搓，把花药放在光滑的纸上，去除花丝、花瓣等杂物，准备取粉。取粉，将花药均匀摊在光滑洁净的纸上，放在相对湿度 60%～80%，温度 20～25℃的通风房间内，经 2 天左右花药即可自行开裂，散出黄色的花粉。

授粉：苹果花开放当天授粉坐果率最高。因此，要在初花期，即全树约有 25% 的花开放进就抓紧开始授粉，授粉要在上午 9 时至下午 4 时之间进行。同时，要注意分期授粉，一般于初期和盛花期授粉两次效果比较好。

授粉方法有 3 种：一是点授，用旧报纸卷成铅笔样的硬纸棒，一端磨细呈削好的铅笔样，用来蘸取花粉，也可以用毛笔或橡皮头。花粉装在干净的小玻璃瓶中，授粉时将蘸有花粉的纸棒向初开的花心轻轻一点就行，一次蘸粉可点 3～5 朵花，一般每花序授 1～2 朵。二是花粉袋撒粉，将花粉混合 50 倍的滑石粉或洋芋粉，装在两层纱布袋中，绑在长竿上，在树冠上方轻轻振动，使花粉均匀落下。三是液体授粉，将花粉对成花粉液，进行喷洒。每 1 千克水加花粉 2

克，糖50克，尿素3克，硼砂2克，配成悬浮液，用超低量喷雾器喷雾。注意此悬浮液要随配随用。

（2）花期放蜂。苹果园花期放蜂，可以大大提高授粉率，而且可避免人工授粉时间掌握不准，对树梢及内膛操作不便等弊端。

果园放蜂要在开花前2～3天将蜂放入果园，使蜜蜂熟悉果园环境。一般每箱蜂可以保证0.67公顷果园授粉。新引进的角额壁蜂，授粉能力是普通蜜蜂的70～80倍，每亩果园仅需60～100只即可满足需要。果园放蜂要注意花期及花前不要喷用农药，以免引起蜜蜂中毒，造成损失。

另外，增加花期营养，可以明显提高坐果率。花期喷两次0.3%的硼砂混加0.3%的尿素。花期在旺枝、徒长枝基部环剥，上强树在一层主枝以上的中干上环剥，旺长新梢摘心，集中养分供应，不仅可以提高坐果率，而且可以增大果个。

2. 疏花疏果，合理负载

合理疏花疏果，可以节省大量养分，使树体负载合理，提高果品质量，保持树势，保证丰产稳产，防止大小年现象。

（1）留果标准。留花留果的标准，应根据品种、树龄、管理水平及品质要求来确定，留果标准一般有以下几种方法：

按叶果比留果确定花量：

依主干截面积确定留花果量：树体的负载能力与其树干粗度密切相关，可以此为依据计算苹果树适宜的留花、留果量，公式为：

$$单株留花、留果量（个）=(3\sim4)\times0.08C^2\times A$$

C为树干距地面20厘米处的周长（单位用厘米表示）；A为保险系数，以花定果时取1.20，即多留20%的花量，疏果定果时取1.05，即多留5%的果量。

使用时，只要量出距地面20厘米处的干周，代入公式就可以计算出该株适宜的留果个数。

为使用方便，可以事先按公式计算出不同干周的留花、留果量，制成表格，使用时量干周查表即可。

依主枝截面积确定留花果量：以主干截面积确定留花果量，在幼树上容易做到，而在成龄大枝上，总负载量在各主枝上如何分担就不容易掌握。因此，山东省果树研究所提出，以主枝截面积确定各主枝适宜的留花果量。公式如下：合理留花量(个)$=(3\sim4)\times0.08C^2$；合理留果量$=(3\sim4)\times0.066C^2$，C为主枝基部处的周长（厘米）。以上公式在主枝数3～8的范围内都可以应用。

（2）疏花疏果技术。

以花定果法：疏花要于花序分离期开始，至开花前完成。按每 20 ~ 25 厘米留 1 个花序，多余花序全部疏除。疏花时要先上后下，先里后外，先去掉弱枝花、腋花和顶头花，多留短枝花。然后疏除每花序的边花，只留中心花，小型果可多留 1 朵边花。

间距法疏果：疏果要在谢花后 10 天开始，20 天内完成。大型果品种如元帅系、红富士系等每隔 20 ~ 25 厘米留 1 个果台，每台只留 1 个中心果，弱树弱枝每 25 厘米留 1 个果，小型果品种每台可留 2 个果，其余全部疏掉。疏果时要首先去掉小果、病虫果和畸形果，保留大果、好果。

3. 果实套袋

根据苹果品种套袋要求不同，所用纸袋种类分为双层袋和单层袋。双层袋，主要由两个袋组合而成，外层袋是双色纸，外袋外侧灰色，内侧黑色，内袋为红色。单层袋为为外侧灰色、内侧黑色的单层袋（复合纸袋），木浆纸原色单层袋，黄色涂蜡单层袋。

纸袋种类的选择：选择纸袋类型，应依品种、立地条件不同而有差异。较易着色的品种，如新红星、新乔纳金等主要采用单层袋，如复合型纸袋和原色木浆纸袋；较难着色的品种，如红富士、乔纳金等，主要采用双层袋。为防除有些品种（如金帅等）果锈，主要采用复合型单层袋、黄色木浆单层袋、涂蜡单层袋和新闻报纸袋。另外，不同的气候环境条件，使用袋类也有差异。在海拔高、温差大的地区，较难上色的品种采用单层袋效果也不错；高温多雨果区宜选用通气性较好的纸袋。

4. 摘叶、转果

摘叶通常分 2 次进行，第一次在采前 30 天左右进行，摘除贴果叶，果台枝基部叶，适当摘除果实周围 5 ~ 10 厘米范围内枝梢基部遮光叶，第二次间隔 10 天，剪除树冠外围多余的梢头枝，冠内徒长枝和密生新枝，摘除部分中、长枝下部叶片。转果一般在第一次摘叶后一周进行。待果实向阳面充分着色后，把果实背阴面转向阳面，每 7 天将果实转动 1/4 周。

5. 铺银色反光膜

对光照差的果园和树，果实着色期需在树冠下铺设反光膜，促进果实着色。所铺膜为果树专用银色反光膜，于树冠投影处顺行向铺设，铺膜的位置大约离树干 50 ~ 60 厘米，每隔一段距离要用小塑料袋装少许土压盖，通常在苹果除袋后 2 ~ 3 天内铺完，7 ~ 10 天后即可采果，采果前将反光膜回收、洗净、晾干，备明年用。

（二）果实采收

根据果实成熟、用途和市场需求综合确定采收时期。采前落果较严重或成熟期不一致的品种，应分期采收。

第八节　病虫害综合防治

以农业防治为基础，生物防治为核心，按照病虫害发生的经济阈值，合理使用化学防治技术，经济、安全、有效地控制病虫危害。

（一）农业防治

主要施用有机肥和无机复合肥，以增强树体抗病能力，恶化刺吸性害虫的营养。控制氮肥用量，抑制植食螨、蚜虫等害虫的繁殖，减轻苹果白粉病、轮纹病等病害的危害。生长季后期注意控水、排水，防止徒长，严格疏花疏果，合理负载，保持树势健壮。发芽前刮除枝干的翘皮、老皮、清除枯枝落叶，减少越冬病虫基数。生长季早摘除病虫叶、果，结合控制次要病虫害的发生。不与梨、桃等其他果树混栽，以免加重次要病虫害的发生。园区不种植桧柏，以便有效防止锈病流行。

（二）生物防治

充分利用寄生性、捕食性天敌及病原微生物，调节害虫种群密度，将其种群数量控制在较低水平。在苹果园内增添天敌食料，设置天敌隐蔽和越冬场所，招引周围天敌。饲养、释放天敌，补充和恢复天敌种群。限制有机合成农药的使用，减少对天敌的伤害。

（三）化学防治

根据防治对象的生物学特性及危害特点，选择符合综合防治要求的农药。加强病虫发生动态测报，掌握目标害虫种群密度的经济阈值，适期喷药。采用科学施药方式，保证施药质量，选用对人畜安全、不伤害天敌、对环境无污染、对目标害虫高效的农药，如微生物杀虫剂、昆虫生长调节剂和昆虫性信息素等。对非选择性农药，通过改进喷药方式、调整用药时期和降低使用量，达到控制病虫危害、减少或不伤害天敌的目的。同时，注意农药的合理混用和转换使用。

（四）防治工作历

12 月至翌年 3 月：消灭、铲除越冬病菌、虫卵，压低病虫越冬基数。清除枯枝落叶，将其深埋或烧毁。结合冬剪除病虫枝梢、病僵果，翻树盘及刮除老粗翘皮、病瘤、病斑等。

防治展叶、现蕾至开花期的霉心病、蚜虫等病虫害。萌芽前，全园喷施 5 波美度石硫合剂。

3 月下旬至 4 月，上年苹果绵蚜、瘤蚜的白粉病发生严重的园在花前展叶期喷布喷克、大生、多菌灵、甲基托布津任一种加 10% 吡虫啉、喷福星或 15% 粉锈宁加乐斯本或蚜灭多一次。

4 ~ 5 月：主治白粉病、早期落叶病、红蜘蛛、蚜虫类、卷叶虫类、金纹细蛾等病虫害。花期防治霉心病、缩果病，喷 1% 中生菌素加 300 倍硼砂。落花后至套袋前，每隔 10 ~ 15 天用一次药，第一次药剂选用大生、扑海因、宝丽安等 + 哒螨灵或尼索朗 + 吡虫啉，第二次选用大生、戊唑醇、必得利、安泰生等保护性菌剂 + 乐斯本，适当加入磷酸二氢钾等微肥。套袋期间遇雨要重喷，戊唑醇、安泰生、进口甲基托布津、多菌灵等任选一种。

6 ~ 10 月：进入高温多雨季节，正值各种病害的发病高峰期和害虫盛发期，这时主要是防治苹果叶部病害和虫害，提高叶片光合作用，保护果实健康生长。防治病害可选用多菌灵 + 多抗霉素或甲基托布津 + 戊唑醇、扑海因任一种与乐斯本或菊酯类剂混用，有红蜘蛛加哒螨酮类，间隔 10 ~ 15 天进行第二次用药，注意品种间的交替用药；多雨季节可选用多菌灵、甲基托布津、戊唑醇等治疗性菌剂进行第三次用药。防治病虫害期间加入磷酸二氢钾等微肥，平衡生长。采前 20 天，喷生物源制剂或低毒低残留农药，如 1% 中生菌素或 40% 福星或宝丽安、扑海因、戊唑醇等防早期落叶病、轮纹病、炭疽病。

10 ~ 11 月：果实采收后，在树干绑草把诱集捕杀红蜘蛛；刮治腐烂病，加强栽培管理，补充树体养分，延长叶片光合作用，增强树体抗逆性。

第七章　特色青花椒种植技术*

为了规范青花椒生产，全面提升种植技术水平，发挥生产潜能，确保地方特色产业青花椒生产的市场竞争优势，达到将地方资源优势转化为地方特色品牌经济优势，实现生产的可持续健康发展，进而实现农业增效农民增收的目的。根据昭通气候资源及地域特点，结合花椒种植大户和专业合作社多年的种植经验，特别是应用多年来省、市、县植保部门在昭通市青花椒主产区开展研究的无公害生产技术，介绍昭通市无公害青花椒生产的建园、育苗、嫁接、定植、整形修剪、水肥管理、病虫害防治、抗旱、防冻等技术措施。

第一节　建园技术

一、建园条件

选择向阳、或半向阳，生态条件好，交通便利，灌溉条件好，产地空气环境质量、灌溉水质量、土壤环境质量都符合国家有关规定的园地种植，海拔在600～1 800米较为适宜。

二、气候条件

年均温14～20℃，大于10℃的有效积温5 000℃以上，最热月（一般为7月）月均温大于24.8℃，最冷月（1月）月均温大于6.3℃，极端高温小于38℃，日照时数1 800小时/年以上，年降雨量700毫米以上。

三、土壤条件

红壤、燥红土、棕壤、紫色土等均可栽培，以深厚页岩风化土和钙质土最佳；pH值6.5～8.0可栽培，以pH值7～7.5最为适宜。总体符合国家无公害种植的有关规定要求，按GB 15618土壤环境质量标准执行。

---

* 本章编写人：昭通市植保植检站　宋家雄；鲁甸县植保植检站　何梅

第二节 育苗定植技术

一、苗圃地选择

苗圃地应选择向阳背风，排灌条件较好，交通方便，地势平坦，土层深厚肥沃，通气性好的沙壤土作为苗圃地。

二、采种

选采种树：选择青花椒特征突出、生长旺盛，树势健壮，品种纯正，结果多而稳定，品质优良，病虫害无或相对较轻的8年以上盛果期的青花椒树作为采种对象树。

采种要求：采种时间一般在9月下旬后。选晴天采取具有果实成熟标志（椒种皮已由绿转红，种子具黑色光泽，有部分果皮开裂）的椒果，采摘后放在背阴、通风的地方自然阴干。当果皮开裂，种子从果皮中脱出后，除去杂物，筛出种子阴干待用，切忌暴晒。

引种：从县以外的地区引种青花椒种子应通过植物检疫，防止检疫对象和其他危险性病虫害传入，鼓励从外地引进新品种栽培，但引进品种要经过试种，以选出适合当地种植的综合性状优良的品种，昭通市内的品种可选用优质青椒和永青1号。

种子贮藏：用1∶13的盐水进行选种，取出沉淀饱满的种子，加入3倍的湿砂进行层积贮藏，或用3~5倍于种子的稀牛粪拌匀，做成饼状或砖形阴干，置于通风阴凉处贮藏。

三、播种

（1）种子处理。

碱水搓洗法：将水选后的种子放在2%的碱水或洗衣粉溶液里，浸泡2天，搓洗掉种皮上的油脂。也可用草木灰水揉搓，去掉种皮上的油脂。捞出后用清水冲洗干净即可。

开水烫种法：将水选后的种子放入容器中，加入100℃开水，边加水边搅拌至水面高出种子2厘米。待水温降至40~50℃时，每千克水滴5毫升洗洁精，浸泡约12小时后，将搓洗后的种子捞出，用同样方法再浸泡约12小时，等种子充分吸水后捞出，用清水冲洗2~3次。

（2）杀菌处理。用50%多菌灵可湿性粉剂500~800倍液浸泡种子24~48

小时进行消毒。

（3）催芽下种。将上述处理吸涨水的种子，倒入透气网袋内放在 22～30℃的环境中，垫盖湿草或湿布催芽，每天翻动检查 1 次，淋水 2～3 次，待种子萌动时播种，牛粪饼藏的可搓散后同法催芽，带粪下种。

（4）播种时间。春播在 3 月中旬至 4 月上旬，秋播在 10～11 月。

（5）移栽时高成活率育苗新技术。我们研究出一种苗木育苗新技术，准备申请专利。

四、嫁接

（1）砧木选择。在根腐病严重的地方，育嫁接苗，砧木选永善县黄华镇抗根腐病野生椒（俗称：狗屎椒）。其他地方也可选当地优质青椒和永青 1 号育实生苗种植。

（2）嫁接枝条。枝条选择青花椒树生长强健，品质优良，结果多而稳定，病虫害无或相对较轻树的一年生枝条。

（3）嫁接方法。主要采用单芽枝腹接法，春季在部分砧木叶芽萌动时嫁接，用地径 0.5 厘米以上的实生苗作砧木，在砧木距地面 5～10 厘米处选一平直处剪断，清除萌芽和皮刺。用粗度 0.4～0.6 厘米芽充实而未萌动的接穗条嫁接，先剪去皮刺，然后在壮芽的前端把接穗下端削成 2.5～4 厘米的“马耳形”大斜面，入刀陡，深达木质部后平直削下去，做到“长、平、薄”，再在背面下端削成 2～3.5 厘米的小斜面，削去接穗下端左右两角呈螺丝取子“扁口”之状，轻削两侧表皮，微微露出绿皮后剪断留一芽在其上含在嘴中，或放在清水里。在砧木待接处的平直部位上端竖切 1 刀，深达木质部，长度与接穗长削面一致，形成待插接口。将接穗的长削面向木质部插入该口至微露白，插时注意使接穗与砧木的形成层对齐并紧贴在一起。用薄膜带自下而上包紧扎实，包接穗芽时要适当放长膜带后缠紧膜带边沿给接穗之芽留一个空间，使其不漏气、不进水。也可采用嫁接器嫁接，更为简捷方便。

（4）接后管理。接穗芽萌发后及时破膜，抹除砧木上的萌蘖。成活后 30 天左右全部解除包扎物，新梢长到 20～30 厘米时，视情况必要时应及时绑干护枝。

一年生壮苗标准：壮苗除特殊要求者外，苗高应 75 厘米以上，地径 0.6 厘米以上，中部以上侧芽饱满、无损伤，侧根 3～5 条、须根较多的苗。

五、定植技术

（1）定植时间。每年的 3 月和 9 月为最佳时期。

（2）定植塘规格。挖直径 60～100 厘米深 80～100 厘米的圆形塘，或类似方形塘。

（3）定植密度。根据定植土壤肥力而定，用“科学化、标准化、规模化、机械化”这“四化”视野来发展花椒生产。

宽窄行间作：推荐株行距 2.5 米 ×（3～3.5 米），大行距为 5 米，亩株数为 63～67 株；大行间作适宜的其他作物。单行间作：株行距为（2.5～3）米 ×5 米，亩株数为 44～53 株。行间间作适宜的其他作物，一般应间作矮秆作物。

（4）定植方法。每塘加入腐熟的农家肥 5～10 千克、过磷酸钙 0.25～1.0 千克拌上细土回填于栽植塘中，把苗放入栽植塘内，将细表土填入苗根部，轻提树苗抖动根部，让细土与根充分接触，踏实，作一树盘后浇水 5 千克左右，用细土撒盖后覆膜压土，确保土堆被膜覆盖严实。

定植技术暂按上述要求进行，基金项目（U0936601）公开其先进的花椒苗定植技术后，便按其技术进行定植。

第三节 肥水管理技术

一、除草

在花椒生长季节里，应及时进行中耕除草。

二、施肥

施肥原则：所施用的肥料应为农业行政主管部门登记的肥料或免于登记的肥料，并按照 NY/T 496 规定的标准执行。充分满足青花椒树对各种营养元素的需求，以大量使用腐熟的有机肥为主，无机肥和生物菌肥相结合。注意重施基肥，做到平衡与协调施肥相结合。

允许用肥种类：在生产过程中使用农家肥和商品肥料，在生产过程中可参照附表 A。

1. 土壤施肥

春夏追肥：在树冠滴水线外挖宽 20～40 厘米，深 10～20 厘米的环状沟，花前追肥，每株施复合肥 0.25～0.5 千克。可每株施 1～2 两硼砂促进花、叶、枝的生长。第二次追肥在花后初果期 5 月中旬进行，幼树株施尿素 0.25～0.5 千克，过磷酸钙 0.5 千克，草木灰 2 千克；盛果树株施尿素 0.8～1.0 千克，过磷酸钙 0.75～1.0 千克，草木灰 2 千克。提倡施用榕风牌控释肥一年一次，3 龄树每株用控释肥 0.3～0.5 千克，7 龄树每株 0.5～1 千克，12 龄树 1～2 千克。

施用时间在花前 1~2 周，结合施花前肥，同时放入控释肥满足一年的化肥需要。施入肥后覆土。

施秋肥：摘椒后以施持效性的有机肥为主，如腐殖肥、堆肥、厩肥、绿肥及作物秸秆堆肥等，化肥为辅。用量占全年施肥量的 60% 左右，施肥量根据树龄与长势而定，一般每株施有机肥 20~100 斤（1 斤 =500 克），尿素 0.1~1 千克，过磷酸钙 0.3~2 千克，硫酸钾 0.1~0.4 千克，硼砂 0.1~0.2 千克，幼树、壮树少施；大树、结果多树多施。施肥深度 25~45 厘米，一般施于沿滴水线外侧 30 厘米处，施入肥后覆土。

根系满园的成龄树，可将肥料均匀撒布全园，然后进行深翻使肥进入土中。

2. 叶面施肥

树冠叶面喷雾，可用尿素 0.3% ~0.5%、磷酸二氢钾 0.3%、硼肥 0.3%，也可用云大 120 + 有机硅叶面肥。

三、灌水

缺水不利于青花椒树生长，影响产量，萌芽前灌水，土壤相对湿度稳定在 60%，以提高果实的风味品质。符合 GB 5084 要求的灌溉水进行灌溉，用量以树冠滴水线内渗透为宜。果实采收前若遇天阴多雨，应及时开沟排水，降低土壤含水量。

第四节 整形修剪

一、整形

1. 自然开心形

不具有中主干，干高为 70cm，全树主枝 2~5 个，开张角度 30°左右，每主枝上有 3~5 个侧枝，均匀排列，单轴延伸，其上只留结果枝组。

2. 主干疏层形

主干高 70 厘米，树高 350 厘米，全树共分三层。第一层大主枝平面夹角 120°。第一层的第三主枝距第二层的第一主枝的层间距 60 厘米，第二层主枝两个，第二第三层的层间距 60 厘米，第二层两个主枝应在第一层三个主枝的空间方位着生，开张角度 55°，第三层一个主枝，着生在第二层两主枝的大空间开张角度 50°。

3. 自由纺锤形

具有中干，干高 70~90 厘米，树高达 300 厘米时落头开心，中干上配备

15 ~ 20 个单轴延伸主枝，开张角度近于水平。

二、修剪

1. 修剪时间

青花椒修剪从采果后一直到来年春天发枝前均可修剪。幼树、旺树以春季（3 ~4 月）修剪最佳，而老树、弱枝则应在冬季（12 月至翌年 1 月）修剪为好。

2. 修剪方法

按不同树龄采取相应的修剪方法。

幼龄树的修剪：根据树形的树冠结构，选择培养主干枝，完成整形、扩大树冠。按照多放轻剪的原理，剪除密生枝、徒长枝，长放强壮枝，促进生长发育。

成果期的修剪：冬季修剪为辅，夏季修剪为主，做到细致修剪，剪除病虫枝、重叠枝、密生枝、交叉枝、为树冠内创造良好的通风透光条件。对结果枝要去弱留强，交错占用空间，做到内外留枝均匀，处处通风透光。及时除去蘖枝，防止其消耗养分。

衰老树的修剪：采取回缩复壮树冠和深耕施肥促进生新根生长两方面入手。多留新枝、强枝和靠近主干的直立旺盛枝，促进重新结果。

第五节　病虫害防治

一、防治原则

坚持“预防为主、综合防治”的植保方针，采用物理、生物措施与化学防治相结合的综合防治原则。

二、防治方法

1. 检疫防治

按《植物检疫条例》及其实施细则等有关法规的规定执行，禁止危险性病虫害传入，不得从疫情发生区调运苗木、接穗和种子。一经发现，必须立即销毁。

2. 物理防治

农业防治：加强椒园土壤、肥料和水的管理，增强树势；合理整形修剪，改善椒园通风透光条件；冬季清园清除杂草、残叶、病株及衰弱枝和干枯枝，集中烧毁，并对青花椒园深翻；用石硫合剂全园喷雾或涂白树干，破坏病虫的越冬环境，减少病虫越冬基数。

人工捕杀：采取人工捕捉害虫、人工刮除虫卵。人工捕捉天牛、蚱蝉、金龟子等害虫，人工刷除树干上的蚧壳虫及其他害虫虫卵。

树干包扎：在天牛、吉丁虫产卵期，采用草绳、塑料薄膜等包扎树干，阻止其入侵产卵危害。

黄套诱杀：用涂有粘虫胶的黄色塑料纸，包于枝干上粘合成袖套状，诱杀花椒瘿蚊等多种害虫。

生物多样性间作防治：在发生花椒蚧壳虫的椒园中，间作马铃薯和大豆将虫诱于其上，收获马铃薯和大豆后，秸秆干枯死亡，其上的蚧壳虫也就死亡，既增加了间作物的产量和又达到了防治蚧壳虫的目的。

种抗病品种防病：种植永青 1 号高产抗锈病品种。

3. 化学防治

在防治时，用药只使用无公害农药，参照附表 2。

4. 主要病虫防治

蚜虫：花椒采收后用 40% 乐斯本 1 500 倍、20% 杀灭菊酯乳油 3 000 倍液均匀喷雾。

铜色跳甲：4 月上旬用 20% 氯氰菊酯乳油 1 000 倍、6 ~ 10 月用 50% 辛硫磷 1 000 ~ 1 500 倍液均匀喷雾。

花椒风蝶：幼虫发生时 20% 杀灭菊酯乳油 3 000 倍、2.5% 保得乳油 2 500 倍液均匀喷雾。

花椒膏药病：用刀刮除树上的菌膜后，涂抹 3 波美度的石硫合剂或 20% 石灰乳。

诱杀

利用 25% 的敌百虫粉拌土 1 千克加 300 千克细土充分拌匀，撒在椒树下诱杀害虫。

三、花椒铜色潜跳甲发生特点与防治对策研究*

铜色潜跳甲（*Podogricomela cuprea* Wang）属鞘翅目，叶甲科。是 1986 年在陇南山区首次发现危害花椒的一种害虫。以幼虫蛀食花椒的花梗和嫩茎，造成大量花序及嫩茎枯萎变黑，酷似霜害。该虫现主要分布在甘肃、四川、陕西、河南、青海、云南等省，在云南省永善县部分花椒主产区为害猖獗，一般使花椒产量下降 50% 左右，严重的减产 80% 以上。

国内对花椒铜色跳甲生物学特性及其防治等有少量报道[1—3]，对成虫的防

* 本项研究编写人：昭通市植保植检站 宋家雄 张汉学 石安宪（通讯作者）王琴；云南农业大学植物保护学院 高熹（通讯作者）李强（通讯作者）；永善县植保植检站 唐明凤 张玉林；永善县务基乡农技站 周明钟（通讯作者）

治未有研究报道，有鉴于此，为控制该虫为害，2003 年以来我们在云南省永善县以莲峰镇万和村为主、黄华镇为辅，开展了花椒铜色跳甲发生为害特点及其防治对策系列研究，现报道如下。

1. 材料和方法

（1）供试作物。当地大面积主栽花椒品种——青椒。

（2）幼虫为害特性观察。

1）被害花椒树萎蔫期观察。在万和村上坪 4 社杨德银家椒树园（1 667.5 平方米，150 株）设 5 点观察，每点每次随机调查 1 株，记录花椒树萎蔫尖个数，3 月中旬开始，每 5 天调查 1 次，至基本不再发生萎蔫尖止。将发生第 1 个萎蔫尖的日期作为萎蔫始期；将萎蔫尖发生 65% ~78% 的时期作为萎蔫盛期；将萎蔫尖发生 78% 以上的时期作为萎蔫末期。

2）幼虫转移为害观测。将花椒树萎蔫带虫尖剪下查验，用 3 只大桶各栽椒苗 5 株。设 3 个处理，分别为：①绑萎蔫带虫尖于椒苗芽叶处，每株绑 5 个，全桶共绑 25 个；②将萎蔫带虫尖 42 个插于桶内椒苗土上；③在椒苗桶内不移入萎蔫带虫尖作为对照。4 月 22 日按上述方法开展试验，5 天观察 1 次。

3）幼虫出巢期观察。4 月 22 日开始，在上坪 3 社吴邦海家椒树园(1 334平方米，120 株)，每 5 天剪萎枯尖剥查幼虫 1 次，每次随机剥查 3 株，共调查 5 次，调查椒树 15 株。每株剥查中部枝上相邻的 20 个幼虫为害尖，计算幼虫出巢率。未出巢的被害萎枯尖内有幼虫，已出巢的被害萎枯尖内无幼虫。

4）幼虫化蛹场所调查

a. 地面盖膜试验。3 月 16 日，在万和村下坪 4 社金世贵椒树园，选取上年发生严重的两株 8 年生椒树，地表盖膜观察幼虫发生后是否会掉于膜上。

b. 筛土调查。4 月 20 日，在上坪 4 社杨德银椒树园 3 株椒树下筛土查寻幼虫。

c. 埋土观察。4 月 22 日，将树上萎蔫部位剥得的幼虫 45 头与土壤混合后用沙网袋装埋于 5 ~9 厘米深的土中，3 ~5 天观察 1 次。

d. 树枝网罩观察。4 月 22 日，罩网 6 株，每网罩有 20 枝幼虫为害尖，5 月 19 日取网罩调查。

e. 剪剥枯尖观察。剥枯尖 100 个，调查虫蛹数量。

5）与其他因素的关系调查。在发生区开展该虫为害与耕作方式、地势和气候环境关系的调查。

（3）幼虫药剂防治试验。

1）幼虫入土后的土壤处理。设 7 个处理，每处理 3 次重复，随机排列，每处理小区 5 株，共 105 株。各处理设置：①48% 毒死蜱 EC（美国陶氏益农公司）1 000 倍液。②48% 毒死蜱 EC（美国陶氏益农公司）1 500 液。③48% 毒死蜱 EC（美国陶氏益农公司）2 000 倍液。④3% 辛硫磷 GR（连云港市第二农药厂）400 克/株。⑤40% 辛硫磷 EC（连云港市第二农药厂）500 倍液。⑥40% 辛硫磷 EC（连云港市第二农药厂）800 倍液。⑦清水对照。4 月 23 日在万和村下坪 4 社杨德银椒树园进行。将不同药剂分别对水泼到有幼虫的土中，每株树下泼药液或清水 12.5 千克，5 天后调查幼虫存活情况。

2）发芽期药剂处理。选择万和乡万和村下坪 1 社邓任云椒树园（1 600.8 平方米，144 株），椒树园海拔 1 500m，黄壤，肥力上，树龄 7 ~ 8 年。设 4 个处理，4 次重复，每处理小区 9 株，随机排列。各处理设置：①4.5% 高效氯氰菊酯 EC（上海乐孜生物化工有限公司）1 300 液喷雾。②40% 辛硫磷 EC（连云港市第二农药厂）1 500液喷雾。③20% 氯 · 辛 EC（上海正华农药有限公司）1 300液喷雾。④对照（按常规管理及防治措施进行处理，喷等量清水）。第 1 次施时间为 3 月 23 日，第 2 次施药时间为 4 月 3 日，第 3 次施药时间为 4 月 13 日。均匀喷雾，喷至叶、梢湿润欲滴为度。

a. 调查时间：4 月 3、23 日。

b. 调查方法：各处理每小区调查 5 株，每株调查由下至上的 4 个主枝，每主枝自下而上调查 10 ~ 20 个尖梢，记载虫蛀梢数，计算蛀梢率。

$$蛀梢率（\%）=\frac{蛀梢数}{调查总梢数}\times 100$$

$$防效（\%）=\frac{对照蛀梢率-处理蛀梢率}{对照蛀梢率}\times 100$$

（4）成虫的活动与为害特性调查。

1）成虫的活动观察。一般 10 天调查 1 次，4 至 6 月份 3 ~ 5 天调查 1 次。

2）成虫食性观察。5 月 25 日，选取椒园中常见植物女贞、寿星果、小藜、葡萄、刺老鸭皮等植物各 8 株，每株罩笼 1 枝，每枝放入成虫 20 头，5 月 31 日观察。

（5）成虫防治。

1）药剂防治试验。设 8 个处理：①75% 乙酰甲胺磷 WP（福建三农化有限公司）800 倍液；②4.5% 氯氰菊酯 EC（红太阳农化有限公司）1 500 倍液；③12% 毒死蜱 · 高氯 EC（山西奇星农药有限公司生产）1 500 倍液；④20% 高氯 · 水胺 EC（运城市奇星农药有限公司生产）1 500 倍液；⑤20% 氰戊 · 马拉松 EC（山西红太阳农化有限公司）1 500 倍液；⑥48% 毒死蜱 EC（美国陶氏益农公司生产）1 500 倍液；⑦40% 辛硫磷 EC（济南天邦化工有限公司）800 倍液；⑧CK（喷施等量清水）。

每处理 3 次重复，24 个小区随机排列，每小区 5 株，药前每小区选取一个成虫较多的枝条用纱网罩住，多去少补保证其内有20头活成虫。5月19日20：00施药，5月21日8：00进行调查，记录成虫存活和死亡数量，计算防效。

2）人工捕捉防治方法。5月19～20日，在万和乡上坪吴邦海、杨泽清等椒园人工捕捉成虫，放入袋中。

2. 结果与分析

（1）幼虫危害特点。

①幼虫危害致椒树萎蔫期观察结果。如图所示，萎蔫始期即发现第1个萎蔫枝时间为3月31日，萎蔫盛期为4月15～29日，萎蔫末期为4月30日至6月10日。

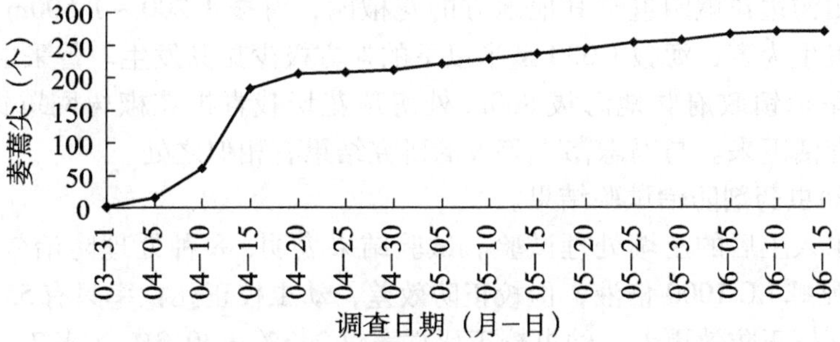

图　云南省永善县铜色潜跳甲幼虫致花椒树萎蔫期观察结果

幼虫主要为害嫩尖、嫩叶、花梗和叶柄，被害部位有黑褐色点状小孔，被害尖、叶初期颜色正常，此后出现尖、叶偏弯渐渐萎蔫，最后黑枯死亡。受害轻的树冠有零星受害状，受害严重株的尖叶几乎全部黑枯死亡，偶见绿叶，呈现毁灭性危害，对产量和树势影响极大。

②幼虫转移为害行为观测结果。至5月14日，萎蔫尖枯死已10余日，3种处理的椒苗均未受幼虫为害，仅在2个移虫桶内分别发现1、2头成虫，表明幼虫确无转移为害现象。

③幼虫出巢期观察结果。据4月22、28日，5月3、8、14日调查结果，3个调查点的60个幼虫危害尖的幼虫出巢数量分别为42、46、51、56、56头，幼虫出巢率为70%～93.3%。

④幼虫化蛹场所调查结果。

a. 地面盖膜试验。4月20日发现铜色潜跳甲幼虫1头掉在地膜表面爬行。在未盖膜的其他椒树下查找，也观察到有幼虫在地表爬行，蚂蚁可拖食幼虫。说明幼虫出巢后坠土，在土表天敌有蚂蚁。

b. 筛土调查幼虫。4月20日发现15头幼虫，分布在深度为1～9.5厘米的土壤中。

c. 幼虫埋土观察。4月24日在土中发现由土壤组成的蛹室，空球形，外径约8毫米，表面粗糙，内径约5毫米，内壁光滑。5月4日发现蛹，5月14日羽化出24头成虫，成虫羽化率为53.3%。

d. 树枝网罩观察。未见存活的幼虫和成虫，表明幼虫不在其为害处化蛹。

e. 剪剥花椒树枯尖观察。剪剥100个枯尖，未见蛹壳和成虫，表明幼虫不在其为害处化蛹。

⑤幼虫为害与其他因素的关系。

a. 耕作方式的影响。该虫在冬季没有间作作物的花椒园发生较重，冬末春初间作有其他作物的花椒园发生略轻，荒地重于耕作地。

b. 地势影响。山石多，山石大的花椒园发生较重，树脚杂物多的椒树上发生较重，山沟边花椒园重于其他地方的花椒园；海拔1 200～1 500m的产椒区最适宜其发生为害，海拔1 000毫米以下的地方极少见其发生。曾采虫382头在永善县黄华镇镇政府驻地海拔800m处房顶花坛栽青椒花椒树网罩饲养研究，结果无一存活下来。与冯志伟[4]等人的研究结果有相似之处。

（2）幼虫药剂防治试验结果。

①幼虫入土后的土壤处理试验。试验结果表明，8种处理防治效果最好的是48%毒死蜱EC 1000倍液，但校正防效差，幼虫校正死亡率只有55.9%，其余药剂处理校正防效更差，幼虫校正死亡率仅2.3%～30.3%（表7－1）。说明药剂防治应在幼虫入土前进行。

表7－1　云南省永善县铜色潜跳甲幼虫入土后防治试验结果*

处理药剂及浓度	调查椒树数量（株）	施药5天后				
		虫数总量（头）	活虫数量（头）	死虫数量（头）	幼虫死亡率（%）	幼虫校正死亡率（%）
48%毒死蜱EC 1000倍液	15	115	46	69	60.0	55.9 aA
48%毒死蜱EC 1500倍液	15	92	62	30	32.6	22.3 abAB
48%毒死蜱EC 2000倍液	15	60	49	11	18.3	7.9 bB
40%辛硫磷EC 500倍液	15	81	41	40	49.4	30.3 abAB
40%辛硫磷EC 800倍液	15	53	36	17	32.1	12.6 abAB
3%辛硫磷GR 400克/株	15	39	35	4	10.3	2.3 bB
清水对照	15	50	48	2	4.0	

*同列数据具有不同大、小写字母者，分别表示经LSD法测验1%、5%水平差异显著

②发芽期药剂试验结果。试验结果表明，高效氯氰菊酯＞虫无赦＞辛硫磷的防效（表7－2）。总体防治效果比幼虫入土后的防效好。最好的是4.5%高效氯氰菊酯EC 1300倍液和20%氯·辛EC 1300倍液，其防效分别为94.6%和93.4%，40%辛硫磷EC 1500倍液防效稍差为68.2%，可择优用于生产防治。需指出的是，发芽期用药防效虽好，但需用药次数较多，有时难以避开盛花期

用药，影响挂果。

表 7－2　云南省永善县铜色潜跳甲幼虫发芽期防治试验结果*

处理药剂及浓度	调查椒树树枝数量（个）	药前		第 1 次药后 10 天（4 月 3 日）			第 2 次药后 20 天 第 3 次药后 10 天（4 月 23 日）		
		蛀梢数量（个）	蛀梢率（%）	蛀梢数量（个）	蛀梢率（%）	防效（%）	蛀梢数量（个）	蛀梢率（%）	防效（%）
4.5%高效氯氰菊酯 EC 1300 倍液	20	0	0	37	4.6	80.2	38	2.4	94.6 a
40%辛硫磷 EC 1500 倍液	20	0	0	122	15.2	43.6	211	13.2	68.2 a
20%氯·辛 EC 1300 倍液	20	0	0	72	9.0	76.8	98	6.1	93.4 a
清水对照	20	0	0	203	25.4	—	563	35.2	—

* 第 1 次施时间为 3 月 23 日，第 2 次施药时间为 4 月 3 日，第 3 次施药时间为 4 月 13 日；调查时间分别为 4 月 3 日、23 日。表中防效数据后同为 a 表示经 LSD 法测验 5% 水平差异不显著

（3）成虫的活动与为害特性。

①成虫的活动。成虫出土后主要在树冠中下部隐蔽处的嫩尖、嫩叶上啃食为害，咬伤部位为黑褐色，叶被食成缺刻状，鸡禽喜食之。5 月 19～20 日在万和村上坪 3～6 社吴邦海、杨泽清等椒园调查，虫口密度达 4～435 头/株，每个鲜嫩椒尖上有 1～12 头。成虫突受猛烈震动时会假死落在地上，但用手掐或将布满成虫的叶、尖剪下放入袋中，成虫一般不会落地逃走。3 月 16 日成虫第 1 次出现，在上坪 4 社杨德银花椒园 2 株椒树上发现 2 头。幼虫发生后，5 月 3 日，在上坪 3 社吴邦海椒园首次发现新羽化的成虫。6 月 10 日成虫开始越夏，其场所主要为紧贴树干基部 1～2 厘米深的土层，且主要在椒树的西南方位，在树基部离土不高的树皮孔隙里也有成虫越夏。6 月 13 日成虫越夏场所调查发现，5 株被调查椒树下土层中有成虫 22 头，5 株被调查椒树树皮孔隙里有成虫 7 头。

②成虫食性。成虫食性观察结果表明，女贞、寿星果、小藜、葡萄、刺老鸭皮等植物上各罩笼 8 枝，放虫各 20 头，其取食虫数分别为 20、14、0、0、0 头，取食植株枝数分别为 5、7、0、0、0 枝，说明铜色潜跳甲成虫除喜食花椒外，也喜食寿星果，还可食女贞，但不食小藜、葡萄和刺老鸭。

（4）成虫防治。

①药剂防治。试验结果表明，铜色潜跳甲成虫对乙酰甲胺磷、氯氰菊酯、毒死蜱·高氯、高氯·水胺、毒死蜱、氰戊·马拉松、辛硫磷等化学农药尚未产生抗药性，一次药后全部死亡，校正死亡率都达 94.9%。从中任选一药剂均

可用于其防治（表7-3）。

表7-3　云南省永善县花椒铜色潜跳甲成虫防治试验结果*

处理药剂及浓度	药后成虫数量（头）		死亡率（%）	校正死亡率（%）
	活虫数量	死虫数量		
75%乙酰甲胺磷 WP 800 倍液	0	60	100	94.9 a
4.5%氯氰菊酯 EC 1500 倍液	0	60	100	94.9 a
12%毒死蜱·高氯 EC 1500 倍液	0	60	100	94.9 a
20%高氯·水胺 EC 1500 倍液	0	60	100	94.9 a
20%氰戊·马拉松 EC 1500 倍液	0	60	100	94.9 a
48%毒死蜱 EC 1500 倍液	0	60	100	94.9 a
40%辛硫磷 EC 800 倍液	0	60	100	94.9 a
清水对照	56	4	6.7	—

* 每处理3次重复共15株花椒树，每处理选3个枝条有60头活成虫。施药时间为5月19日，调查时间为5月21日。表中校正死亡率数据后同为a表示经LSD法测验5%水平差异不显著

②人工捕杀。成虫飞翔力极弱，多在其为害部位，容易捕捉。2天内6人捕捉3 869头成虫，捕捉面积1.33公顷。

3. 讨论与结论

（1）幼虫和成虫的为害特性。根据10年来的研究和观察，在云南省永善县，铜色潜跳甲于3月中、下旬由越冬成虫产的卵孵化出幼虫，幼虫危害花椒树出现萎蔫枝，萎蔫盛期在4月15日至4月29日，萎蔫末期在4月30日至6月10日。幼虫蛀食花椒的花梗、嫩茎、叶柄，个体为害期10~20天，群体为害期25~30天，为害期集中，无转株为害现象。4月上、中旬幼虫离开树体进入土中后化蛹，蚂蚁是其入土前天敌。5月上、中旬成虫羽化出土后主要在树冠中下部隐蔽处的嫩尖、嫩叶上啃食为害，咬伤部位呈黑褐色，花椒叶被食形成缺刻状，此外还可取食叶柄、果皮及幼芽，成虫受猛烈震动时有假死现象；寄主除花椒外，还新发现有寿星果和女贞，6月中、下旬停止取食，沿枝干向下迁移至1~2厘米深的土层中和部分在树干基部翘皮处蛰伏越夏。7月上、中旬成虫上树继续取食为害，补充营养，至11月中旬，成虫补充营养及产卵相间出现。雌虫将卵产入幼芽端部的芽鞘内，卵散产。

（2）防治对策。防治幼虫芽期防效虽好，但施药次数多，且由于是在花期施药，用药不当会影响挂果而不太安全；幼虫入土后防效又太差。而成虫期防治方便、时间宽裕、效果好。因此，应采取以防治成虫为主、幼虫为辅的防治策略。防治成虫可采取将被害花椒尖连虫整个掐（剪）下放入袋中进行人工捕捉防治，或在成虫盛发期将鸡禽放入椒树丛中捕食防治；也可任选乙酰甲胺磷、

氯氰菊酯、毒死蜱·高氯、高氯·水胺、氰戊·马拉松、毒死蜱、辛硫磷其中之一药剂，在5月中旬至下旬成虫发生盛期喷雾，均可达到较好的防治效果。防治幼虫可在花椒树发芽期即3月中旬开始，采用4.5%高效氯氰菊酯EC 1300液或20%氯·辛 EC 1300倍液喷雾防治，连防3次。但不能随意加大浓度，并应尽量避开盛花期用药，否则会影响挂果。

参考文献

[1] 王世吉．花椒铜色跳甲的防治［J］．西北园艺，1998（3）：42－43.
[2] 张炳炎，吕和平．铜色花椒跳甲生物学特性及其防治研究［J］．植物保护学报，1989，16（8）：169－174.
[3] 李宁，李续良，等．铜色潜跳甲生物学特性及防治试验研究［J］．林业科技通讯，1992（3）：19－22.
[4] 冯志伟，闫争亮，段兆尧，等．花椒铜色跳甲发生危害对椒树的影响与综合管理［J］．森林保护，2012（2）：38－39.

第六节　抗旱防冻措施

一、刨树盘

在离树干1～1.5米处向上坡垒成半圆形小埂，平地垒成呈盘子形，拦截降雨，让地表流水进树盘内。树盘要超过树冠边缘0.5米，依树的大小适当增减。

二、树下覆膜

在雨季结束而土壤含水量还大时，在椒树下覆盖地膜，边缘用土压实至来年旱情解除。

三、秸秆覆盖

在雨季结束而土壤含水量还大时，将麦秸、豆秸、玉米秸、杂草或锯末等覆盖在椒园地表或椒树根迹，长期坚持可抗旱保水、防止水土流失、增加土壤肥力，提高产量和品质。

四、生物多样性间作

椒园内间作适当的矮秆植物，如麦类、豆类、蔬菜、牧草等，以改善果园环境、改良土壤结构、增加土壤肥力、提高作物产量、防止水土流失和减少土壤水分的蒸发。

五、防冷冻措施

避免在不适地区（如大红袍主产区）及青花椒与大红袍均能成活生长的过渡区大量栽种青花椒，避免在易发生冷冻害的背阴和迎风坡面栽种青花椒。在花椒林的迎风面营造防护林。

避免在摘椒后重施速效肥使新梢过嫩过旺。

落叶后冻害发生前喷施抗冻剂0.5%磷酸二氢钾溶液或0.5%蔗糖溶液。

第七节　采收及处理

一、采收

因品种、气候、地区、海拔高度不同等因素而异，青花椒油泡突出丰满后即可采收。早熟品种在7月下旬至8月上旬采摘，晚熟品种在8月下旬至9月上旬采摘，时间应选择晴天或不下雨无露水天气为宜。采摘最好用手摘，也可以用枝剪等采摘工具进行采摘，摘断椒粒的主柄，以免伤及油泡和叶柄处的次年花芽，放入容器内，切忌用手直接捏住椒果采摘，以免影响花椒品质。

二、制干

青花椒的制干可用晾晒和烘烤两种方式，是关系质量优劣的关键。一般情况下，采取晾晒的方式，即摘回的青花椒，在夜间必须摊开散温，次日摊在晒席或簸箕上摊晒（不宜在水泥地上暴晒），摊晒不能过厚，不宜翻动，一日晒干的青花椒颜色和品质最好，当青花椒全部干燥后晾凉收回，用筛子将花椒籽筛出，去叶、柄和其他杂物即可。青花椒成熟时因气候原因不能自然晒干时，可利用烤房或专用烘烤设备进行烘烤，但烘烤技术应先试验成功后再推行。

三、储存及运输

1. 储存

青花椒干燥后除去固有杂质和外来杂质后用无污染的麻袋或编织袋盛装放置在干燥通风的室内，防止阳光直射。

2. 运输

运输花椒，应注意防暴晒、防雨淋、防潮湿、防污染等。

参考文献

[1] 云南省质量技术监督局．地方农业规范备案．2012 年第 15 号公告．2012 年 8 月 7.
[2] 宋家雄，石安宪，李云国，等．花椒病虫害大面积防治田间管理保健技术研究．周金玉．云南绿色植保理念与实践．昆明：云南科学技术出版社，2010：606－610.
[3] 宋家雄，石安宪，李云国，等．昭通市花椒生物多样性间作资源调查研究．周金玉．云南绿色植保理念与实践．昆明：云南科学技术出版社，2010：723－726.
[4] 宋家雄，石安宪，张汉学，等．铜色潜跳甲为害规律与防治技术研究．中国植保导刊，2013，33（5）：20－24.
[5] 宋家雄，石安宪，张汉学，等．间作大豆、马铃薯对花椒园中桑拟轮蚧的控制效果及增产效益研究．植物保护学报，2014，41（2）：192－196.
[6] 张晓明，陈国华，张仲凯，等．花椒园中性昆虫多样性及其生态功能．周金玉．云南绿色植保理念与实践．昆明：云南科学技术出版社，2010：278－286.

第八节 青花椒质量等级标准*

青花椒与大红袍相比，在自然脱水干燥的过程中，种子和种皮不易完全分离，且有色泽复杂、含籽较多和差异较大的特点。为了更好地规范和组织青花椒的生产、销售，充分体现青花椒的特征及其自然属性，根据《中华人民共和国标准法》和《云南省质量技术监督局地方标准管理办法（试行）》的有关规定，参照国家行业标准 LY/T 1652—2005 花椒质量等级标准，昭通市大成农业开发有限责任公司、鲁甸县农业局、鲁甸县林业局、鲁甸县供销社，经市级以上技监局组织专家审定，制定了本标准。

一、范围

本标准规定了青花椒干椒（果皮）的质量等级要求、试验方法、检验规则和包装、运输及贮存要求。

本标准适用于鲁甸县境内生产的青花椒干椒质量等级判断。

二、规范性引用文件

下列文件对于本文件的应用是必不可少的。凡是注日期的引用文件，仅所注日期的版本适用于本文件。凡是不注日期的引用文件，其最新版本（包括所

* 本节编写人：鲁甸县植保植检站 何梅；昭通市大成农业开发有限公司 赵孔发；昭通市植保植检站 宋家雄（通讯作者）；昭通市昭阳区凤凰街道办事处中学 杜光永（通讯作者）

有的修改单）适用于本文件。

GB 2762　食品中污染物限量

GB 2763　食品中农药最大残留限量

GB/T 5009.17　食品中总汞及有机汞的测定方法

GB/T 5009.19　食品中六六六、滴滴涕残留的测定

GB/T 5009.20　食品中有机磷农药残留量的测定

GB/T 7718　预包装食品标签通则

GB/T 12729.2　香辛料和调味品　取样方法

GB/T 12729.3　香辛料和调味品　分析用粉末试样的制备

GB/T 12729.6　香辛料和调味品　水分含量的测定 蒸馏法

GB/T 12729.7　香辛料和调味品　总灰分的测定

GB/T 12729.9　香辛料和调味品　酸不溶性灰分的测定

GB/T 15691　香辛料调味品　通用技术条件

LY/T 1652　花椒质量等级

三、术语和定义

下列术语和定义适用于本标准。

青花椒：椒果为绿色的花椒调味品在市场上统称为“青花椒”，其共同特征是鲜果碧绿色、干果灰绿色。其拉丁学名为 *Zanthoxylum schinifolium* Sieb. et Zucc，又名香椒子、崖椒、野椒、青椒、川椒等，因其果实采收时通常为青绿色而得名，是芸香科（Rrutacea）花椒属（*Zanthoxylum* L.）的一种香料植物，常见的有七叶青、九叶青椒等。本标准是指其植株果实经脱水干燥后，除去固有杂质和外来杂质后的产品。

含籽青花椒：发育不良或在晾晒、烘烤等制干过程中果皮未开裂或未充分开裂，青花椒籽不能自然脱出的青花椒产品。

开口青花椒：青花椒果实在采摘后经晾晒、烘烤等制干处理后种子已完全自然脱出，形成开口状态的青花椒种子外壳。

霉粒青花椒：由于霉菌浸染而发生霉变，致使改变了固有色泽、有霉变的青花椒产品。

黑粒青花椒：青花椒果实因采收不及时或制干不当而使其颜色变黑未受霉菌感染变质的青花椒产品。

染色青花椒：经过染色处理的青花椒产品。

花椒籽：花椒果实内与果皮可分离的种子俗称影子。

固有杂质：与青花椒树生物体有关的杂质，包括果穗梗、椒叶、花椒籽和花椒脱落物。

外来杂质：与青花椒树生物体无关的一切外来显见杂物和尘土等。

色泽：青花椒外果皮呈现出的颜色。

均匀：花椒壳的大小、颜色基本一致。

油腺：青花椒外果皮上富含挥发油的凸起腺体。

过油青花椒：经过植物油提取了青花椒的麻香味而颜色暗黑的青花椒产品。

晒青花椒：指通过自然晾晒干燥的青花椒产品。

烘烤青花椒：指通过机械或烤房烘烤干燥的青花椒产品。

碱椒：指将鲜青花椒通过碱溶液浸泡定色脱脂干燥的青花椒产品。

棒椒：指青花椒在干燥过程中人为使用棒子敲打促使含籽率增加，也使油腺遭到破坏的青花椒产品。

炒椒：指通过高温烘炒干燥的青花椒产品。

劣质青花椒：指碱椒、过油椒、炒椒和棒椒。

异色青花椒：指青花椒色泽极端低于同等级指标的青花椒产品。

假青花椒：指用非青花椒品种冒充青花椒或其他材料合成的仿真青花椒、染色椒。

四、技术要求

1. 感官指标

项目	特级	一级		二级		三级		四级	
		一等	二等	一等	二等	一等	二等	一等	二等
色泽	有光泽、青绿或黄绿			浅青、有光泽		褐青		棕褐	
外观	粒大、均匀、油腺密而突出			均匀、油腺密而突出		均匀、油腺突出		油腺较稀而不突出	
食味	麻味浓烈、持久、无异味			麻味较浓、持久、无异味		麻味尚浓、无异味			
气味	香气浓郁、纯正			香气较浓、纯正		具香气、尚纯正			
霉粒椒/异色椒	极少								
假青花椒	无								

2. 理化指标

项目	特级	一级		二级		三级		四级	
		一等	二等	一等	二等	一等	二等	一等	二等
开口椒（%，≥）	99.0	95.0	90.0	85.0	80.0	75.0	65.0	55.0	50.0
含籽椒（%，≤）	0.5	4.0	9.0	13.0	18.0	22.0	32.0	40.0	45.0

续表

项目	特级	一级		二级		三级		四级	
		一等	二等	一等	二等	一等	二等	一等	二等
固有杂质（%，≤）	0.5	1.0		2.0		3.0		5.0	
挥发油（毫升/100 克，≥）	4.5			4.0		2.5			
不挥发性乙醚抽提物（%，≥）	8.0			7.5		7.0			
黑粒椒/劣质青花椒（%，≤）	1.0			2.0		5.0			
水分（%，≤）	10.0			13.0					
总灰分（%，≤）	9.5			10.0					
酸不溶灰分（%，≤）	4.5			5.0					
外来杂质（%，≤）	无			1.0					

卫生指标：符合 GB 2762、GB 2763 等有关食品卫生国家标准的要求

五、试验方法

1. 取样

成批包装的青花椒按 GB/T 12 729. 2 执行。抽取的样品总量应不少于 4 千克净产品，分散产收、散装的花椒，应随机从样本的上、中、下不同方位抽取基础样品，基础样品混合及缩分后，至少应再等分为实验室样品和仲裁样品，基础样品的抽取总量按货批量的大小决定（≥1 000 千克取 0. 5%；500 ~ 1 000 千克取 1%；200 ~500 千克取 2%；200 千克以下取 4 千克），抽取的实验室样品总量应不少于 2 千克。当商品青花椒大于 10 000 千克时应分为不大于 10 000 千克的批次进行取样。

2. 粉末样品制备

取样获得的样品适量，在白瓷盘上用镊子拣去固有杂质和外来显见杂质，然后将样品置于分离筛中，分离至没有尘土为止，再按 GB/T 12 729. 3 制成粉末样品。

3. 检验

（1）感官检验。

a. 眼观。置测试样品 100 克于白瓷盘中，在良好的自然光下，目测其色泽、果形、有无霉粒椒、过油椒、染色椒、黑粒椒、碱椒、炒椒、棒椒和显见外来杂质。

b. 手握。手握硬脆，搓之有沙沙声的为干，反之则潮。

c. 鼻嗅。置测试样品 50 克于广口瓶中，在空气清新的环境中，嗅辨青花椒香气浓淡，有无异味。

d. 口尝。随机在试样品中取出 1 ~ 2 粒花椒，放入口中嚼烂，品尝其麻味强弱、持续时间长短。

（2）理化指标检验。

a. 开口椒和含籽椒的测定（其他未标注的数粒指标检测方法的适用此方法测定）

取1. 获得的样品适量并均匀分样50克（g）为总样品，样品在检验操作台去除杂质和不完善粒后，用镊子对样品进行数粒，记录总粒数为G，其中，开口椒和含籽椒分别记录为G_1和G_2（粒），开口椒和含籽椒粒数之和与样品粒数精确至5粒，数粒次数均不少于2次，取数粒结果误差值小于5的两个数之和求平均数作检验参数，检验结果修正参数为正负0.1～0.9，修正按兼顾大值的原则修正为整数后开口椒和含籽椒百分比之和等于100%。

计算公式：开口椒（%）$=\frac{G_1}{G}\times 100$

含籽椒（%）$=\frac{G_2}{G}\times 100$

式中：

G——为总样品，单位为粒；

G_1——为开口椒，单位为粒；

G_2——为含籽椒，单位为粒。

b. 固有杂质和外来杂质测定（黑粒椒、劣质青花椒适用此方法测定，其他未标注的称量指标检测方法的适用此方法测定）

c. 仪器

天平（1‰）、镊子、分离筛（孔径为0.2厘米）。

操作步骤：

称取取样获得的样品200克，精确至100毫克，记录质量（m）。在白瓷盘上用镊子把不能过筛的固有杂质和外来杂质从样品中拣出，并分开堆放，然后将样品剩余部分置于分离筛中，分离至筛内没有杂质后，将拣出的固有杂质称量记录质量（m_1），将拣出的外来杂质和筛下物尘土等一起称量记录质量（m_2）。

结果计算

某批次青花椒固有杂质含量（%）$=\frac{m_1}{m}\times 100$

某批次青花椒外来杂质含量（%）$=\frac{m_2}{m}\times 100$

式中：

m_1——固有杂质的质量，单位为克（g）；

m_2——外来杂质的质量，单位为克（g）；

m——测试样品的质量，单位为克（g）。

水分含量测定：称取1. 获得的样品20～30克，精确至100毫克，按GB/T 12729. 6测定。

挥发油含量测定：称取1. 制备的粉末样品50克精确至10毫克，按附录A测定。

不挥发性乙醚抽提物的测定：称取5. 2制备的粉末样品适量，按GB/T 12729. 12测定。

总灰分的测定：称取5. 2制备的粉末样品适量，按GB/T 12729. 7测定。

酸不溶灰分的测定：称取5. 2制备的粉末样品适量，按GB/T 12729. 9测定。

检验规则：应分别按批次抽样检验，从事青花椒加工的企业和个人出厂检验如无合同约定的按GB/T 15691的检验项目检验，从事市场大宗青花椒交易如无合同约定的4. 2理化指标中的挥发油、不挥发性乙醚提取物、总灰分、酸不溶灰分可不作检验。

检验结果中有任何一项指标不符合4. 1和4. 2规定的某一等级指标要求时，应相应降级。

六、包装、标注、运输、贮存

1. 包装

小包装的青花椒装入瓶、罐、铝塑复合袋或聚乙烯薄膜袋（厚度≥0. 18毫米）等食品包装容器中，封口后外套麻袋或装入纸箱；大包装的青花椒使用麻袋或编织袋，注意防潮、防霉变、防走味。

包装标注

按GB/T 7718执行。

2. 运输

运输过程中注意防曝晒、雨淋、潮湿、严禁与有毒、有害、有异味的物品混运。

3. 贮存

贮藏室应干燥、清洁、卫生，防止阳光直晒花椒，严禁与有毒、有害、有异味的物品混贮。青花椒堆码高度不超过2米，室内温度不超过35℃，注意防止鼠害。

七、附注

青花椒达不到同等级相关指标的作降级处理，市场交易大宗青花椒以二级为标准，达不到四级的青花椒为等外青花椒。青花椒包装标注可按级别标注，也可标注到几级几等，标注级别的按同级二等标准执行。

附 录 A

（资料性附录）

青花椒挥发油测定（略）

附 录 B

（资料性附录）

允许使用的肥料种类（略）

附 录 C

（资料性附录）

禁止和允许使用的农药（略）

参考文献

[1] 云南省质量技术监督局，地方农业规范备案，2012 年第 15 号公告 . 2012 年 8 月 7.

[2] 宋家雄，石安宪，李云国，等 . 花椒病虫害大面积防治田间管理保健技术研究 . 见：周金玉 主编，《云南绿色植保理念与实践》，云南科技出版社，2010：606－610.

[3] 宋家雄，石安宪，李云国，等 . 昭通市花椒生物多样性间作资源调查研究 . 见：周金玉主编，《云南绿色植保理念与实践》，云南科技出版社，2010：723－726.

[4] 宋家雄，石安宪，张汉学，等 . 铜色潜跳甲为害规律与防治技术研究 . 中国植保导刊，2013，33（5）：20－24.

[5] 宋家雄，石安宪，张汉学，等 . 间作大豆、马铃薯对花椒园中桑拟轮蚧的控制效果及增产效益研究 . 植物保护学报，2014，41（2）：192－196.

[6] 张晓明，陈国华，张仲凯，等 . 花椒园中性昆虫多样性及其生态功能 . 见：周金玉 主编，《云南绿色植保理念与实践》，云南科技出版社，2010：278－286.

[7] 岳磊，罗凯，马丽，等 . 花椒马铃薯间作对花椒园节肢动物群落结构的影响 . 南方农业学报，2014，45（4）.

第九节 青花椒产品*

花椒（*Zanthoxylum* L.）属芸香科（Rurtaeeae）植物，其经济用途广泛：

* 本节编写人：昭通市植保植检站 姚光陆；昭通市大成农业开发有限公司 赵孔发；昭通市植保植检站 宋家雄（通讯作者）；昭通市昭阳区凤凰街道办事处中学 杜光永（通讯作者）

可作食品香料和香精原料，并有温中散寒、行气止痛的药用功效，卫生部2002年确认花椒为药食两用原料。花椒含挥发精油、麻味素（酰胺类）、生物碱、木质素、蛋白质、不饱和脂肪酸和丰富的蛋白质、脂肪、碳水化合物、维生素C、铁、锌、硒等微量元素等多种有效成分。花椒最主要的用途是作为香辛料，用于多种食品的烹调加工调味之中。为“八大调味品”之一，有“调味品之王”的美誉，具有赋香、着色、掩盖异味、防腐、保健、增加食欲等作用。昭通青花椒独具特色，产品较多，以昭通市大成农业开发有限责任公司为例，主要产品如下。

一、初级产品

1. 保鲜青花椒

采用昭通青花椒椒皮运用现代“生物灭酶技术”和“真空冷藏保鲜技术”加工而成，不含任何添加剂和防腐剂，完整地保持了鲜花椒的色鲜、清香、纯麻、受热不变色等特点。

2. 青花椒粉

采用昭通青花椒为原料，由于产地光热充足和昼夜温差大以及特有的土壤和地理气候特征，出产的青花椒椒皮厚、油包大、麻味纯正、香味持久等特点。是各大川菜和火锅的上乘调味品。运用现代超低温粉碎设备专业生产青花椒粉，生产的青花椒粉可以在-30℃较完好地保持了鲁甸青花椒固有的香气和麻味，是各大川菜和火锅的上乘调味品，可直接用于各种菜肴的调味。

3. 鲜青花椒油

采用昭通青花椒与一级菜籽油原料，运用现代生物浸提技术和先进调配技术精制而成，较完好地保持了鲁甸青花椒固有的香气和麻味，是各大川菜和火锅的上乘调味品，可直接用于各种菜肴的调味。

4. 青花椒精油

为天然青花椒果皮提取物，应用超声波提起装置提取，不含任何溶剂和添加剂，保留了青花椒浓厚的花椒芳香味，留味持久。具有耐高温热稳定性能好等特点。青花椒芳香精油含有芳樟醇（53%）、柠檬烯（19%）、水芹烯（12%）、月桂烯（5%）等60余种有效芳香物质。产品折光度1.465 9，相对密度0.859 9。产品为浅黄色或透明油状液体，用于香精香料、化妆品、调味品、食品和医药用品行业。

花椒精油能抑制或杀死大肠杆菌、金黄色葡萄球菌、卡它杆菌、肺炎双球菌、流感嗜血杆菌、乙型溶血性链球菌、枯草杆菌和白色念球菌。另有药理实验表明，花椒挥发油在试管内对星形奴卡菌有抑制作用，可防止霉菌生长。花椒挥发油对黄曲霉素、杂色霉菌有较强的抑制作用，同时还能抑制其毒素的产生。花椒挥发油中的 β -水芹烯和里哪醇具有较好的杀虫作用。

二、深加工产品

1. 花椒籽浴足精油

主要成分：花椒籽精油、杜松精油、天竺葵精油、姜精油、玫瑰精油、藏红花精油、迷迭香精油、月见草油、荷荷巴油。

主要功效：蕴含花椒籽精油，可促进新陈代谢，加强体内循环，温热双脚肌肤，消除脚部酸胀疼的症状，适用于手脚冰冷、发汗、关节酸痛、经前症候群等状况，驱寒散湿。排除体内的大量湿气，缓解脚部干燥、瘙痒。对常失眠的人也很有帮助放松身心，消除疲劳，改善睡眠，调节人体内分泌系统，达到正常平衡，强身健体功效。

使用方法：在足浴盆中注满适量的温水，将 6 ~ 8 滴精油倒入泡脚盆中搅匀，双脚泡浴 20 ~25 分钟，可边泡边按摩，即可享受属于您自己的足浴。

注意事项：使用本品，如有不适，请立即停用。

2. 花椒籽舒筋活络精油

主要成分：花椒精油、快乐鼠尾草精油、洋柑橘精油、茴香精油、尤加利精油、天竺葵、薄荷精油、荷荷巴油、葡萄籽油等。

主要功效：蕴含花椒籽和多种精油，促进血液循环，疏通经络，改善肌肉酸痛、关节痛等。消除肩颈肌肉酸痛及肌肉的神经紧张，消除疲劳活血化瘀，改善肩颈酸痛，颈部绷紧、肩颈循环不良造成的不适。帮助气血循环，排毒，改善身心疲劳。

使用方法：清洁或沐浴后，取本品适量按摩肩颈或身体酸痛部位 15 ~ 20 分钟。

注意事项：使用本品，如有不适，请立即停用。

3. 止痒身体乳

主要成分：花椒精油、洋甘菊精油、薄荷精油、荷荷巴油、葡萄籽油、积雪草提取液、葡萄籽提取液、桑树萃取液、玫瑰纯露。

主要功效：蕴含花椒精油，质地清爽又滋润，能深入皮肤内部，维持皮肤高保湿效果，改善因空气闷热潮湿、体表干燥、夜汗多引起的瘙痒、消除皮屑粗糙，赋予肌肤奢华滋养，长时间保持肌肤水润质感。卓越的抗氧护理，由内而外修复干燥肌肤，改善粗糙暗沉肤质，保持肌肤舒适、清爽。

使用方法：沐浴后或需要时，取适量本品涂抹于全身肌肤或干燥部位，轻轻按摩至完全吸收。

注意事项：使用本品，如有不适，请立即停用。

4. 香皂

主要成分：花椒精油、茶树精油、玫瑰果油、荷荷巴油、茉莉花瓣提取液、紫草提取液、苦杏仁提取液、薄荷提取液、睡莲提取液。

主要功效：蕴含花椒籽、茶树精油，质地温和，深层清洁肌肤里外的有害污垢，抑制细菌的滋生，杀菌抗炎，缓解干燥、发炎、发痒肌肤，增加皮肤抗氧化力，补水保湿。增加弹性，温和滋养，清洗干净且清爽，可淡化疤痕、细纹，嫩肤。使肌肤美丽健康。

使用方法：早晚润湿肌肤后，用本品揉搓起泡，用打圈的方式按摩肌肤2～3分钟，再用清水冲净即可。

注意事项：使用本品，如有不适，请立即停用。

5. 强韧防掉发洗发水

主要成分：花椒精油、姜精油、甜杏仁油、玫瑰果油、金缕梅提取液、黑芝麻提取液、芦荟提取液、何首乌提取液、花椒纯露、蚕丝蛋白。

主要功效：蕴含花椒等多种提取精华，专门针对掉发人而设。温和抗屑配方，能迅速去除头屑，能抑制皮屑及头皮油脂分泌，能平衡头皮酸碱度，激活发根，平衡油脂，稳固发根、防止掉发，强韧头发，并有明显的止痒效果。同时护理头皮及发丝，柔顺而不干涩，恢复头发健康美丽状态。用后头皮清爽，秀发健康亮丽。

使用方法：湿润头发后，取适量本品涂抹与湿发上，轻柔按摩2～3分钟，然后用清水冲洗干净。必要时可再重复使用一次。

注意事项：使用本品，如有不适，请立即停用。

6. 止痒沐浴露

主要成分：花椒精油、杜松精油、荷荷巴油、常春藤提取液、矢车菊提取液、苦杏提取液、燕麦提取液、桉树提取液。

主要功效：蕴含花椒精油，柔和的清除油灰污垢，防止毛囊阻塞，维护皮肤、毛囊和皮脂腺的正常生理功能，可安抚干燥或是瘙痒的皮肤，增强皮肤的新陈代谢和抵抗力，预防毛囊炎，还能使全身肌肤得到舒缓和滋润，一整天都保持柔嫩光滑。

使用方法：沐浴后，取适量在沐浴球上打出泡沫，涂抹全身，按摩1～2分钟，用水冲干净即可。

注意事项：使用本品，如有不适，请立即停用。

7. 止痒护发素

主要成分：花椒精油、何首乌提取液、牛蒡提取液、常春藤提取液、迷迭香精油、荷荷芭油。

主要作用：蕴含花椒等多种提取精华，调理和保护头皮、头发，解除发痒、干燥、头屑现象，使头发乌黑，帮助头发健康生长，经常使用会在头发表层面形成滋养保护层，以防止环境对头发的伤害、发梢开叉及断裂，平衡发丝润泽度，使秀发健康、柔顺。

使用方法：洗发后，取适量的护发素，均匀地搓揉头发，按摩头皮 3 ~ 5 分钟后洗净头发即可。

注意事项：使用本品，如有不适，请立即停用。

第八章　蚕桑产业实用技术*

第一节　杂交桑种营养袋育苗、地膜覆盖栽桑一步成园技术

“杂交桑种营养袋育苗、地膜覆盖栽植一步成园技术”是昭通市农技推广中心站与西南农业大学合作“优良桑蚕茧综合技术开发与推广”项目，是根据昭通市的气候、土壤和生态环境，开发研究出的一套快速育苗技术，具有用种量少、成活率高、建园时间短、见效快的特点，能实现当年育苗，当年栽桑，当年见效。昭通市一般在当年的 4 月初开始下种育苗，5 月中下旬开始移栽。

一、苗圃地的选择

苗床地宜选择地势平坦、光源充足、水源方便、无地下虫害的地块作为放置营养袋的苗床。苗床地选好后，就应进行整理，首先应锄尽杂草，平整土面，四周筑成埂高 10 厘米，埂宽 20 厘米矮埂，苗床宽度 1.33 米，长度随地形而定。

二、营养土的配制

选择质地疏松肥沃，有机质含量高的壤土（一般用向阳肥沃疏松的蔬菜地表土）作为营养土。营养土经充分整细过筛后，按每 500 千克营养土加入过膦酸钙 5 千克，草木灰 10 千克，土杂肥 50 千克，加入适量多菌灵和杀虫剂，充分拌匀。施入适量的优质清粪水调节含水量，达到手捏成团，丢下能散，即为水分含量适度。

三、营养袋的制作与营养土的灌装

营养袋的规格为高度 8 厘米，直径 6 厘米（周长约 18 厘米），厚 2 丝。按此规格。可购买、也可用旧薄膜自制。方法是把薄膜切成长 18 厘米，宽 8 厘米的薄膜条，把薄膜条卷成圆筒，接头交接处重叠 1 厘米，重叠处用小竹签插入

* 本章编写人：昭通市农业科学院　凌英

再插出，打开即成一个营养袋。

将调配好的营养土，用手或用竹筒灌装入袋中压实，营养土离袋口 0.6 厘米，营养袋要做到边制边放，竖立放置在苗床内，力求排列成行，高矮一致。这样装制好的营养袋，保持了良好的土壤团粒结构，土壤疏松，幼苗根系易伸入。

四、清水浸种

播种前先将桑种放入 45℃清水中浸渍 24 小时以上，在种子露白或充分吸足水分时取出种子，拌入适量干泥灰，使种子互不粘连时，即可播种。注意在浸种时要随时换水，保证水的清洁卫生，一般每 6 小时换一次。

五、播种覆盖

每窝播放 2 ~ 3 粒饱满的桑种子，然后用过筛的细土覆盖桑种，厚度 1 厘米，以不见桑种为度，切不可太厚。盖种后，用喷雾器浇足清水，使桑种与土壤紧密结合，保持盖土湿润，以满足桑种萌发时对水分的需要。播种后，立即用 2 米（6 尺）长的竹片，间距 0.67 米（2 尺），插入苗床的床埂上，做成拱形架，再在架上盖农膜，农膜四周用泥土扎紧，保湿保温。若床内温度超过 32℃时，要在农膜上盖稻草或甘蔗叶遮阴降温。

六、苗木管理

播种后，要落实专人负责苗床的管理工作。床内保持温度 25 ~ 32℃，土壤湿润，一般 7 ~ 8 天桑种开始发芽出苗，至苗高 8 ~ 10 厘米需 25 ~ 30 天。此时要特别注意床内温度和湿度的管理。床内温度应保持在 30℃左右，同时每隔 2 ~ 3 天用喷雾器浇足清水，保持土壤湿润，当幼苗出现子叶时，要注意炼苗，遇温度升高揭开苗床两端降温（苗床过长要从中间切断），如遇阴天要打开薄膜炼苗。苗期主要病害为桑炭疽病、立枯病等，如发现病害应立即用甲基托布津 700 ~ 1 000 倍液或多菌灵 1 000 倍液喷雾防治。

七、小苗定植地膜覆盖栽桑

小苗长到三叶一心时（苗高约 10 厘米），便可带营养袋移栽。先把规划好的栽桑地平整，然后按宽行 2 米（6 尺）（也可是 4 尺、8 尺），窄行 0.67 米（2 尺），株距 0.5 米（1.5 尺），进行栽植，亩栽 1 000 株。这样的栽植模式，不仅桑树高产，而且可间套粮经作物（4 尺宽行的不宜间作）。定植时先划线开窝，窝内施入清粪水，然后将营养袋桑苗放入窝中（除去塑料袋，来年再用），立即覆土填平踏实，以不见营养土，不埋压桑苗为宜，灌足定根水，最后用1米宽的地膜覆盖桑苗（注意：不要压断桑苗），再用小刀于桑苗处切一小口，引出桑苗，然后用细土把切口与桑苗周围垒实扎紧，便可起到保湿抗干旱，防杂草，提升地温的作用。也可先铺薄膜，然后在薄膜，在薄膜上按上述规格，用削尖的木棒打一个窝，把营养袋桑苗放入窝中，掩土踏实，把周围用土压紧，灌足定根水。

定植后一个月，苗高达20厘米时进行间苗定苗（雨天间苗，每窝留一株壮苗，间出的苗还可排栽），定苗后施一次清粪水，促进桑苗旺盛生长。苗高1米时，再用水粪加化肥（50千克水粪加200克尿素即4两，充分溶解），离苗干15厘米处开窝（此时可打开薄膜了），每窝施1~2千克粪水，施后立即盖土。8月桑苗便可长至1.5~2米高，这段期间便可采摘苗叶饲养秋蚕和晚秋蚕，每亩一步成园桑树可饲养0.5盒蚕种，生产20千克鲜茧。

本育苗成园技术多采用杂交桑品种，长势快，但有嫁接难度大，适宜嫁接时间短等缺点。

为了充分节约人力、物力，现阶段昭通市多采取直接栽植嫁接苗，也能实现当年栽桑、当年养蚕的目的，而且还可以当年养成型。嫁接苗一般从江浙等地进行购买。

第二节　桑树栽植

除一步成园外，以成品桑苗栽植的，根据桑地的不同用途和桑树栽植地点的差异，一般分为四边桑、间作桑、专用小桑园等几种；间作桑和小桑园，目前，专家比较推崇“宽窄行栽植”，间作桑以200厘米×67厘米×50厘米和267厘米×67厘米×50厘米为主，专用小桑园以133厘米×67厘米×50厘米为主。按时间分，可以分为春栽、夏栽、秋栽和冬栽4种等。

一、桑地的选择及整理要求

除了以田边、地边、溪边、荒边等四边栽植外，不管是间作桑或成片小桑园的栽植，都必须选择土壤较厚、地下水位在1米以下、向阳的地块作为栽桑地。四边桑栽植前要挖深、宽各0.5米以上的栽植穴；间作桑可开挖栽植沟，也可挖栽植穴，挖好栽植沟（穴）后，还应挖松沟（穴）底。施用迟效性的农家肥作基肥，基肥有促进幼龄桑树迅速生长成林和改造土壤结构的作用。一般间作桑和密植桑每亩应施入农家肥4 000~5 000千克；四边桑每窝应施入农家肥3~5千克。基肥施下后，上面再盖一层6~8厘米的表土，避免桑根与肥料直接接触，而灼伤根系。

二、规范栽植，提高栽植成活率

不论沟栽或窝栽，桑苗都应浅栽，其标准是埋没桑苗根颈青黄交接处即可，这样根系离地表较近，通气性较好，有利于成活和生长。栽植时还应注意，苗木根少或根细的一侧，放于南面和土层较厚的一方；根多根壮的一侧应放于多风的方向或倾斜地的上方，通过栽植时，对苗木根系进行调节，可促使根部均衡地向四周扩展。沟栽栽第一沟时，先将苗木在栽植沟中放正，理伸苗根，然后用第二沟的表土镇压第一沟的苗根，再用心土添满栽植沟，依次用细碎表土填盖根部，对正行列，把埋没根部的土壤踏实，然后用土壤填平栽植窝。

昭通市干热河谷地区，把握栽植适期，促进栽后生长是很关键的。6～7 月为桑树夏栽的理想时期，这段时期的降水均在 100 毫米以上，土壤与空气湿润。这样的气候环境，不仅能提高栽植成活率，而且有利于栽植后桑树根系和枝叶的生长。夏栽季节因桑苗处于生长期间，挖取苗木时应保全根系，苗茎上也应保留 3～5 片嫩叶，以便继续进行光合作用。应立即栽植，以免桑苗萎蔫、降低成活率，不论哪种栽植形式，栽植前都应按规格放线挖沟、挖窝、行株对齐。威信县等地应多以冬、春栽为主。

总之提高桑树栽植成活率的关键，应掌握“快挖快栽，保全根系，深沟深窝，施足基肥，苗正根伸、浅栽踏实”等几项规范化栽植技术。

第三节　桑树嫁接

桑树嫁接是保证桑树品种性质、提高良桑率、改善低产桑园、增加亩桑产叶量的有效措施，也是桑树无性繁殖的主要方法。桑树一年四季均可嫁接，夏、秋季嫁接因在生长期，其技术难度较大，不易掌握。故这里仅介绍冬季芽接技术和春季简易芽接技术。

一、桑树冬季芽接技术

（1）时间。桑树冬季芽接在桑树进入休眠期即可进行，昭通市一般在 1 月上旬至 2 月上旬的晴天是最佳时间。

（2）工具准备。嫁接刀（可用钢锯皮自制）、桑剪、桑锯、磨刀石、薄膜条（宽 1.2 厘米，长度不定，8 丝薄膜为好。）

（3）良桑穗条准备。良桑品种以嘉陵 20 号、新一之濑、农桑 14 号等为好（各县的桑品种应以进行品比试验，适宜当地气候特点的为宜），并选冬芽饱满，无病虫害的穗条接穗。一般应在嫁接前一周将穗条剪下进行脱水处理，即剪下后堆放一周即可。

（4）砧木切皮制作袋口。砧木的嫁接部位选在主干离地10厘米以内，光滑无疤痕的皮层，用芽接刀从斜上方向下切削，深达木质部后向下切开皮层，长约2厘米，宽0.8~1厘米，最后将切开的皮层削去3/5，保留2/5，以待嵌入穗芽片，砧木切皮要求"现木不伤木"。

（5）穗芽片的切削。选择良桑穗条中、上部无病虫，饱满的牙苞，削芽要看切口长度，在芽下方2厘米左右横切一刀，深达木质部，再从芽尖上方0.3厘米处斜入刀至木质部后，顺木质部推削至横切处取出芽片。标准的芽片要求削面平滑，不带木质部，厚薄适度，削面上出现"三点一颗米"，长约2厘米，宽0.8厘米。

（6）嵌芽。将切好的芽片，顺手嵌入切好的砧木袋口内，芽片削面朝向砧木切皮袋口的木质部，并要嵌拢袋口基部。嵌入的芽片要盖住砧木的伤口，如果砧木的袋口大，芽片小，嵌入的芽片应靠近袋口的一边；如果芽片大，袋口小，可在削芽片时先用刀尖靠近芽苞左右两边纵切两刀，将芽片修窄修小。

（7）捆扎。先将薄膜条放在袋口的下方用手压住，绕2~3圈，盖住下方伤口再一圈压一圈向芽的上方绕，露出芽尖，卡入芽心夹缝，盖住上方伤口，最后操头绕紧。

（8）剪砧木。捆扎好后，在芽的上方4~6厘米处剪去砧木，以促进愈合成活。

二、桑树春季简易芽接技术

（1）时间。这项技术是在开春后，桑树树液开始回流，桑皮可以顺利与木质部分离的时候进行嫁接的技术。昭通市一般在2月上旬至月底的晴天进行，即桑树上"水"后便可嫁接。

（2）工具准备。嫁接刀（可用钢锯皮自制）、桑剪、桑锯、磨刀石。

（3）良桑穗条贮藏。良桑品种以嘉陵20号、新一之濑等为好，并选择冬芽饱满，无病虫害的穗条用于嫁接，1月中旬下穗条，穗条需贮藏1个月左右，即可用作嫁接。具体方法是：在阴凉避风的室内，地上铺一层15~20厘米厚的湿润沙泥，依次将成捆的穗条基部埋入沙泥内，然后用稻草将穗条四周及顶部覆盖即可。贮藏期间应经常检查，过干要浇水补湿，过湿应揭开稻草排湿。若温度过高在夜间可开窗引入冷空气调节。防止穗条干瘪、霉烂、发芽或鼠害。

（4）砧木袋口的制作。砧木的嫁接部位选桑苗主干离地20厘米以内光滑无疤处的皮层。用芽接刀尖划成弧形袋口，如"∩"形，深达木质部，将苗干或幼树主干轻轻弯曲，皮层与木质部分离即成袋口，一株苗干上可制作2~3个袋口，嫁接2~3个穗芽。若是大树可从主干离地33厘米处锯断上部，将锯口修平，再用芽接刀尖划成梯形袋口，如"п"形，深达木质部，再用刀尖将皮层与木质部分开即成袋口，一株树干锯口上可制作3个以上这样的袋口。

(5) 穗芽片的切削。选择良桑穗条中、上部无病虫，饱满的芽苞。方法是分3刀进行，第一刀从选定穗芽的下方叶痕中，向下削去叶痕突出部分和枝条表皮；第二刀在芽基部下方约0.8厘处横切一刀，深达木质部；第三刀从芽尖与枝条的间隙处斜入刀至木质部后，顺木质部推削至横切处取出芽片，标准的芽片要求削面平滑，不带木质部，厚薄适度，削面上出现"三点一颗米"。

(6) 嵌芽。将切好的芽片推向刀尖，顺手嵌入切好的砧木袋口内，芽片削面朝向砧木袋口的韧皮部，即反向插入，并要嵌至袋口基部。嵌入的芽片不要胀破砧木的袋口，芽尖要露出袋口。如果是弧形袋口，就不用捆扎，轻轻松开砧木的上部恢复原状，芽片自然被砧木皮层包紧。若袋口破裂，应用薄膜条进行捆扎；如果是锯桩芽接，还应用薄膜条沿嫁接部位横向包扎几圈，扎好扎紧。

(7) 剪砧木。弧形芽接者，在芽的上方4~6厘米处剪去砧木，以促进愈合成活。

三、嫁接后的管理技术

(1) 嫁接后15~20天，冬季芽接在开春以后，应进行检查，如有未成活者，应补接。

(2) 对成活植株，为了让接穗很好地生长，应将砧木上萌发的砧芽即时掰除。

(3) 接穗成活后，苗高20厘米时，要以砧木作支撑，用竹块或桑枝插入地内，给接穗绑好支架，以防大风吹折。

(4) 不要过早地采摘接穗上的桑叶（春季不采），以增强树势，夏秋季可适当采叶养蚕。

(5) 加强肥水管理。

第四节　桑树树型养成

一、桑树树型的构成

桑树树型是由主干、支干和枝条三部分组成。桑树自根颈部到第一级支干的地上部叫主干；自主干分叉形成第一级支干；自第一级支干分叉形成第二级支干……照此类推，最后一级支干比较短，是着生枝条的基础，称为收获母枝。从收获母枝上生长出来的枝条称为收获枝，为收获对象。主干、支干合称树干，是树型的骨架结构，收获枝构成树冠。主干的高低、强弱，支干的级数、位置方向，分叉的角度，关系到树冠的高低和扩展面积的大小，对桑叶的产量有很大作用。因此，培育主干，培育支干，培育树冠三者，是从桑树定植后开始到正式投产前的幼树阶段的主要养型工作。昭通市根据各地土壤、气候的差异，可以养成低干桑（主干高 20～40 厘米），中干桑（主干高 40～60 厘米）和高干桑（主干高 60～80 厘米），各级支干的长短可因地制宜。

二、桑树基本树型培养技术

1. 枝条修剪技术

桑树冬季枝条修剪技术总括一句话："看条下剪"。

一看枝条种类。在修剪之前，应仔细观察枝条数量、长短、粗细，把桑树上的枝条分为不良枝条和壮条两种。把不良枝全部从基部剪除，留下壮条。

二看壮条多少。壮条是产叶的基础，壮条多，桑叶产量高，应多留，一般每根支干上留 2～3 根壮条为宜。每亩保留壮条 7 000～8 000 条，四边桑每平方米面积内保留 13～16 根壮条。

三看壮条的位置和方向。壮条在树冠内分布有高有低，开展方向有东、南、西、北。因此，修剪时要看壮条的位置和方向，位置高的留条应短，位置低的留条应长。留条应向四方开展，基本原则是外展内空。具体的操作技术是，以树冠内的中心枝条为基准，枝条留长 10 厘米左右，其余枝条都向该枝条看齐，整个树型剪成水平状。

四看发展趋势。在养型期，壮枝是将来支干的基础，在选留壮枝的时候，应考虑留下的壮枝，今后作为支干的可能性。养成型的桑树，壮枝来年便是收获母枝。所以壮枝的修剪，实质上是培育树冠的继续。

桑树枝条下剪，应在保留部分最上端一个芽的顶部 2 厘米处下剪，剪口呈 45°的马蹄形，芽顶剪口高，芽对面剪口低，并使剪口平滑，不破损。

桑树修剪要注意支干与支干的组合搭配，做到去弱留强，去密补稀，枝条稀密均匀，树型整齐开展。

2. 支干的整理

支干的整理也可根据"四看"要点灵活运用。凡支干过密的应疏，即将过密的支干从支干分叉处横褶以上部位锯断，凡支干空缺处应补，即在修剪枝条的时候，注意支干空缺的部位，应选留适当的枝条作为培育新的支干，补足空缺，使全株支干配置适当，分布均匀。凡支干干枯的应锯去，凡支干和收获母枝上的干桩，枯疤应用桑剪和凿子凿平。对整个支干系统（各级支干和主干）进行一次整修。

3. 冬季重剪技术

在冬季桑树进入休眠期后，即每年的1月上旬至下旬，进行修枝整型，在枝条基部留长10~16厘米剪伐，称“重剪”。经过多年重剪，桑树树冠不断升高，采叶不便，树势衰败时可采取降干技术使其复壮。即在冬季从支干分叉处，截断支干，降低树冠，减少支干级数，以促进营养生长，恢复树势。截干又称“腰”，截去树冠上面一、二级支干的称“小腰”，截去多级支干的称大腰。根据树势的强弱，三年一小腰或五年一大腰。

第五节　桑园肥培管理

桑园肥培管理是增加产量的重要措施，桑树既是经济植物，就必须按照经济作物的要求进行农耕和水肥管理。如要每亩（1 000株以上、中等肥力）产叶量达到2 000千克以上，每年必须施入纯氮45.1千克（折尿素100千克）、五氧化二膦18.0千克、氧化钾22.5千克。这样可实现每年养蚕4盒种左右、产茧150千克以上。

一、冬耕

入冬以后，在桑树行株间进行15~20厘米深的翻耕，将下层土壤大块挖出，使之暴露于地表，经过冬季雨雪霜冻融和冷热交替，促使风化，以增厚土壤厚度，同时还可把寄生土表，潜藏土下的病虫害翻上埋下，改变其生态环境，使之不适生存而死亡，尤其对消灭桑瘿蚊有直接作用。

二、除草

人工除草。春季发芽前、视桑园杂草情况，用化学除草剂除草1~2次；秋季在杂草开花结实前除尽杂草；冬季结合冬耕除尽杂草，并集中烧毁或堆沤。

化学除草。春、夏季在幼草期，使用草甘膦、茅草枯、农达等除草剂喷于杂草叶进行除草，避免降雨前后或有露水使用，使用时严禁喷到桑树枝、叶、芽上。

三、施肥

1. 冬肥

结合冬耕还要给桑树施用冬肥，冬肥主要施用腐熟的有机肥。方法是在离主干15~30厘米处开窝施入有机肥，每亩1~3吨施后立即复土，再种植蔬菜、土豆等间作物。

2. 春肥

桑树春季施催芽肥，时间为3月上中旬。肥料以腐熟的人畜水肥加尿素为好，每500千克水肥加200克尿素（4两），充分溶解混匀。方法是在离主干15~30厘米处开窝施入，幼小桑树每窝施2千克左右，大桑树每窝施3千克左右，施后立即覆土。一般1 000株/亩的每亩需施尿素50千克或碳氨100千克。

3. 夏肥

养完春蚕后应给桑树施夏肥，时间为6月中下旬，肥料以腐熟的人畜水肥加尿素为好（也可以直接用水对尿素灌施），每担水肥加200克尿素（4两），充分溶解混匀。方法是在离主干15~30厘米处开窝施入，幼小桑树每窝施2千克左右，大桑树每窝施3千克左右，施后立即覆土。

4. 秋肥

一般在8月下旬前施入，肥料以速效肥为主，施肥量占全年施肥量的10%，应开窝施肥，施后盖土。

第六节　低产桑改造

多年来，人们都有重蚕轻桑的习惯，加之近年来蚕农外出务工和其他各种因素，对桑树的管理放松，昭通市出现了大量低产桑树。急需对低产桑园进行改造以增加蚕桑生产的效益。

一、无型桑的改造

那些“枝密如网、叶小如钱”，未经养型、造型，被蚕农称为“一笼鸡”、“一包秧”、“半边风”的桑树，就叫无型桑。改造无型桑应从以下几个方面着手。

1. 疏枝

无型桑的最大特点就是“枝密如网”，养分分散，不良枝条很多。对于这种无型桑树，应采取疏枝技术。如果无型桑株内无主干者，只留下株内长势最强，位置较好的一根枝条作为主干培育，其余的细弱枝条全部从其基部剪除，主干的高度，按照所需树型的高度留长。对于那些有主干，无支干，俗称“蚂蚁上树”的无型桑。先将要作为主干上的分枝全部切除，然后选择强壮枝条保留，按需要养成一级支干、二级支干……（具体技术和前面树型养成相同）。

2. 嫁接更新

对于那些枝条十分细弱，树势严重衰败，几乎无产叶量的桑树。可以采用冬季芽接进行嫁接更新，重新培育主干、养型。具体操作是：一般在株内选留 1 ~2 根长势相对较强的枝条，留作砧木，其余的细枝全部从其基部剪除，然后在选留枝条离地 10 ~15 厘米处嫁接，来年嫁接成活的良桑便可以成长为主干。对于有主干，没有支干的，可采取印锯桩芽接技术，在主干要分支处锯断，嫁接 3 ~4 芽作为支干养成，像这样的树的主干最好降成中低干树型为好。

3. 就型定型

（1）新栽幼树，主干纤细，未达到定主干的围粗，可自主干基部，离地 10 厘米处剪断，等明年新芽萌发后，只选留一健壮新芽生长，其余剪除，充分培育主干之后，再定干造型。

（2）对于原有主干还强壮，只是支干配置不均匀，即那种“半边风”的无型桑，应采用疏“密”补“缺”的技术，重新培育支干系统，改造养型。

二、树冠紊乱、株内干疤枯桩环生的低产桑改造

对于主干、支干系统尚存，只是树冠紊乱、株内干疤枯桩环生的低产桑树，只要稍加改造，便可恢复产叶量。其改造方法是：首先应用桑剪、锯子和凿子彻底清除桑株内的干疤、枯桩。清除的干疤、枯桩应集中收回烧毁。其次把主干、支干上的杂枝全部从其基部剪除；第三把树冠内的弱枝细条（条长不足 50 厘米者），全部从其基部剪除，留下的壮条按每 667 平方米（每亩）留条 7 000 ~8 000 条，四边桑按每平方米留条 13 ~16 条的标准留条，多余的枝条全部从其基部剪除，留下的枝条按每根枝条留长 10 ~16 厘米，剪去枝条上部。

三、低产桑的冬耕冬肥

入冬以后，一般在 12 月中、下旬要对低产桑树进行冬耕，方法是：在桑树行间或株际进行 15 ~20 厘米的翻耕，将下层土壤大块挖出，使之暴露于地表，经过冬季雨雪冻融和冷热交替，促使其风化，以增加土层厚度，同时将土表寄生、土下潜藏的病虫害翻上埋下，改变其生态环境，使之不适生存而死亡，减少土壤中的病虫危害。

结合冬耕还要给低产桑树施用冬肥，由于冬季桑树的吸收活动停止，冬肥主要施用腐熟堆沤的有机肥和磷肥，一般每亩（每 667 平方米）施用量为 4 ~5 吨。有的蚕区利用大量的河塘淤泥等土杂肥也很好，其他季节的水肥管理与正常桑树管理相同。施好冬肥对桑树来年全年生长都有良好的影响，这是改造低

产桑树的重要技术措施。

第七节　桑树病虫害综合防治

一、昭通市主要桑树病虫害及防治方法

1. 桑朱砂叶螨（红蜘蛛）

（1）为害状、形态特征。红蜘蛛在昭通市各蚕区普遍发生。早春以越冬成虫危害正在展开的桑叶，吸食汁液。一般多沿叶脉危害，常致叶脉折断或卷缩成畸形；夏秋桑叶被害后，叶背布满丝网和脱皮壳，被害处初生半透明白斑，逐渐变黄，远看如火烧状，不久脱落，又叫火龙。

成虫体长约0.4毫米，椭圆形，橙黄色，背面隆起，腹面扁平，有足4对．卵球形，初产时透明无色，后变淡黄色。幼虫初孵化时淡黄色，有足3对，脱皮后有足4对，渐变为橙黄色。一年发生10余代。

（2）防治方法。

消灭越冬虫源。冬季彻底清除桑园内及四周杂草，是控制早春上树为害的有效措施。

药剂防治。用20%三氯杀螨醇2 000倍液、73%克螨特3 000倍喷杀，或用15%扫螨净乳油剂3 000倍喷杀；或用40%乐果乳油剂1 000倍液喷杀。

2. 桑粉虱

（1）为害状、形态特征。桑粉虱在昭通市各蚕区均有发生，在干热河谷区较为严重，群众叫它为“小白蛾”。它以幼虫吸食叶汁，被害叶出现许多褐色小斑点，并逐渐枯萎。幼虫分泌蜜汁，滴在下部叶片上，常诱发煤病。成虫体长约0.8毫米，黄色有白粉，翅2对，乳白色，有黄色脉1条，雄虫翅略透明。卵圆锥形，初产时淡黄色，后变黑褐色，有金属反光。幼虫淡黄色，近尾端背面有乳房状突起。体背盖有半透明的蜡质层。蛹扁平椭圆形，乳白色，半透明，复眼鲜红色。一年发生多代，昭通市以秋季最为严重。

（2）防治方法。网捕成虫。成虫羽化后多密集在枝条嫩叶上，可在下午3~8时用网兜捕。

冬季清除落叶，消灭越冬蛹。

药剂防治。可在孵化期用90%敌百虫、40%乐果乳剂、50%马拉松乳剂1 000倍液或者0.1~0.2波美度石灰硫黄合剂进行防治。

3. 桑蠼蚊

（1）主要为害症状。以幼虫为害桑树新梢顶芽，造成顶芽弯曲、凋萎、发

黑、脱落、枝条封顶。连续为害后，使桑树侧枝丛生，分叉较多，枝条矮短而导致桑叶减产。

（2）防治方法。

a. 翻土晒杀虫蛹：桑瘿蚊老熟后入土化蛹或休眠，此时相对喜湿怕干，在冬季和夏伐后可进行桑园翻耕，可将入土虫蛹翻出土面，经日晒雨淋及冬季的寒冻，可杀死部分虫蛹。

b. 土壤撒药：春蚕结束后结合土壤翻耕，除草施肥，对土壤撒药。是控制第一、第二代桑瘿蚊的主要措施。药剂可选用乙氯杀螟粉每亩 30～37.5 千克，拌细土 300～450 千克撒施。或 3% 甲基异硫磷颗粒剂 37.5～75 千克或 40% 甲基异硫磷乳剂 3～4.5 千克（先加少量水稀释）拌细土 600～750 千克均匀撒施桑地，1 个月后重施一次，效果更好。

c. 顶芽喷药杀幼虫：掌握各代幼虫盛孵期，对桑树枝梢顶芽喷药杀灭幼虫。每次喷药后隔 3～5 天再喷 1 次。可选用的农药有 80% 敌敌畏乳剂 1 000 倍液，或用 40% 乐果乳剂 1 000 倍液。

d. 剪侧扶壮：对被害桑树应结合夏秋蚕采叶，经常剪除侧枝，使养分集中，促进枝条向上生长，以增加条长，减少损失。

4. 根瘿蚊

为害特性：根瘿蚊把卵产在桑苗根颈部裂缝或伤口内，排出粪便造成桑树根颈皮层溃烂，严重的整株桑树死亡。

形态特点：成蚊体长 2～2.5 毫米，翅展 4.5 毫米，翅上黄色软毛密生，并具褐斑多个，后翅退化为平衡棒。卵长 0.6 毫米，长椭圆形，乳白色。末龄幼虫体长 2.5～3 毫米，蛆状，低龄幼虫白色，后为橙红色。蛹头顶红棕色；腹部橙红色至红色，翅黑褐色。生活习性年生二代，以第二代老熟幼虫在桑苗根颈部或少数筑土室越冬。翌年 3 月中旬起头运动，4 月下旬化蛹，5 月上旬成虫出现，5 月中下旬进入羽化盛期，第一代幼虫 5 月中旬始见，7 月上旬化蛹，7 月中旬羽化出第一代成虫，一直延续到 9 月下旬。第二代幼虫于 7 月中下旬出现，11 月后越冬。初孵幼虫举动迅速，孵化后马上为害，向真皮及形成层之间蛀害，幼虫老熟后在寄主四周 5 厘米以内 1～2 厘米表土下作茧或土室，化蛹在其中。

防治方法：①5 月下旬至 6 月上旬喷淋 50% 辛硫磷乳油或 40% 乐果乳油 1 000 倍液，要求把根部淋湿，可有效地防治一代幼虫。②9 月至翌年 4 月中旬用上述方法防治越冬代幼虫，防治 1 次或 2 次。③4 月中旬前培土（即化蛹之后羽化之前），增加桑树基部土层厚度，致根瘿蚊不能顺利羽化出土。

5. 地老虎（土蚕子）

（1）为害状、形态特征。为害桑树的小地老虎，黄地老虎和大地老虎又叫土蚕、夜盗虫，属鳞翅目、夜蛾科害虫。食性很杂，危害多种植物，幼虫夜间食害桑芽，3 龄后咬断幼苗嫩茎和嫩根，造成缺苗断垄现象。常见的是小地老虎，其成虫体长 16 ~ 22 毫米，展翅 40 ~ 50 毫米，翅和体呈灰褐色，前翅中部有明显的肾形斑纹，后翅灰白色。老熟幼虫头黄褐色，身躯暗褐色，体背有明显的淡色纵带，表皮粗糙。蛹红褐色或暗褐色，有尾翅两根。一般一年发生 3 ~ 5 代。

（2）防治技术。

用 90% 晶体敌百虫溶液喷杀幼龄幼虫。

清晨在被害苗附近土下捕杀幼虫。

将 50% 晶体敌百虫 50 克（1 两）对水 1 千克拌和菜叶或鲜草 10 千克，做成毒饵，诱杀幼虫。

二、主要病害防治技术

1. 断梢病

（1）主要症状。

桑椹成熟期，在新梢基部 2 ~ 3 厘米的皮层上，病初呈点斑，再变为块斑，后发展成为周斑，病斑内的木质部及皮层大部分坏死，失去输导作用，整个病斑干腐向内凹陷，遇风吹雨打、采叶挪动时从凹陷处脆断，吊挂树上，枝垂叶枯，不仅春叶歉收，对夏秋叶产量的树势都有很大影响。

（2）防治方法。

a. 摘除花椹：在盛花期摘除所有雌花（桑椹），可有效控制病害发生，取得防病增产双重功效。若桑椹变白后再摘，则防效不佳。

b. 花期喷药：盛花期喷布 70% 甲基托布津或 25% 多菌灵 1 500 倍液，对准雌花喷射，防效可达 80% 以上，错过花期喷药效果不佳。

c. 推广开雄花的品种：如合川皂角 4 号、6031、湘 7920、乐山大红皮、南 1 号等。

d. 合理采伐：重病区实行春夏轮伐。春季实行保条断尖，夏伐定芽剪定，几年一轮回。

e. 除草排湿：冬春进行深翻将菌核埋人深层土中，减少萌发侵染；合理间作，勤除杂草，保持土壤干燥，不利菌核萌发从而减少发病。

2. 桑膏药病

（1）为害症状。桑膏药病是桑树枝干常见的一种病害，病菌在主干和老枝条表面形成厚而致密的菌膜紧缠枝干，产生机械压力，严重时阻碍枝干加粗生长，部分菌丝吸取组织内的养分，致使树势衰弱，甚至引起死亡。病部菌丝密集形成圆形或者近圆形菌膜，呈栗褐色或者暗灰色，紧贴于枝干表面，好像膏药一样，桑膏药病因此而得名。

（2）防治方法。

加强桑园管理。合理排湿，使其通风透光，有利于桑树生长，而不利于病菌的环境条件。

防虫。桑膏药病常伴随着介壳虫而发生，另一方面枝干也常因害虫危害造成伤口，增加了病菌侵入的途径。休眠期可用4~5波美度的石硫合剂或者10%~20%的石灰乳涂干。

刮除菌膜。用竹片刮除菌膜和介壳虫，然后再涂抹石硫合剂或者10%的石灰乳。

3. 桑里白粉病和桑污叶病

（1）为害症状。桑里白粉病是由一种真菌引起的，这种病的病原除寄生桑树外，还能寄生危害多种阔叶树种，多发于秋季，此病在枝条中下部硬化的叶背面寄生，由下向上发展，晚秋后也能侵害上部叶片。初发病时，叶背生白粉状的圆形病斑，在叶面与病斑相对应的位置上也出现不明显的淡黄色病斑，以后逐渐扩大到整个叶背。到后期，病斑上产生黄色小粒并逐渐变成褐色或者黑色。桑污叶病在叶背产生煤灰色霉斑，两病常常混在一起，形成黑白相间的霉斑，在霉斑相应的叶片正面，也出现变色斑块。桑叶的含水量减少，叶质下降，不宜喂蚕。病菌的孢子到处飞扬，在枝条和落叶上越冬，次年随风雨传播危害。

（2）防治方法。

在落叶前，将病叶和健叶一起摘除，用作饲料或者烧毁，减少越冬菌源。

秋蚕用叶时，应尽量先采枝条下部桑叶喂蚕，以减少发病。

冬季喷洒5波美度的石硫合剂杀病菌。

白粉病发病初期可喷70%甲基托布津1 000倍液或者50%多菌灵1 000倍液，也可用2%硫酸钾或者5%多硫代钡液。污叶病发病初期，可喷200倍液的代森锌。

三、桑树病虫害综合防治

桑树病虫害的防治是一项系统工程，单独采取任何一项防治措施都只能治标，因此，采取各种措施综合使用的“预防为主，综合防治”才是最有效的防治措施。

（1）农业防治。选择针对本地病虫害特点有抗性的桑树品种；培育无病虫害桑苗，严格检疫，杜绝检疫病苗引入昭通市；加强昭通市桑园的冬翻夏耕工作，充分减少土壤中病虫害发生；加强桑园水肥管理，培育壮树，提高抗病虫害能力；合理采伐，结合冬季修枝整形，集中烧毁枯枝落叶。

（2）物理防治。一是在各个季节对一些个体较大的害虫进行人工捕捉、采摘除去具有群居性害虫的幼虫或卵块。二是采用食饵、灯光诱集、诱杀。三是利用和保护天敌生物。

（3）化学防治。一是搞好桑园病虫害预测预报。二是严格按照不同时期、不同病虫害、不同药剂等要求，搞好化学药物防治。

第八节　家蚕的生理特性

现行家蚕品种都是四眠5龄，1～3龄蚕称小蚕（稚蚕），4～5龄蚕称大蚕（壮蚕）。其生理特性如下。

（1）小蚕对高温多湿的适应性比大蚕强，对二氧化碳的抵抗力比大蚕强。有小蚕靠“火”养的说法，因此，小蚕可以薄膜覆盖育或密闭育，以保持蚕座温、湿度。

（2）小蚕生长发育比大蚕快，小蚕期需给予营养丰富，新鲜成熟一致的桑叶才能满足迅速生长的需要；小蚕口器嫩，忌用老叶和萎凋桑叶。

（3）小蚕体皮通透性好，对有毒气体和病原体的抵抗力比大蚕弱。所以，小蚕饲养要严格消毒防病，所谓“养好小蚕七成收”，其意义就是小蚕无病健康，大蚕丰收在望。养蚕场所周围，应严禁有毒、有害物质污染。

（4）小蚕期的移动范围比大蚕小，饲养上要切叶给桑，便于桑儿就食。

（5）小蚕有趋光性、趋密性和逸散性。蚕室光线要求明暗均匀，防止蚕儿密集拥挤，食桑不足，发育不齐。

（6）小蚕期眠起比大蚕期快而齐，眠起技术处理要及时。

（7）大蚕对高温多湿环境抵抗力弱，若饲养环境高温多湿，则有害大蚕生理，易诱发各种蚕病。

（8）大蚕食桑量多，排泄物多，会形成蚕座多湿、空气污浊，有碍蚕儿呼吸，影响 蚕体健康，应加强通风透气。有大蚕靠“风”养的说法。

（9）大蚕绢丝腺成长快，应充分饱食，5龄中后期给予营养丰富的桑叶，对发挥多丝量蚕品种的经济性能十分有利。

（10）大蚕期劳力集中，物资耗费大，大蚕用桑量占全龄用桑量的85%以上，劳力和养蚕设备占70%以上。在饲养前要做好计划安排。

（11）龄期经过1龄3～4天，其中，眠20～24小时；2龄2～3天，其中，眠20～22小时；3龄3～4天，其中，眠24小时；4龄4～6天，其中，眠40～

50 小时；5 龄 7 ~ 10 天。全龄经过 24 ~ 28 天。

第九节　养蚕前的准备

一、蚕需物资

（1）蚕室。每张蚕种需要 10 平方米左右蚕室面积，蚕室的宽度最好为 4.5 米。朝向为南，以南偏西 8° ~ 12°，太阳从房顶走过为好。蚕室要求四周开阔、空气新鲜、有天花板、对流窗、三合土、六面光，由于昭通市很多地区昼夜温差大，蚕室应建“地火龙”，作为升温、补湿设施。

（2）贮桑室（缸）。小蚕用水缸贮桑，底上装一盆清水，上面放蔑折，折上放叶，缸口用清洁湿布盖上；大蚕贮桑最好用洗净消过毒的打斗（即农村打谷用的拌桶）贮桑。桑叶上面用水洗净后，消过毒的薄膜覆盖。每次喂蚕后，桑叶要翻松。如无打斗，可在靠近蚕室的阴凉高燥处打一地窑，作贮桑用，也可在靠近蚕室的另一间房内，经消毒后用作贮桑。切忌蚕室内或蚕架下贮桑。

（3）养蚕用具。每张蚕种需省力化蚕台 10 ~ 15 台，每台长 2.5 米，宽 1.2 米。

（4）蚕网。每张蚕种需小蚕网 15 张，蚕台网 20 ~ 30 张。

（5）每张蚕种需干湿温度计 1 支。

（6）消毒药物。漂白粉 2.0 ~ 3.0 千克或其他消毒剂若干，鲜石灰（生石灰）25 ~ 30 千克、硫黄 0.5 千克。

（7）焦糠。糠壳用锅炒，炒成黑黄各半的花糠，每张蚕需 5 ~ 10 千克，用作隔沙除湿，也可用草木灰 7 份对鲜石灰粉 3 份（三七灰）可纯鲜石灰粉。

（8）每张蚕需蚕筷 10 双，鹅毛或公鸡翅毛或鸭翅毛少许。

（9）专用喷雾器一台。

（10）切桑刀一把。

（11）新鲜桑叶 500 ~ 600 千克。

二、养蚕前消毒

消毒步骤：

（1）打扫、清洗和刮地。把蚕具从室内搬出，将蚕室及周围环境打扫净，清理的垃圾集中处理，最好远离蚕室作堆肥。蚕室及周围环境，凡能用水洗的地方，都要用水冲刷干净。蚕室（如是地面）和周围的泥土地面刮去一层表土

（约1厘米厚），垫上干净新土。刮出的旧土不宜倒在蚕室及桑园附近，应深埋或制作堆肥。

（2）用生石灰浆刷白，刷墙壁用20%的生石灰浆，地面天花板周围用2%~5%石灰浆喷雾。养蚕前7~10天进行。

（3）蚕箔、蚕杆、蚕架，采桑筐等用流动的清水清洗后，再用2%~5%生石灰水浸1天（第1天下午浸，第2天捞出），捞出用太阳光暴晒2天。

（4）蚕室、蚕具消毒。蚕室清洗完毕后，将浸渍消毒过的蚕具搬入蚕室内，搭好蚕架，用含有效氯1%的消毒液均匀喷布蚕室蚕具，用药量为每平方米用药液225毫升，喷药后密闭保湿30分钟以上。密闭性好的蚕室，可用含2%福尔马林和1%新鲜石灰的消毒液进行消毒，消毒时保持温度24℃以上，密闭24小时。

（5）蚕筷煮半小时，鹅毛或鸡、鸭毛，用蒸气蒸，100℃蒸1小时。塑料蚕网用1%有效氯漂白粉浸1小时，用清水清洗后晾干。麻线蚕网用沸水煮1小时，晾干备用。

（6）贮桑用具。贮桑缸用来配漂白粉时，可一同消毒，打斗（拌桶）清洗后，再用1%有效氯漂白粉喷湿。贮桑室或贮桑窑也要用1%有效氯漂白粉喷湿。

（7）熏烟消毒。在喷洒消毒结束后，收蚁前进行熏烟消毒。消毒时，门窗、缝隙要糊好，同时进行补湿、升温，用足药量，保证熏烟时间。

第十节　小蚕共育

小蚕共育是目前昭通市大力推广的技术，由于小蚕的抗逆能力差，对环境条件要求高，养蚕技术水平要求也高，一般农户的养蚕条件很难达到要求。因此，将小蚕集中在能满足小蚕生理要求的小蚕共育室，由技术水平较好的人员进行专门饲养，能为大蚕饲养奠定强健的基础，使养蚕获得丰产丰收，增加蚕业经济效益。为了达到上述目的，共育室必须专门修建，并配备专用蚕具和加温、补湿设施。

一、补催青

蚕种进共育室前2小时，要将室内温度升到22℃以上，蚕种领回后，将散卵平摊在下垫红纸、上垫白纸的蚕盒里，每盒平摊种15盒左右，铺卵厚度以不超过2粒为度，摊好卵以后上面用白纸盖（注意：白纸的糙面向蚕卵方），上面再用红纸覆盖，上面再盖上蚕盒，蚕盒上面用打湿青（黑）布覆盖，以保持蚕盒内绝对黑暗。

蚕室温度逐渐升高，每小时升高0.5～1℃，最后升高到25.5°C（78 ℉）为止，相对湿度85%（干湿差1.5℃）。进行黑暗保护。如没有地火龙升温条件的，也可用电饭煲等其他加热设施加温补湿。

二、感光

当蚕种黑暗保护到48小时左右时，可以用红灯（电筒上蒙红纸）检查，当蚕卵全部转色成青色时，就在第二天早上5:00打开蚕室内的电灯，揭开蚕卵上的覆盖物，只保留蚕卵上的一层白纸，进行感光。

三、收蚁

早上8:00点开始收蚁。感光3小时左右，这时蚁蚕基本孵化，并附着在白纸上。这时轻轻把白纸揭起，用鹅毛将白纸上的蚁蚕打落在蚁台上（蚕盒上垫一张6丝厚的薄膜即成），并把白纸重新盖在蚕卵上，这样通过几次提、收蚁蚕后，蚁蚕就会收起来绝大部分，最后的蚁蚕可以在白纸上撒上桑叶，以提高蚁蚕的附着率。把打落在收蚁台上的蚕儿，用鹅毛收集在一起，然后根据要求的蚁量进行称量，一般每个蚕盒称蚁3克（蚕盒规格为80厘米×100厘米）放在蚕盒垫纸上，用防僵粉（小蚕用2%有效氯，即：50克漂白粉对0.6千克生石灰粉混匀）或石灰粉，进行蚁体消毒，消毒后再撒一层焦糠，焦糠撒后再撒呼出桑（小方块叶），最后将蚕座定成26.7厘米×26.7厘米，然后给第一次桑，给桑厚度1.5层。未孵化的蚕卵继续黑暗，第二天再收蚁。

四、养蚕的温、湿度调节

家蚕是变温动物，蚕室内的温度、湿度必须按照符合它生长发育的最适温、湿度进行调节。

一至二龄（龄期经过6～7天）26～28℃（80～82 ℉），干湿差0.5～1℃。

三龄（龄期经过4～5天）25～26℃，干湿差1.0～1.5℃。

五、采叶标准

采叶一般在早晨和傍晚进行，天气干旱时以早晨采为主。采回的桑叶应立即放入贮桑缸中贮存。大蚕用叶，采回后放入贮桑室或桶内。各龄期采叶标准如下：

收蚁时采叶要求黄中带绿，以黄为主，叶位从顶端由上而下的第二至三叶。

1 龄蚕采叶要求嫩绿色，叶位从顶端由上而下的第三至四叶。

2 龄蚕采叶要求叶色将转浓绿色，叶位从顶端由上而下的第四至五叶。

3 龄蚕采叶要求叶色浓绿色，叶位从顶端由上而下的第五叶或者三眼叶。

六、给桑

（1）切叶大小。1 ~3 龄起蚕切叶标准，切桑大小以蚕体长的 1.5 ~2 倍见方为标准，一定要切成方块叶，3 龄饷食后可切成条叶或裂叶。4 龄后可以给全叶。

（2）给桑量。每天喂 3 次，早上 8：00、下午 4：00、晚上 11：00（小蚕进行专业化共育时，温湿度满足标准时，可实行一日两回育或三回育）。给桑应掌握适量，既使蚕儿充分饱食，又不使残桑过多。

（3）给桑方法。共育必须有严格的消毒、防病制度。蚕室门口应撒上鲜石灰粉，禁止无关人员进入共育室，进入蚕室要踏灰入室，切桑、给桑时应先用肥皂洗手，即：做到踏灰入室，洗手给桑。给桑要求均匀迅速，小蚕期在给桑前应做好扩座、匀座、整座工作，使蚕座上蚕儿的分布均匀，趋光性和趋密性强的品种尤其应做好匀座整座工作。

七、扩座的基本方法

1. 各龄蚕座的适当面积

以 1 张蚕种（10 克标准蚁量计），收蚁当天蚕座面积为 0.15 ~0.17 平方米，1 龄蚕座面积为 0.8 ~0.9 平方米，2 龄蚕座面积为 2.0 ~2.2 平方米，3 龄蚕座面积为 5.0 ~5.2 平方米。

2. 扩座的方法

随着蚕儿的生长发育，蚕体面积不断增长，从收蚁到 5 龄蚕体面积增长 500 多倍，体重增加 1 万倍，丝腺增重 16 万倍。必须及时扩大蚕座，才能使蚕儿正常食桑、行动。生产实践中小蚕期从收蚁后的每天上午给桑前都要进行扩座、匀座。方法是用蚕筷、鹅毛或者鸡、鸭毛把桑叶连蚕一同向四周扩大到预定面积，并将密集的蚕均匀分散，匀座扩座完毕后再一同给桑。扩座后的蚕座标准以小蚕能打转，大蚕能弯腰为度。

八、除沙

1. 除沙的概念

蚕座上堆积的残桑和蚕粪等混合物，叫蚕沙。除去蚕沙的操作叫除沙。蚕沙堆积在蚕座中，病原容易繁殖蔓延，影响蚕座清洁干燥。因此，按时除沙，不仅保持蚕座卫生，也是饲养过程中的重要保健措施。

2. 除沙的方法

除沙应用蚕网除沙，可以减少蚕儿遗失，也不损伤蚕体。

1 龄不除沙。2 龄起除、眠除各一次。3 龄起、中、眠除各一次。

九、眠起处理

1. 眠前处理

（1）适时加眠网。一龄不除沙（防止蚕遗失），入眠时前，把桑沙摊薄，扩大蚕座，蚕的头数放稀，多撒焦糠。二三龄蚕见少数蚕色由青转白，体壁紧张发亮略呈透明的将眠蚕出现时，要加眠网，减少给桑量。4 龄（四眠）的特点是眠性慢，眠起容易不齐，加眠网稍偏迟，当发现箔内有个别眠蚕时，才加网（头昂起，头脑部出现三角形，即为眠蚕）。

（2）饱食就眠。各龄蚕儿过了盛食期后，食桑逐渐减少，体壁紧张而发亮，这是就眠的前兆，称为将眠蚕。在此期间，必须注意饱食，蓄积足够营养，以备眠中及蜕皮时的消耗，给桑时要处处给到，但要控制给桑量。

（3）提青。在一个群体中，由于雌雄不同，给桑不匀，桑叶老嫩不一，蚕头稀密不匀等原因，个体之间发育不可能完全一致，在就眠不齐的情况下，应把迟眠蚕（俗称青头）和眠蚕分开，把青头蚕提出来这一操作过程称为提青。具体做法是：在蚕座上撒焦糠（或其他干燥材料）加网给长条叶提青，提出的迟眠蚕应放在温度较高处，给予良桑，促其就眠，但个别迟眠小蚕，体质虚弱蚕应予淘汰。

2. 眠中保护

眠中保护是指从停食到饷食前这段时间的环境保护。在正常的温度条件下。眠中保护温度可比饲育期降低 1°C，眠中前期（停食后到出现起蚕前），干湿差 2～3°C，蚕座中要多撒干燥材料（鲜石灰和焦糠）。同时应揭去薄膜等覆盖物。眠中后期（开始蜕皮至饷食前）避免过干，要适当补湿，干湿度差保持 1.5～2℃，促使蚕子顺利脱皮。眠中光线稍暗而均匀，防止日光直射和强风直吹蚕座，并应保持安静防止振动。

3. 饷食

各龄蚕在蜕皮后的第一次给桑称饷食，一般蚕儿在蜕皮后经 2～3 小时开始有食欲。饷食适期，主要依据蚕的头部色泽和食欲来决定，起蚕头部由刚蜕皮时的灰白色变成淡褐色，再转为黑褐色。当头部呈灰白色时口器嫩，尚无食欲不宜饷食。否则会引起消化吸收不良，并使蚕发育不齐。通常在大多数起蚕头部呈淡褐色，头胸昂起并左右摆动，显示求食状态时为饷食适期。为了使蚕发育齐一，一般在提好青的基础上，尽量做到起齐饷食（迟饷食）。饷食用桑，要求新鲜（用现采回的鲜叶饷食）适熟稍偏嫩。给桑量要适当控制，一般饷食第一次给予前龄盛食期最大给桑量的80%，掌握食尽为好。利用眠前早止桑，起蚕迟饷食把蚕子的生长发育调节整齐一致。做到眠前吃饱，减少遗失蚕，保护蚕头，这是高产的基础。

十、蚕体蚕座消毒防病

1. 防僵粉配制

小蚕50克漂白粉加0.6千克鲜石灰混匀（2%有效氯），大蚕50克漂白粉加0.4千克鲜石灰混匀（3%有效氯）。配成的防僵粉应密封塑料袋内保存。

2. 消毒次数

收蚁撒防僵粉一次，各龄期蚕撒防僵粉一次，1~3龄隔一天蚕座上撒一次鲜石灰粉。共育室蚕体蚕座消毒，一般在每天早上给桑前半小时，打开门窗，揭开薄膜换气，然后再进行消毒，以在蚕座上撒成一层薄霜为宜。在2龄、3龄起蚕、饷食前用硫黄进行一次熏烟。

附：家蚕饲育标准表

小蚕平面一日二回育饲育标准（10克蚁量）

各龄目的温湿度	日顺	给桑 回数	给桑 时刻	给桑 量（千克）	一日桑量（千克）	切桑分寸（厘米×厘米）	蚕座面积（平方米）	技术处理要点
1龄26.5~28.0℃干湿差0.5~1.0	1	1	8：00	0.10	0.25	2.5×0.5	0.24	7：00~8：00收蚁撒防僵粉、加网、1小时后室座
		2	20：00	0.15	0.55		0.34	扩座、匀座、撒焦糠石灰、给桑
	2	3	8：00	0.25			0.61	扩座、匀座、撒焦糠石灰、给桑
		4	20：00	0.30	0.60		0.88	扩座、匀座、撒焦糠石灰、给桑
	3	5	8：00	0.30				给桑、约10：00见眠
		6	20：00	0.30				给桑、眠中降温0.5~1.0℃、不盖、不补湿
	合计				1.40			

续表

各龄目的温湿度	日顺	给桑			一日桑量（千克）	切桑分寸（厘米×厘米）	蚕座面积（平方米）	技术处理要点
		回数	时刻	量（千克）				
2龄26.5～28.0℃干湿差0.5～1.0	1	1	18：00	0.35	0.35		0.89	约18：00饷食：防僵粉、加分匾网、饷食
	2	2	8：00	0.70	1.50	4×0.7	1.74	撒石灰焦糠、给桑起除分匾扩座、匀座
		3	20：00	0.80				匀座、给桑
	3	4	8：00	0.80	1.60		1.76	扩座、撒石灰焦糠、给桑
		5	20：00	0.80				约20：00见眠、匀座、给桑
	4	6	8：00	0.15	0.15			提青、撒石灰焦糠、止桑眠中降温0.5～1.0℃不补湿、不盖，换气1～2次
	合计				3.60			
3龄25.0～26.0℃干湿差1.0～2.0	1	1	21：00	1.20	1.2	粗切		约21：00饷食、撒防僵粉加网
	2	2	8：00	1.80	1.2		2.64	给桑起除、分蚕
		3	发蚕					
本表各项技术指标是以春蚕为例、因蚕品种不同、温度、湿度等情况，在饲育中可以适当调整给桑面积和蚕座面积								

小蚕期各龄用叶标准

龄 别	叶色	叶位
收蚁当时	绿中带黄	芽梢顶端由上而下第二至第三位叶
1龄	将转嫩绿色	芽梢顶端由上而下第三至四页或止芯芽顶叶
2龄	刚呈浓绿色	芽梢顶端由上而下第五至六页或止芯芽顶叶
3龄	浓绿色	止芯芽叶（三眼叶）

第十一节　大蚕饲养（蚕台育）

大蚕省力化饲育解决了劳动力、蚕室蚕具不足的矛盾，达到省工、省力、省桑叶、省蚕室、蚕具、降低成本、通风透气、排湿防病、提高产量的目的。

大蚕省力化饲育常用的有室外蚕台育、地面育两种形式，这里重点介绍蚕台育。

一、制作方法

1. 室外蚕台育

地点选择在屋檐下的阶沿上或室外易守护不当日晒的竹林或树林的空隙地搭建蚕台。

室外简易活动蚕台的制作：10 克蚁（一张种）做 4 个蚕架（蚕架可用木料制作或用 6 分水管和扣件制作，也可用硬头黄竹子搭建）、床笆蔑折 40 平方米。蚕架宽 1.3 米，高 1.7 米，长度因地势而定，一般每盒蚕种需 40 平方米，第一层与第二层间距 0.65 米、第二层与第三层间距 0.3 米、第三与第四层间距 0.65 米，距地 0.10 米，共 4 层。床笆篾折每块做成 1.3 米 ×1 米，共做 30 块，依次放在蚕架上即可。蚕架顶上搭盖稻草或者树叶遮阴避雨，蚕架四周也可用稻草稀缝草帘围上，以防鸟食蚕儿。

2. 移动式蚕台的制作

床笆蔑折的制作与简易活动蚕台的制作相同，只是蚕架制作方法不同，一般每层蚕台有效长、宽要达到 2.5 米 ×1.2 米，蚕台两端用绳子和铁环套吊在室内天花板的预制板上当蚕架，形成每层蚕台可以上下移动，其层数可因房屋高低和养蚕操作方便与否而定。其优点在于充分利用空间，不占地方，一般一张蚕种需要蚕台 13 层，蚕座面积 40 平方米，蚕台上放透气编织布即可养蚕。

二、地面育

（1）地点选择。选择没有放过农药、化肥等有害物资的地面，要求地势高、干燥、通风良好的房屋或阶沿上，将地面全面消毒后，铺一层稻草节，上面撒鲜石灰即可养蚕。

（2）放置方法。一种是厢条状，宽 1.5 米，中间留 0.4 米的操作道；第二种是满地放蚕，不留操作道，养蚕操作时搭跳板。

三、饲养技术处理

（1）一般春蚕期，在蚕儿养到四龄起蚕时，可将蚕儿直接放在蚕台上饲育，夏、秋蚕期是蚕儿从共育室领回即可放入蚕台进行饲育；地面饲育时可稍晚点进行。

（2）初上蚕台或下地的蚕儿应稀放于蚕座中央，以后随着给桑逐步向四周扩座，盛食期达到本龄最大蚕座面积。

（3）给桑方法是将桑叶按食桑量直接铺在蚕台或地面上即可，但要特别注意桑叶保鲜，夏秋蚕期，如遇极高温、干燥天气时，在中午可以给蚕座的桑叶上喷水保鲜。

（4）眠期处理。大蚕饲育的眠期处理很关键，一是要坚持做到早止桑、迟饷食；二是要严格分批提青；三是要坚决淘汰迟眠蚕和问题蚕；四是要严格保持温湿度。

（5）除沙方法。室外蚕台育、地面育一般不除沙，但在四五龄起必须除沙一次，每天早上给桑前应撒鲜石灰粉或草节隔沙除湿。

（6）注意遮阳防雨，防强风直吹。

（7）防治病虫害方法。

①坚持每天在蚕座上撒1~2次鲜石灰。

②加强蝇蛆病防治：在4龄的第2、第4天和5龄的第2、第4、第6天，熟蚕分别用灭蚕蝇500倍液添食或300倍液喷体，防蝇蛆为害。

③防蚂蚁危害，可在蚕座四周或蚕台下撒石灰粉或室外蚕台四周撒5%的氯丹粉（注意避免蚕中毒）。

④采取相应措施防止家禽、老鼠危害。

第十二节　上簇采茧（纸板方格簇自动上簇技术）

一、捆扎方法

将两只簇片的短边框按同向收拢的方向用麻绳捆扎4处连结，两根1.3~1.4米长的小竹竿（或木棒）结扎（6处）在两只簇片的长边框上即成一副“搁挂式双联方格簇”，每张蚕种需要准备75~80副双联簇片。

二、上簇架绑搭

在蚕儿有5%的熟蚕时，提前搭好簇架。即：蚕台育的，先将第四层和第二层的蚕儿合并到第三层和第一层，在第二层和第四层下，顺蚕台吊两根竹子，上面挂方格簇，其高度以方格簇刚好接触蚕儿为宜；如是活动蚕台的，则将双数层的蚕儿合并到单数层，再将两层的高度调到让方格簇能接触到蚕儿的高度；如是在地面育的，则将蚕儿集中，在蚕儿的上方搭支架，顺蚕儿分布议程，架两根相距1.2米左右的竹竿，其高度也以方格簇能接触蚕儿为宜。

三、上簇

在5% ~10%的熟蚕时，添食脱皮激素，每张用药1支对水2千克，喷水20千克桑叶，添食或喷体灭蚕蝇一次，喂足桑叶后，将方格簇分别挂在竹竿上，每联方格簇相距15厘米，并让方格簇的下边接触蚕儿。这时的熟蚕儿便自己向上爬行，寻找营茧的地方，等90%以上的蚕儿都爬上后，就将方格簇提升离开蚕台，根据季节，进行1~3次翻簇，捉去浮蚕另上即可，如还有青蚕，可捉去另养。当蚕儿排完尿液，基本上都入格营茧时，将方格簇下的蚕粪等除尽，清理干净蚕室、打开门窗，保持室内空气新鲜、干燥。

第一次使用的新簇片有异味，蚕子容易跌落。可在使用前用刷子蘸新鲜桑叶搓揉汁液洒在簇片上，经摊晒后使用能提高进孔率。此外，在上簇时可适当增加蚕头数，以孔格数的100% ~105%为宜。

四、簇中管理

1. 保持光线均匀

熟蚕有背光性，易向暗的方向密集。为提高熟蚕进孔率，上簇后簇室门窗应遮光，保持光线暗淡均匀。

2. 加强通风排湿

由于方格簇是立体上簇，单位空间里的熟蚕头数多，排出的蚕尿蚕粪也多，因此，在蚕茧基本形成后应及时打开门窗通风排湿，保持簇室清洁干燥。

3. 温度调节

上簇后，簇室温度以掌握在24~25℃为宜，气温低于22℃时要用微火多处加温，但应做好防火工作。

4. 采茧，售茧

采茧适期一般春蚕、晚秋蚕上簇后8天，夏秋蚕7天。必须化蛹后才采茧，绝不可采毛脚茧和嫩蛹茧。采茧时应注意先上先采，采茧方法：先选除烂茧、薄皮茧，拣出双宫茧后用手指或木棒将茧顶出孔外，并将不同类型的蚕茧，分别盛放，分别出售。售茧时要用稀眼竹筐盛装，中间插排气筒，轻装快运。

5. 簇片消毒与收藏

采茧后将双联簇片在干竹片或木柴烧的明火（不能用稻草或麦草，因火太大，容易烧坏方格簇）上来回烤几下，烧去浮丝，再用福尔马林熏蒸消毒后，在日光下曝晒（不能用其他水剂药物消毒）。捆扎收藏，并用干净薄膜袋装好，平放在干燥的地方贮藏为宜，勿使簇片直立，更不能受潮发霉，以防簇片变形受损，影响使用寿命。

第十三节 蚕后消毒

一、病死蚕的处理

病死蚕应在5% ~10%的石灰浆中浸泡24小时以上深埋，严禁饲喂家禽或到处乱丢。

二、蚕沙处理

蚕沙要堆放在远离蚕室和桑园的坑内，发酵沤肥。严禁摊晒蚕沙。

三、养蚕后消毒

蚕期结束后，蚕室、簇室、蚕具及周围环境先进行喷雾消毒（方法同养蚕前消毒），消毒后再进行清洗。洗净晒干的蚕具，集中于蚕室，待下次养蚕时再用。

第十四节 蚕病防治

一、病毒病

昭通市常见的主要是血液型脓病和中肠型脓病。

血液型脓病（NPV）又称脓病：是昭通市养蚕生产中常发生的主要病毒病之一，具有强烈的传染性，当蚕子感病后，小蚕一般3 ~4天就发病死亡，壮蚕经4 ~6天就发病死亡，温度高则病程到时候短、发病更快。其病是体色乳白，体躯肿胀，狂躁爬行，体壁易破。大蚕常爬行到蚕箔边缘坠地流出乳白色脓汁而死。出现高节蚕、脓蚕、黑气门蚕、黑斑蚕。不同的发病时期也有所差异，还有不眠蚕、起缩蚕等。本病以撞伤感染为主要途径，也有食下感染的。

中肠型脓病（CPV）：该病的主要特点是病势缓慢，病程长，病蚕可以带病维持相当长的时间。蚕得病后发育缓慢，体驱瘦小，食桑与行动不活泼，常呆伏于蚕座或残桑中。群体发育大小开差悬殊，甚至龄期也有差异。大蚕期发病，由于消化道内空虚，呈空头状。主要表现有空头、起缩、下痢和群体发育不整齐等。此外，还有缩小、吐液、下痢等病症，严重时排出的粪便有乳白色，肛门附近有乳白色黏液。撕破病蚕背面的体壁，可见中肠后端有乳白色褶皱，随着病势的发展而愈加显著，极易识别。本病主要是通过食下传染，病毒或多角体随桑叶一起被蚕食下后，经碱性消化液的作用使多角体溶解释放出病毒粒子，而侵入中肠上皮细胞而发病。

二、细菌病

（1）细菌性败血病。家蚕幼虫、蛹、蛾都有可能感染细菌面发生败血病，因感染时期不同其病症也不一样。引起败血病的细菌种类很多，但一般都是首先停止食桑、体躯挺伸、行动呆滞或静伏于蚕座。接着胸部膨大，腹部各环节收缩，少量吐液排软粪或念珠状粪。最后痉挛侧倒而死。蚕死后因感染细菌不同，其症状也不同。

黑胸败血病，蚕死后不久，首先胸部背面或腹部 1～3 环节出现绿色尸斑，并很快扩展变黑，最后全身腐烂，流出黑褐色污液。

青头败血病，胸部背面出现绿色尸斑，尸斑下出现气泡，但不变黑。

灵菌败血病，病蚕死后变色较慢，体驱稍有缩短，并有褐色小斑点，随着尸体组织离解液化而渐变成红色，最后流出红色污液。

（2）细菌性中毒病。是家蚕食下苏芸金杆菌及其变种所产生的毒素而引起的，以大蚕期较多。有急性和慢性两种。

急性中毒症状　蚕儿食下大量毒素后，经数 10 分钟中毒死亡。表现为突然停止食桑，前半身抬起，胸部膨胀呈不安状，有痉挛性颤动，体躯麻痹；进而失去抓着力，尾足向同内卷缩。尾部萎缩翘起，头部缩入呈钩嘴状，横卧死于蚕座。

慢性中毒症状　蚕儿食下少量毒素，经 2～3 天后，逐渐表现为食欲减退，发育迟缓，进而呈现空头，下痢，肌肉松弛，麻痹侧卧而死。尸体从胸腹交界处开始变色腐烂，最后流出黑褐色污液。

（3）细菌性肠道病。本病症状与中肠性脓病相似，一般表现为食桑缓慢、不活泼，体躯瘦小，蚕体软弱，发育不齐，排不整形粪或软粪、稀粪至污液。还表现有起缩蚕、空头蚕、下痢蚕等症状。但在淘汰病蚕、添食抗生素后，病情有明显好转，即为本病。

三、真菌病（以白僵病为例）

本病是家蚕白僵菌孢子从体壁侵入蚕体发育而引发的蚕病。

白僵病感病初，外观与健康蚕无异，随着程度发展就出现油渍状病斑或褐斑，不久蚕儿食欲急剧丧失，伴有下痢、吐液现象，很快死亡。初死时蚕体伸展，体躯松弛，经1~2天，气门、口器及节间膜处等首先长出菌丝，最后被菌丝和分生孢子所覆盖。

此外还有绿僵病、黄僵病、曲霉病，病蚕死后都会变硬。

四、蝇蛆病及其防治

蝇蛆病是由多化性蚕蛆蝇产卵于寄生于蚕体皮肤上引起的。家蚕从3~5龄及上簇时期均可被蚕蝇蛆寄生危害。最明显是寄生部位黑褐色喇叭状病斑，初时较小，后逐步增大颜色逐渐变黑而死。5龄蚕被寄生后，往往有早熟现象，始熟蚕被寄生的几率最高，一般不能结茧或结薄皮茧，因不能化蛹而死于茧中，形成死笼茧。

多化性蚕蛆蝇，一年可发生很多代。在晴天10：00至16：00活动最盛，产卵最多，一只母蝇可产卵400~500粒。母蝇在一条蚕上多产卵2~3粒，大都产于蚕体环节间膜处。蝇卵孵化成蛆，进入蚕体寄生。

防治方法：将灭蚕蝇乳剂1毫升或药片1片（捣碎），加水0.5千克，均匀喷洒在5千克桑叶上，带湿喂蚕，一次吃完，或对水0.3千克喷雾在蚕体上。体喷或添食灭蚕蝇是在4龄第2天和第4天各用1次，5龄第2、第4、第6天和熟蚕时各用1次。

五、农药中毒症

中毒症状　大多蚕儿中毒都有兴奋、痉挛、麻痹和死亡几个阶段。一旦食下就表现为举动异常，如乱爬、打滚、摆头，接着大量吐液。麻痹后大多身体弯曲拒不食桑、胸部略膨胀，静伏蚕座、吐乱丝等。这样均可疑为农药中毒。

有机膦农药中毒（敌敌畏、敌百虫、乐果、甲胺膦等）：蚕中毒后停止食桑、有向四周乱爬等避忌反应，继头部收缩，胸部膨大，痉挛，吐液，有时污染全身，排不正形粪或带红色污染，最后麻痹倒卧于蚕座，并有脱肛现象。

有机氮农药中毒（杀虫双、杀虫脒等）：杀虫双中毒表现为麻痹瘫痪症状，静伏于蚕座，不食不动，体色不变，但背脉管仍有搏动，不吐液，逐渐死亡。杀虫脒中毒则是表现为兴奋、避忌、拒食桑叶，向四周爬散乱吐丝等现象，以后慢慢死去。轻症者仍能生存，或吐丝结茧。

烟草中毒：潜伏期短，麻痹期长。初期胸部膨大，头部及第一胸节紧缩，前半身昂起并向后弯曲，吐液，排念珠状粪或软粪；以后进入麻痹期，吐出大量黄褐色肠液，腹足失去把持力而倒卧于蚕座。轻者如即时发现，立即除沙，移至通风处，喂以新鲜桑叶，完全可以复苏。

除虫菊酯类中毒：中毒初期，蚕头、胸略举，胸部膨大，尾部缩小，继而痉挛，头部及尾部向后面弯曲，几乎可以互碰；不定期表现乱爬现象，腹足失去把持力，翻滚仰卧，临死前口吐肠液，胸腹部弯曲似螺旋状蜷曲而死。

六、蚕病综合防治技术措施

蚕病防治必须坚持“预防为主，综合防治，防重于治”的方针。严格病原体扩散传播。及时处理蚕沙、病蚕和旧簇等污染物。同时消毒、控制和消灭病原。严格执行消毒防病卫生制度，及时防治桑园害虫杜绝交叉感染。加强桑园管理，提高桑叶质量，增强蚕儿体质。实行叶面消毒，减少病原食下感染。加强不良气象环境调节和饲养管理，减少发病几率。

1. 病毒病的防治技术措施

（1）严格做到蚕前蚕后彻底消毒。

（2）严格分批提青，加强饲养管理，增强蚕儿体质。确保桑叶适熟新鲜、营养充分；为蚕儿生长发育创造良好的气候，做好眠起处理，使蚕儿发育齐一，增强抗病能力。技术处理做到“轻、精、细”防止蚕体创伤。

（3）做好桑园病虫害防治工作，杜绝野外昆虫病毒病引起的交叉感染。

2. 细菌病的防治技术措施

（1）做好蚕室、蚕具的消毒工作；持蚕室、贮桑室、蚕座、蚕具、养蚕用水清洁卫生；加强蚕体蚕座消毒；加强桑叶的缸、运、贮管理，保证桑叶质量，严禁饲喂蒸热发酵的桑叶。

（2）操作细致，防止创伤感染，蚕头疏密适当，提倡蚕网除沙。

（3）注重气象调节，增强蚕儿体质，小蚕良桑饱食、大蚕通风排湿。

（4）做好桑园除虫工作，减少传染源。

（5）添食抗生素，从3龄起蚕、各龄盛食期和老熟蚕前各添食一次蚕用红霉素或其他蚕用抗生素。发病时可以8小时一次，一天3次。

3. 真菌病的防治技术措施

（1）做好蚕期的蚕室蚕具消毒工作，消毒后要开窗排湿，同时做好蚁蚕和各龄易感期的防病工作。

（2）控制好蚕室内的温度、湿度，注重蚕室的通风换气，勤除沙，多用吸湿材料。

（3）正确处理病蚕和蚕沙，蚕沙要集中堆放，腐熟后才能施入桑园，病蚕要放入消毒缸，集中深埋。蚕区禁止使用白僵菌等生物农药。

（4）做好桑园除虫工作，消灭传染源，防止交叉感染。

4. 农药中毒的预防和处理

（1）防止桑叶、蚕室、蚕具、养蚕人员被农药污染。

（2）始终坚持试喂。

（3）掌握常用农药的残效期，防止误食。

一旦发现，立即打开门窗，通风换气；座内立即撒隔离材料，即时加网除沙，隔离毒物，将中毒蚕放有通风处，添食新鲜无毒桑叶。烟草中毒的蚕儿不要轻易倒掉。被污染的蚕具要立即更换，用碱水洗涤、日晒后再用。

附 A、B（略）

附 A：

1. 桑树部分病虫害防治指标
2. 常用桑药防治对象及使用方法
3. 桑园常用病虫害防治药剂对家蚕的叶部残毒期
4. 部分桑园病虫害防治年历

附 B：

1. 常用蚕室蚕具消毒药剂及其使用方法
2. 常用蚕体蚕座消毒药剂及其使用方法
3. 常用家蚕细菌病治疗药剂及使用方法

第九章　魔芋栽培技术*

第一节　概述

一、魔芋的定义

魔芋，中国古名蒟蒻，天南星科魔芋属，多年生林下草本植物。是唯一大量含有葡甘聚糖的植物，葡甘聚糖是一种高分子多糖，具有水溶、增稠、稳定、悬浮、胶凝、黏结等多种理化性状，在食品、医药、化工、石油、纺织、轻工等方面有重要而广泛的用途，被喻为21世纪朝阳产业。魔芋适宜于山区种植，经济价值较高。昭通是云南省魔芋主产区、适宜区，在昭通大面积栽培的魔芋品种主要有花魔芋和白魔芋。栽培面积约占全省的40%，面积大、产量高，还是全国品质最好的优质金江白魔芋（葡甘聚糖含量高达74.04%远远高于国家一级≥68%的标准）原产地。

二、魔芋的生长习性

（一）温度

魔芋是一种喜温暖、忌高温的作物，对温度的变化较为敏感，温度的高低直接影响其生长发育。在魔芋栽培生长季节内（4～11月），日平均气温低于12.5℃或高于30℃的地方，都不适宜种植魔芋；日平均气温在12.5～30℃的地区，适于发展魔芋生产，其中，日平均气温在17.5～25℃的地区，最适合魔芋生长。

（二）光照

魔芋为半阴性植物，光饱和点仅是水稻的一半，为（2～2.3）$\times 10^4$ 勒，最忌强烈持久的阳光直射，日照越强病害越重，因此，魔芋植株正常生长需要荫蔽，但光照太弱产量不高。这与魔芋原产于热带茂密森林所形成的特性有关。

---

* 本章编写人：昭通市农业科学院　王芳荣　赵洁　普春

栽培上应适当遮阳，荫蔽度的选择因环境而异，通常采用与高秆作物如树木、玉米、高粱、葵花等间套作。温度较高（25℃以上）、日照时间较长而强的地方应达到60% ~90%的荫蔽度；日照时间较短而弱、温度又较低的地方采用40% ~60%的荫蔽度；日照差的地方，不必进行荫蔽处理。

（三）水分

魔芋喜湿润怕渍，生长季节内需雨水均匀充沛，生长前期和球茎膨大期，需要较高湿度的土壤环境，以75%左右的含水量为佳，湿度过高，土壤通气性降低，不利于球茎的膨大。9月中下旬后的生长后期，要适当控制水分，土壤含水量应由75%降到60%，以利于球茎内营养物质的积累。

（四）土壤

适宜土壤为土层深厚、质地疏松、富含有机质的棕壤土或黄棕壤、紫红壤。花魔芋最适pH值为6.5 ~7.0、白魔芋为7.0 ~7.5。

（五）养分

魔芋在整个生长发育期需肥习性为：钾肥最多、氮肥次之、磷肥最少。一般比例为氮：磷：钾 =6：1：8。生长前期需肥少，换头后需肥大（每亩需施纯氮7千克、五氧化二磷3千克、氧化钾10千克）。实际生产中要多用腐熟有机肥做底肥。

（六）茬口

魔芋最忌重茬。同一块地连续种植2 ~3年后，必须轮作换茬，最好水旱轮作。切忌与茄科（马铃薯、烤烟、辣椒、番茄、茄子等）、十字花科（白菜萝卜、油菜等）植物轮作或间套作[1]。

第二节　花魔芋栽培技术

一、花魔芋栽培地选择与整地

（一）选地

在昭通市，花魔芋宜选择在海拔800 ~2 200米山峦互相遮挡或树木遮阴、湿度较高、地势稍倾斜的背风地带种植。要求：未栽过魔芋或栽过魔芋但发病轻或不发病且连续种植魔芋不超过三年、前作非茄科和十字花科的地块，土层耕作层30厘米以上，质地疏松肥沃、富含有机质、透气、保水、保肥、排水良好的轻质沙壤土；环境温度要求5～10月平均气温不低于14℃，7～8月平均最高气温不超过31℃或短暂超过；空气湿度在80%～85%，7～9月降水量在200毫米以上。

（二）整地消毒

冬前深耕炕土，春后深耕细耙，捡净杂草。耙地前亩用50～100千克生石灰和1 000千克草木灰均匀撒施后再耙入土壤中。

二、种芋准备

（一）建立优质种芋繁殖基地

每300亩商品芋基地在其中按4∶1的面积比例，建立一个优质种芋繁殖基地，确保种芋的质和量。切忌大规模、远距离异地调种；避免造成种芋机械损伤。

（二）种芋贮藏

1. 室内贮藏

当年收获商品芋时250克以下的留做种芋，种芋要消毒处理后再贮藏以减少种芋的病源菌含量。

贮藏程序：反复晾晒至表皮木栓化→在干燥之处预贮藏3～4天降低水分含量→熏蒸→拌种→贮藏。

熏蒸：种芋用网袋装好平放入筒状农用薄膜（长6～7米，放300～500千克种芋）中，两端用高锰酸钾与甲醛混合反应的气体进行熏蒸。方法是：先放500毫升甲醛在较大的陶瓷或不锈钢等耐高温的器皿（器皿与薄膜间垫一块砖块）中，再倒入250克高锰酸钾（两端同时操作），迅速扎好两端口，60小时后取出。

拌种：用1∶1的草木灰和生石灰混合物拌种。

贮藏：将种芋大小分级后用干沙分层贮藏或芽眼向下置于架空的篱笆或竹席上。

2. 种植地越冬贮藏

在昭通花魔芋可以在种植地里越冬。为了减少种芋在搬运过程中的机械损伤，种芋繁殖地我们主张采用在种植地越冬贮藏。

在种植地越冬的种芋，当年倒苗后及时用锄头把魔芋茎秆留下的洞用土填实，防止雨水进入把种芋冻坏，再在上面种植绿肥保温、肥地；第二年播种前挖出就地晒种至表皮木栓化再搬运、处理。

（三）播种前的种芋处理

为了杀灭种芋上的病原菌；切断病原菌传播渠道和浸染通道。播种前种芋作如下处理。

室内贮藏种芋处理程序：精选→太阳暴晒 1 ~2 天→药剂消毒→包衣。

种植地越冬种芋处理程序：选晴天和土壤干燥时挖收→就地反复晾晒至表皮木栓化→精选→按上述方法熏蒸→药剂消毒→包衣。

精选：选择圆形或鸡蛋形，薯形端正，饱满、充实无损伤、无病虫害的球茎，芽窝小而浅，顶芽粗壮，块茎上部有 1 圈折断或脱落须根的痕迹，下部和底面光滑，无须根。要求：无皱裂，无疤痕，无伤烂。选 50 ~250 克用作商品芋生产，芋鞭或 50 克以下种龄短的芋球作种芋繁殖。

药剂消毒：用农用链霉素 72%（1000 万单位）每包（15 克）对水 30 千克液反复均匀地喷洒在种芋上（地上不能集水），晾干。

包衣：用爆石灰膏 30%、黏土 30%、草木灰近 40%、硫磺 0.5%、三氯均三嗪 0.1%、多菌灵 0.1% 混合制成细粉，调成浆。把处理好的种芋浸没在调好的浆（包衣剂）中，1 ~5 分钟取出晾干，使包衣剂牢固地包裹在种芋上备用。

三、播种

（一）播种时间

播种时间：平均气温回升至 12 ~14℃、最低气温大于 10℃时进行。昭通市一般在 3 月中旬至 4 月中旬播种，海拔较高、纬度偏北的地方在 4 月中下旬播种，即谷雨节气以后。冬季无霜冻或霜冻轻的低山地区可以冬播。

（二）播种密度、遮阴

种芋必须大小分级，好坏分开播种。密度一般控制在定型后的叶片互相重叠约 1/3 为好。种芋越大，株行距就大，密度愈小，反之亦然。一般情况行距为种魔芋横径的 8 倍，株距为种芋横径的 6 倍（表 9 -1）。

表 9 -1 花魔芋植规格表

<table>
<tr><th>种芋单个重（克）</th><th>种植规格（株×距）（厘米）</th><th>备注</th></tr>
<tr><td>100 ~ 250</td><td>（20 ~30）×30</td><td>商品芋生产</td></tr>
<tr><td>>50</td><td>10×20</td><td rowspan="2">种芋繁殖、条播</td></tr>
<tr><td>芋鞭（根茎）</td><td>5×10</td></tr>
</table>

要求：一是平地或缓坡地必须起垄种植。二是必须遮阴套间种。与玉米套种的种植规格为：玉米小行距40厘米，株距25厘米，双行定向播种，魔芋距玉米40厘米。光照强的地方，魔芋：玉米=4∶2套种；一般的地方，魔芋：玉米=6∶2套种；光照弱的地方，魔芋：玉米=6∶1。

(三) 播种深度

魔芋播种深度15～20厘米为宜，土质偏黏和阴坡地种浅些，种大的略深，种小的略浅。商品魔芋生产播种略浅，种芋繁殖的播种深度25厘米左右。

(四) 施肥种植

魔芋施肥上遵循"三结合三为主"的方法：缓效肥与速效肥相结合，以缓效肥为主；有机肥与无机肥相结合，以有机肥为主；底肥与追肥相结合，以基肥为主。

底肥每亩用量为：腐熟的农家肥1 500千克（必须腐熟），硫酸钾20千克（不能用氯化钾），钙镁磷肥40千克，15∶15∶15三元复合肥50千克。确保魔芋前期生长快，中期稳得住，后期不早衰。

与玉米套种的播种程序：按1.7米（4∶2）或2.3米（6∶2）的幅合带划线开沟，幅合带间开宽40厘米，深30厘米的沟；在魔芋种植厢面上开宽20～30的播种沟，播种沟的一边施农家肥、化肥和复合肥，另一边播种，种芋不与肥料接触；种芋的顶芽以45°斜放于播种沟以免芽窝积水，并防止新芋底部皮层龟裂和腐烂，斜坡地则顶芽向上，第二沟的土盖在第一沟上，厚6～9厘米；定向湿直播玉米。

(五) 覆盖

最后厢面上用无霉烂的干稻草或麦草或山间干松毛等覆盖5～10厘米（以不见土为宜），以保水保苗。

四、田间管理

(一) 追肥

在施足底肥的前提下，在魔芋出苗开始展叶封行前小雨天（约6月中下旬）追施一次三元复合肥，每亩15千克。8月下旬至9月上旬进行叶面施肥一次：1背桶喷雾器中（10～15千克水）加入150克磷酸二氢钾、50克尿素、100克白糖、30克15%的多效唑（一定要注意多效唑的有效含量）。叶面追肥也可与防治魔芋病虫害药剂混配施用，喷施时叶面叶背都应均匀喷撒，切忌在施药过程中对魔芋造成机械损伤。切忌泼浇未腐熟的人粪尿或畜禽粪便。

（二）除草、培土、洁园

除草：魔芋属浅根系，根群平行分布于土壤上层，锄头容易伤根，只宜手工拔草，应在草还幼小时就拔出，除草时注意不要伤到魔芋的根、叶。杂草繁生的地块尽量压低杂草基数，在春季整地后播种前，用除草剂百草枯20%水剂每公顷3～6千克加50%莠去律水剂3～8千克喷雾土壤，出苗前一周再用41%草甘膦水剂（不能含有其他除草剂成分）100毫升对水15千克喷雾，彻底清除杂草。

洁园：在魔芋生长过程中，必须保持魔芋田间清洁卫生，对于魔芋病残体要及时清除干净，特别是要注意剔除魔芋“中心病株”，发现“中心病株”后及时连球茎和周边病土一起带出深埋或烧毁，在病株穴内用生石灰进行撒施或灌蔸消毒处理。

培土：魔芋出苗后，封行前，结合除草、施肥进行培土，将不畅的垄沟理通畅，沟浅的要挖深，要求沟底部必须低于播种种芋的位置，达到排水、保墒、增气、防病、增产的目的。

魔芋散叶后除必要的农事操作外，人或动物切忌在魔芋种植地活动。

五、病虫害防治

（一）病害防治

病害发生是魔芋减产的最主要原因，魔芋栽培应以防病丰产为中心，按照预防为主综合防治的植保方针，运用农业防治和化学防治相结合的办法，才能达到丰产的目的。

魔芋病害主要有：软腐病和白绢病。软腐病是魔芋第一大病害，属于细菌性病害，发病率一般为15%左右，高的可达30%～50%，局部地区或多雨季节发病率可高达80%以上，甚至绝收。魔芋的收成在很大程度上取决于魔芋软腐病的发病情况。另外还有白绢病、根腐病、枯萎病等真菌性病害。

1. 农业措施

一是选用抗病或耐病品种（当前较抗病魔芋品种有楚魔花一号），并精选优质无病种芋；二是强化种芋安全贮藏和播种时种芋药剂消毒处理；三是实行轮作换茬及间套种制度；四是严格土壤消毒处理；五是增施钾肥，控制氮肥，施用完全腐熟的农家肥；六是高垄栽培、雨后及时排出渍水；七是清洁田园，及时清除病体残株；八是平时尽量不要进入魔芋种植区，注意防止牲口进入魔芋种植区，避免人为传播病菌。

2. 化学措施

软腐病：对初发病株，可用500倍链霉素液混合合氟啶胺1 000倍液灌根。

控制不住最好还是连病土一起挖走，烧毁或深埋。魔芋生长期从 6 月初出苗开始，每隔 7 ~ 10 天，就用 77% 可杀得湿性粉剂 1000 倍与 72% 农用硫酸链霉素可湿 400 倍混合液植株喷雾。根据病情发展，施药时间截止到 8 月底。

白绢病：从 7 月底起用井冈霉素防治 4 次，每次间隔 7 天。

根腐病：用 70% 的甲基托布津可湿性粉剂喷洒叶柄基部，7 天 1 次。

3. 生物措施

针对软腐病，每桶水对软腐菌克 2 包喷 500 株魔芋，喷灌时卸掉喷头后沿魔芋茎秆基部周围喷匀。分别在出苗期 6 月初、换头期 7 月中旬和膨大期 8 月中旬各喷一次。注意：由于软腐菌克是活菌，不但不能与杀菌药剂混用，而且杀菌剂与生物菌的使用时间必须间隔 3 天以上。其次，最好选择田间湿度较大的时机使用生物防治。

（二）虫害防治

主要虫害有：甘薯天蛾、豆天蛾、斜纹夜蛾等。

甘薯天蛾、斜纹夜蛾：3 龄前幼虫用 50% 辛硫磷乳剂 1 000 倍液，或用 20% 杀灭菊酯 2 000 倍液。3 龄以上的幼虫在上述药剂基础上添加阿维菌素。蚜虫：及时喷洒 10% 吡虫啉可湿性粉剂 500 倍液、20% 灭多威乳油 1500 倍液。喷雾时添加一定量的洗衣粉效果会更好。

蛴螬：整地时用 80% 的敌百虫可湿性粉剂，每亩 0.5 ~ 1 千克，制成毒土施入。幼虫危害期用 50% 辛硫磷乳剂，每公顷 250 ~ 350 克拌细土 10 ~ 15 千克，撒于播种穴或沟施于根际。可以平均 20 ~ 30 亩挂一盏灯黑光灯诱杀成虫。

注意：药剂防治叶面喷雾时间——选晴天无风的上午 9：00 ~ 12：00 和下午 15：00 ~ 18：00 叶面喷雾。特别注意抓住雨后天晴及时喷药，杀死雨水飞溅传播到魔芋植株表面的病原菌。

六、收挖

确定魔芋收挖最佳时期：随机选择 10 株魔芋挖开观察，离球茎基部 5 厘米处叶柄上硬下软，用手拔即可拔掉叶柄，且脱落处光滑，则表明魔芋成熟，否则表明魔芋未完全成熟。若上述预选 10 株植株绝大多数均已成熟，则可以收挖了，昭通市魔芋的收挖期一般在霜降前后，掌握 70% 的植株倒苗后 15 天收挖为好。选晴天和土壤干燥时收挖较好。

收挖时从地边一角顺着魔芋行小心开挖，轻拿轻放。收获时注意精选抗病优良种芋，并将种芋与商品芋分开放置，且注意将大球茎、根状茎（芋鞭）及带病、带伤芋分开。挖收后的芋球 250 克以上的作为商品芋及时销售或加工，250 克以下的留作为种芋，室内贮藏。

第三节 白魔芋栽培技术*

一、整地

（一）精细整地

入冬前深翻土地冬炕，耕深30~40厘米。播种前10天；进行第二次耕耙，将土块耙细、整平，拣净杂草。

（二）土壤消毒

结合播种前的耕耙，每公顷用硫磺粉37.5千克拌草木灰1 500千克，均匀撒在待耕地上，然后耕耙整平。

二、草料、农家肥准备

（一）草、肥筹备

魔芋种植每公顷分别准备腐熟优质农家肥15 000千克、草（玉米秆、油菜秆或易腐熟的山草）15 000千克、450千克含硫酸钾或750千克复合肥料。

（二）草、肥处理

将准备好的草平铺晒干，用多菌灵（800倍液）或生石灰水（1 000倍液）均匀浇洒消毒。将准备好的腐熟优质农家肥提前1~2周翻晒晾干并整细。草、肥分别分散成小堆，堆放在整好的魔芋播种地。

三、种芋准备

（一）种芋选择

选择圆形或鸡蛋形，薯型端正，皮色嫩黄、光滑、无损伤、无病虫害的一、二龄球茎为种芋，种芋的顶芽应粗壮饱满、芽窝小而浅。

（二）种芋贮藏

1. 种芋干燥

种芋可通过自然日光晾晒，使其减少30%~40%的水分后进行贮藏。

---

* 摘自昭通市地方农业规范《永善县无公害白魔芋栽培技术规程》

2. 烟熏

选择通风透气良好，能进行烟熏操作的竹楼，先在楼上放5厘米左右干草，将种芋堆放在干草上，堆放厚度不超过15厘米。

或在通风透气良好的房间内，用木棒或竹竿作支架，竹蔑作材料，搭建贮种架，第一层高度距地面升火点1米以上，以上层级高度50厘米为宜，可搭建2~5层，具体层数根据可使用空间确定，每层存放种芋不超过15厘米。

3. 贮藏期管理

贮藏期如出现冰雪天气，则在种芋四周覆盖干草；温度低于5℃以下要昼夜生火烟熏。

四、播种

（一）种芋消毒

在播种前5天，取出贮藏种芋，剔除霉烂种芋后，用1 000万单位农用硫酸链霉素（72%可溶性粉剂）每14克对水30千克，均匀喷雾在种芋表面，并晾干备用。

（二）播种时间

气温回升到12℃以上即可，农时节令以清明至谷雨节令为最佳播种期。

（三）种植密度

播种时种芋需大小分级，好坏分开。以种芋横径的4倍为株距，6倍为行距，确定种植间距。如种植区域为南向斜坡或低海拔处，可适当缩小株行距，增加密度；相反处于高寒地区，日照较少，宜扩大株行距，减少密度。

（四）用种量

每公顷用种3 750~9 000千克（见表9－2）。

表9－2　魔芋用种量表

种芋单个重（克）	种植规格（株行距厘米）	用种量（千克/公顷）
30以下	10×15	3 750~4 500
30~50	20×30	4 500~6 000
50~100	30×30	6 000~7 500
100~150	30×40	7 500~9 000
芋　鞭	5×10	4 500~6 000

（五）种植方式

1. 高厢垄作净种

在海拔较高、气候潮湿、遮阴较好的平地或缓坡地。采用200厘米开厢，厢间预留宽40厘米深30厘米的排水沟。将厢面表层土移开（20厘米厚），厢面上均匀铺垫一层宽170厘米，厚度5厘米左右的草料，在草料上均匀泼洒一次清粪水，每公顷撒上生石灰150千克，覆一层细土（以完全遮盖草料为宜），再按相应的株行距摆放种芋，种芋放好后再铺一层草料和腐熟农家肥，厚5～10厘米，均匀撒施上硫酸钾肥或复合肥，最后覆土5～10厘米，整平厢面，清理排水沟。

2. 与玉米套种，厢式沟播

在海拔较低、气候干燥、遮阴较差的平地或缓坡地。采用200厘米的播幅，南北方向开厢，魔芋种植区170厘米。东西向开沟种植，第一轮种植先打一排“草肥沟”，沟宽15～30厘米，沟深20厘米，先草后肥，将草肥均匀地在沟内铺垫一层，厚度10厘米为宜，随后再打“播种沟”，沟宽10～20厘米，沟深15厘米，同时翻出来的土盖在草肥沟上，厚度约3厘米，在播种沟内按照相应的株距在靠近草肥沟一侧摆放种芋，覆一层细土盖住种芋，再均匀撒施上农家肥和硫酸钾肥或复合肥，完成第一轮种植。第二轮种植的草肥沟泥土覆盖在第一轮播种沟，以此类推，完成种植。魔芋种植结束后，在留下的30厘米厢面，按照小行距20厘米，株距20～40厘米错窝直播两行玉米。

3. 林芋套种

魔芋与果树或其他经济林木套种，以高厢垄作方式，植于林下。

五、田间管理

（一）除草

播种后在魔芋出苗前进行第一次人工除草。魔芋展叶后进行第二次人工除草。

（二）培土

魔芋将要展叶时，取沟中泥土向厢上培土5～8厘米，同时整理厢沟。

（三）追肥

幼苗出土展叶30%，每公顷施清粪水4 500～6 000千克，苗棵长势较弱的可加磷酸二氢钾30～45千克，对水2～3倍浇灌或叶面喷施，亦可施用容大丰叶面肥、夏氏兰得营养液等。若底肥充足，苗棵长势健壮的则不必追肥。

（四）浇水排水

天气比较干旱时，可早晚浇水以使土壤湿润为宜，忌大水漫灌；雨水充足时要及时清沟排水。

六、病虫害防治

（一）主要病虫害

魔芋软腐病、魔芋白绢病、甘薯天蛾或豆天蛾的幼虫。

（二）防治原则

贯彻“综合防治，预防为主”的方针，坚持“农业、物理、生物防治为主，化学防治、生态控制相结合”的无公害防治原则。

（三）农业防治措施

（1）选择无病菌和未受伤的1龄或2龄种。

（2）选择无软腐病、白绢病病源菌的土地。

（3）实行轮作。

（4）及时清除病株及残体，并深埋或烧毁；清除杂草，保持田园清洁。

（5）每公顷用硫磺粉22.5～37.5千克拌细土750～2 250千克撒于厢面，并浅锄。

（6）魔芋生长过程中，除了必要的农事活动，人和动物不要进入魔芋种植地。

（四）化学防治措施

1. 要求

抓住病虫害发生最佳防治时期，选用高效、低毒、低残留农药进行防治，不得使用国家禁止使用的农药。同一种农药每季使用不超过3次。

2. 软腐病防治

魔芋展叶90%时用1 000万单位农用硫酸链霉素（72%可溶性粉剂）1 000～2 000倍液喷雾，连用2～3次，每次间隔7～10天。

3. 白绢病防治

使用农用硫酸链霉素后7～10天，用井冈霉素A（15%可溶性粉剂）1 000～1 500倍液喷雾（或与最后一次农用硫酸链霉素混合），连用1～2次，每次间隔7～10天。

4. 虫害防治

甘薯天蛾和豆天蛾的幼虫（俗称猪儿虫）取食魔芋叶片，虫口密度不大，一般每公顷在300头以下，可实行人工捕杀控制。虫口密度过高时用90%敌百虫晶体800倍液喷雾杀灭幼虫。

七、收挖

立冬节令后为采收最佳时期。魔芋地上部分倒苗死亡（俗称消苗）是成熟的重要标志（病株除外），宜在魔芋植株消苗20天后收挖，选择晴天和土壤干燥时收挖，先收商品芋后收种芋。

参考文献

[1] 周燚，孙正祥，鲁红学，等．魔芋抗病种植新技术．北京：化学工业出版社，2013.
[2]《楚雄州花魔芋优质丰产栽培主要技术》.

感谢大关县农技中心、镇雄县农业局经作站在撰写工作中给出了许多建议。

第十章　辣椒高产栽培技术*

第一节　品种选择

选择抗病虫、抗逆能力强、商品性好、栽培季节及栽培方式相适应的辣椒品种，推选杂交一代品种，如昭椒 2 号、京塔、湘研 12 号等。

第二节　种子处理

温汤浸种：选择籽粒饱满、纯度和发芽率高的辣椒种子进行温汤浸种，先用冷水预浸泡 5 ~ 6 小时，再放入 55℃热水中搅拌浸种 10 ~ 15 分钟，迅速转移到冷水中浸泡 3 小时左右即可播种。

药剂处理：也可以将预浸过的辣椒种子用 10% 磷酸三钠溶液浸种 15 分钟（预防辣椒病毒病）和 1% 的硫酸铜溶液浸种 20 分钟（预防辣椒炭疽病），洗净种子方可播种。

第三节　育　苗

一、播种时期

大棚栽培于 2 月上旬在大棚内加小拱棚育苗；露地栽培 3 月中旬播种，露地用小拱棚育苗。

二、苗床准备

整地：深耕翻晒后，平整土地，清除杂草、枯枝残茬等。

理厢：厢面宽 80 厘米，两厢间走道宽 40 厘米。厢高 30 厘米，宜理成中部微凸、两边略低的瓦背形。

药土配制：每 10 平方米苗床用细土 150 千克、腐熟农家肥 50 千克、普钙 1

---

* 本章编写人：昭通市农业科学院　蔡荣靖

千克、复合肥0.5千克，然后再加入50%多菌灵可湿性粉剂100克，土、肥、药充分混匀，均匀撒于苗床上，与床土混匀。

三、播种

苗床育苗：用喷壶喷洒厢面，浇透水，避免大水冲击苗床。每平方米苗床用种量5克（每亩大田需播种50～70克）。均匀撒播，播种后用上述配制好的药土覆盖，厚度为1厘米左右。再用喷壶适量浇水，最后用无纺布均匀覆盖苗床保湿。

穴盘育苗：有条件的地区可采用穴盘育苗，穴盘采用50穴育苗盘，穴盘装满辣椒专用育苗基质后浇透水，每穴播2粒辣椒种子，用无纺布均匀覆盖保湿。

第四节 苗期管理

肥水管理：苗期水管理以湿为主，干湿结合，晴天每天早、晚用喷壶浇清水一次为宜。苗期肥管理以控为主，促控结合。幼苗2～3片真叶时用0.2%的磷酸二氢钾进行叶面喷施1～2次或用0.3%尿素液叶面喷用1～2次，每7～10天进行一次。秧苗黄瘦时，结合灌水每平方米追施尿素10克。

苗期病虫防治：齐苗后5～7天用58%甲霜灵锰锌500倍液或30%恶霉灵1 500倍喷雾一次，用药后一周再喷雾一次。

第五节 大田栽培管理技术

选地：要求地势平缓、排灌便利、当阳、土层深厚、土壤疏松、肥力 中等以上、3年以上未种植过茄科类作物的地块，以偏沙性的沙壤土、壤土最适，避免黏性或沙性过重的土壤。

整地：翻地晒垡7～10天，深度30厘米。种前3～5天碎垡，平整土地，清除杂草、枯枝残茬等；每亩施农家肥2 000千克、过磷酸钙50千克，复合肥25千克，深翻30厘米，耙细整平。做到表土细碎、厢平床净、沟直沟空。

理厢：110厘米下线，厢面宽80厘米，厢高30厘米，宜理成中部微凸、两边略低的瓦背形，沟宽40厘米。地膜覆盖栽培的：在厢面铺盖黑色地膜，地膜略宽于厢面，四周用土压实。

移栽时间：大棚栽培的在3月中下旬移栽，露地栽培的在4月下旬至5月初定植。

栽培方法：每墒栽两行，株距35厘米，小行距40厘米，大行70厘米，沟宽30厘米采用丁字形栽培，视土壤肥力情况，每亩种植2 800～3 800塘。用尖铲或点锄打穴5厘米深（地膜覆盖栽培的直接按规格在地膜上打好孔穴），每塘（穴）种植2株，开穴栽下，覆土适当压紧，浇足定根水。间隔约几小时后，在定植穴表面再覆一层干细土，这样既保证了土壤湿度，又使得干土易于吸收太阳热力，提高地温，促进缓苗。选择晴天傍晚或阴天移栽，切忌雨天移栽。移栽苗要求健壮、无病，并做到大、小苗分开移栽，移栽要求秧苗子叶与塘表面相平，移栽后及时浇透定根水。移栽成活后对缺苗应尽早补齐，保证田间植株长势整齐。

第六节　大田日常管理

施肥：移栽成活后早施催苗肥，每亩可用沼气液1 000千克对水浇施，或用8～10千克尿素对水浇施，促进幼苗早生快发。门椒成熟时，以促枝攻果为主，每亩追施尿素10～15千克，硫酸钾肥5～8千克。盛果期，如果苗弱、苗衰，再按上述用量追肥1～2次。门椒成熟到盛果期进行同时进行根外叶面追肥1～2次。花期和果实膨大期采收用以0.3%磷酸二氢钾、0.2%硼砂溶液进行叶面喷雾，以促进后期果实的生长。提倡施用辣椒专用肥。

灌水：结合土壤墒情每10～15天灌一次水。果实膨大期要适当增加灌水次数，灌水深度到厢面2/3处即可，切记不能让水漫过厢面，灌水要迅速，田间不宜长时间积水，雨季要及时排涝。

中耕除草：田间杂草要及时清除，管理上结合中耕进行，打除门椒以下的侧枝、病叶、老叶，剪掉内膛枝和老病残枝。苗期一般要连续中耕2～3次，第一次中耕在行间的浅锄深度应达4～5厘米，并要细碎土块，植株旁宜浅，避免伤根，盛花初果期用手工拢除田间杂草。

第七节　病虫害防治

1. 猝倒病

此病蔓延极为迅速，是苗期发生的主要病害。低温高湿，温度忽高忽低是导致发病的重要因素。病原菌可在土壤中长期存活并借雨水、灌水、堆肥、农具等传播。症状为幼苗茎基部初呈水浸状病斑，接着变为褐色，缢缩成为线状而引起倒伏。

防治要点：①严格进行苗床消毒。②肥料要经过高温发酵，充分腐熟。③防止床土过湿，加强通风。适当稀播，及时间苗。④加强保温工作，切忌温度忽高忽低，加强光照。⑤药剂防治：发现病株立即拔除，并用 75% 的百菌清800 ~ 1 000倍液喷洒。苗期可 10 天左右喷一次。

2. 病毒病

辣椒病毒病是连续几年来严重影响辣椒丰产的重要病害之一，其传播速度快，能同时危害叶、果实，甚至造成绝产，危害程度较为严重。受害病株一般表现为花叶、黄化、坏死和畸形等 4 种症状。有时几种症状在同株上出现或引起落叶、落花、落果，严重影响辣椒的产量。

防治要点：做好蚜虫、蓟马、烟粉虱等传媒昆虫防治的同时，用 1.5% 植病灵乳剂 1 000 倍液，隔 7 ~ 10 天喷 1 次，连喷 3 ~ 4 次。

3. 疫病

该病为造成辣椒产量下降的一个很重要的原因，常造成植株成片枯死。一般多在开花结果初期流行。病菌主要在土中及病株残体上越冬。在地势低洼地发病严重。植株染病后初期叶色变黄，接着全株枯萎，根茎表皮褐色，逐渐软而腐烂，维管束变为褐色。

防治要点：①轮作：最好进行水旱轮作，至少进行 4 年以上。②选用抗病品种：一般来说，辣椒较甜椒抗性更强。③加强苗床管理：防止湿度过大，严格苗床消毒。④适当控制 N 肥，增施 P、K 肥，必须选用经过高温发酵的腐熟农肥。⑤保持田间平整，无低洼地。进行深沟高厢栽培。⑥严禁大水漫灌，注意排水。最好采用浇水的方法。⑦避免淋雨栽或栽后就下雨。⑧选用土质肥沃的沙壤土栽培。⑨定植成活后及时追施提苗肥，及时中耕，保持植株生长健壮、增强抗病性。⑩药剂防治：发现病株立即拔除，发病初用 50% 烯酰吗啉3 000 ~ 5 000 倍、68.75% 银法利 1 000 倍液（60 ~ 75 毫升/亩）或 58% 甲霜灵锰锌 500 倍液喷雾，也可用以上药剂 1 000 ~ 1 500 倍液在病穴周围一米范围内喷洒消毒。定植前用上述药剂每亩 1 ~ 2 千克拌穴土。定植成活后约 5 天用上述药剂 1 000 ~ 1 500 倍液淋根。方法是将喷雾器头取下，将药液成股顺茎基部流下。以后可每 15 天淋一次，连续 2 ~ 3 次。杀毒矾、甲基托布津等对该病也有一定防治效果。

4. 夜蛾科害虫

用 4.5% 高效氯氰菊酯 1 000 ~ 1 500 倍、2.5% 高效氯氟氰菊酯 1 000 ~ 1 500倍、1.8% 阿维菌素 1 500 ~ 2 000 倍液或 5% 甲氨基阿维菌素苯甲酸盐 3 000 ~ 5 000 倍，要根据各种农药的特性，注意合理交替使用，延缓害虫对农药产生抗性。

5. 烟粉虱

在烟粉虱种群密度较低时早期用黄板进行色诱防治，虫口基数上来后，喷施20%啶虫脒5 000～7 000倍液、70%吡虫啉10 000～15 000倍或25%阿克泰3 000倍（10～18克/亩）交替喷雾。

6. 潜叶蝇

喷施1.8%阿维菌素1 500～2 000倍液、70%吡虫啉10 000～15 000倍或48%毒死蜱1 500～2 000倍液防治，成虫可用黄板诱杀。

7. 茶黄螨

用15%哒螨灵5 000～7 000倍或1.8%阿维菌素1 500～2 000倍液喷雾防治。

8. 蓟马

在成虫发生始盛期，挂蓝色粘虫板诱杀。发生盛期喷施20%啶虫脒5 000～7 000倍液或70%吡虫啉10 000～15 000倍防治。

第八节　采　收

采收时间：7月中旬开始，当果实不再膨大，果肉增厚，果变红时及时采收。采摘一般应在晴天的早晨或傍晚气温较低时进行，雨天、雾天或烈日曝晒天不宜采果。

采前要求：在安全间隔期内禁施相应的化学药剂，采收前15天内禁追肥，采收前1天内禁大面积浇水。

第十一章　大棚番茄栽培技术*

番茄又名西红柿、洋柿子、番柿等，起源于南美洲。番茄传入我国大约在16世纪末或17世纪初明代万历年间，也可作为观赏植物。到20世纪初，城市郊区开始有栽培食用；在我国作为蔬菜栽培的历史也仅有百年左右。

番茄为高营养蔬菜，主要食用成熟果实，每100克鲜果含水约95克，碳水化合物2.5~3.8克，蛋白质0.8~1.2克，维生素C 15~25毫克，胡萝卜素0.25~0.35毫克及多种矿质元素，番茄健脾开胃、除烦润燥，含有丰富的维生素C和类胡萝卜素。因此，番茄越来越受到人们的喜爱，需要量与日俱增。番茄是一种喜温蔬菜，最适生长发育温度为20~25℃，在10℃生长停止，-1℃植株受冻而死亡，生理最高界限温度是35℃。番茄喜阳光充足，对土壤要求不严，适应性较广，但以肥沃的壤土或沙壤土最好。

第一节　育　苗

品种选择：可根据各地消费习惯选用适宜保护地栽培的品种种植。可选用石头番茄、中杂8号、中杂9号、合作908、红玉2号、毛粉802等。

栽培季节：昭鲁坝区番茄一般一年只种一茬，可于1~2月播种育苗。因番茄生长盛期正处于云南雨季，若露地种植，病害严重，烂果多，建议搭棚进行避雨栽培，可以获得较好的经济效益。

育苗设施：根据季节不同选用温室，大棚，阳畦、温床等育苗设施，夏秋季育苗应配有防虫这样设施，有条件的可采用穴盘育苗和工厂化育苗，并对育苗设施进行消毒处理，创造适合秧苗生长发育的环境条件。

营养土配制：因地制宜选用无病虫源的田土、腐熟农家肥、草炭、垄糠灰、复合肥等，按一定比例配置营养土，要求孔隙度约60%，pH值6~7，速效磷100毫克/千克以上，速效钾100毫克/千克以上，速效氮150毫克/千克以上，疏松、保肥、保水，营养完全。将配置好的营养土均匀铺于播种床上，厚度10厘米。

---

* 本章编写人：昭通市农业科学院　蔡荣靖

播种床：按照种植计划，准备足够的播种床。每平方米播种床用福尔马林30～50毫升，加水3升，喷洒床土，用塑料薄膜闷盖3天后揭膜，待气味散尽后播种。

种子处理：播种前在纸上晒种6小时。然后用10%的磷酸三钠溶液浸种20分钟捞出后用清水洗净，再用55℃温水浸泡，并不断搅拌，温汤浸泡15分钟后，继续浸泡6～8小时，再用清水洗净黏液（防叶霉病、溃疡病、早疫病）。将处理好的种子用湿布包好，放在25～30℃条件下进行催芽，每天用清水冲洗一次，4～5天露芽即可播种。

播种量：根据种子大小及定植密度，一般每亩大田用种量20～30克，每平方米播种床播种10～15克。

播种方法：当催芽种子70%以上露白即可播种，夏秋育苗直接用消毒后种子播种。播种前交足底水，湿润至床土深10厘米。水渗下后用营养土薄撒一层，找平床面，均匀播撒种子。播后覆营养土0.8～1.0厘米。每平方米苗床再用8克50%多菌灵可湿性粉剂拌上细土，均匀薄撒于床面上，防治猝倒病。冬春床面上覆盖地膜，夏秋育苗床面覆盖遮阳网或稻草，70%幼苗顶土时撤除。

第二节　苗期管理

温度：夏秋育苗主要靠遮阳降温，冬春育苗温度管理见表。

表育苗及苗期温度管理（℃）

时期	日温	夜温	短时间夜温不低于
播种至齐苗	25～30	18～15	13
齐苗至分苗前	20～25	15～10	8
分苗至缓苗	25～30	20～15	10
缓苗后至定植前	20～25	15～10	8
定植前5～7天	15～20	10～8	5

光照：冬春育苗采用反光幕等增光措施；夏秋育苗和秋冬育苗适当遮光降温。

水分：分苗水要浇足，以后视育苗季节和墒情适当浇水。结合防病喷1 000倍百菌清或500倍代森锰锌。

分苗：当幼苗长有2～3片真叶时，要及时分苗于育苗钵中。秋季育苗的可不分苗。

水肥管理：分苗前一般不浇水，分苗缓苗后不旱不浇水，出现旱象可浇小水，定植前一周浇一次透水，以利起苗。苗期一般不追肥。

炼苗：早春育苗白天15~20℃，夜间5~10℃。夏秋育苗逐渐撤去遮阳网，适当控制水分。

第三节　定　植

整地施基肥：基肥的施用量：磷肥为总施肥量的80%以上，氮肥和钾肥为总施肥量的50%~60%。每亩施优质农家肥3 000千克以上，但最高不超过5 000千克；农家肥中的养分含量不足时用化肥补充。各地还应根据生育期长短和土壤肥力状况调整施肥量。基肥以撒施为主，深翻25~30厘米。按照当地种植习惯做畦。

棚室消毒：棚室在进行定植前要进行消毒，每亩用2 000~3 000克硫黄粉拌上锯末混均，分10处点燃，密闭一昼夜，放风无味后定植。

定植时间：昭鲁坝区可在4月下旬定值。

定植方法及密度：采用大小行栽培，覆盖地膜。根据品种特性、整枝方式、气候条件及栽培习惯，每亩定植3 000~4 000株。

第四节　田间管理

追肥：定植后10天左右追一次提苗肥，从第一序果膨大开始，每隔10~15天追肥一次，每亩施人粪尿1 500~2 000千克或尿素7.5~10千克。

灌溉：结合追肥进行浇灌，到第一穗果坐果后，开始增加灌水量，5~7天浇水一次。

中耕、除草及培土：一般应支架前，要及时中耕除草，并结合培土。支架后植株开始封行，以清沟培土为主，结合除草。

立支架与整枝：株高30厘米左右要立支架，支架多采用人字形，高1.5~2米。要及时绑蔓、整枝，整枝多用单干整枝，整枝以晴天下午进行为宜，使伤口容易愈合。当植株快长到支架顶部，应打顶摘心，以集中养分，提高上层花序坐果率。生长后期应及时摘除基部老叶、病叶，以利于通风透光，减少养分消耗和病虫害发生。

温度管理要求如下：

缓苗期：白天25~28℃，晚上不低于15℃。

开花坐果期：白天20~25℃，晚上不低于10℃。

结果期：8：00~17：00：22~26℃；17：00~22：00：13~15℃；22：00~8：00时：7~13℃。

空气湿度：根据番茄不同生育阶段对湿度的要求和控制病害的需要，最佳空气相对湿度的调控指标是缓苗期80%～90%，开花坐果期60%～70%，结果期50%～60%。生产上要通过地膜覆盖、滴灌或暗灌，通风排湿，湿度调控等措施，尽可能把棚室内的空气湿度控制在最佳指标范围。

肥水管理：采用膜下滴灌或暗灌。定植后及时浇水，3～5天后浇缓苗水。冬春季节不浇明水，土壤相对湿度冬春季节保持在60%～70%，夏秋季节保持在75%～85%。根据生育季节长短和生长状况及时追肥。扣除基肥部分后，分多次随水追肥。土壤微量元素缺乏的地区，还应针对缺素的状况增加追肥的数量和种类。

第五节　病虫防治

1. 番茄晚疫病

本病为害叶、茎和果实。在叶片上多从叶尖或叶缘开始，病斑形状不规则，周缘不明显，初呈暗绿色，水渍状，后变褐色。病斑可扩大至整个或大半个叶片，潮湿时，在病健交界处，长出一圈白色霉状物（孢子囊及孢囊梗）干燥时，病叶迅速干枯，在茎和果柄上，病斑暗褐色，稍凹陷，边缘不明显。果实病斑不规则形，褐色或黑褐色，常作云纹状向外扩展。潮湿时，病斑上长出稀疏的白色霉状物。病果质地硬实，斑面粗糙，不光滑。

防治方法：选择地势较高，不易积水的菜地种植。选种适宜本地的抗病品种。合理施肥，增施磷、钾肥。喷洒杀菌剂：80%喷克可湿性粉剂800倍液；78%科博可湿性粉剂500倍液；58%雷多米尔锰锌500倍液；75%百菌清可湿性粉剂500倍液。每10天左右喷洒1次，共2～3次。

2. 番茄早疫病

主要危害叶片，病斑圆形，近圆形，褐色至黑褐色，有同心轮纹，严重时叶片枯死。茎部多发生在分枝处，褐色，棱形或椭圆形，稍凹陷，发病严重时，引起断枝。果实病部多发生在蒂部附近和有裂缝的地方，圆形或近圆形，稍凹陷，有同心轮纹，斑面上生黑色霉状物（分生孢子及分生孢子梗）。

防治方法：加强管理，做好田间排水工作，降低湿度。合理施肥增施磷钾肥。喷洒杀菌剂：78%科博可湿性粉剂500倍液；80%喷克可湿性粉剂600倍液；75%百菌清可湿性粉剂500倍液；50%多菌灵可湿性粉剂500～1 000倍液，每10天左右喷药1次，共2～3次。

3. 棉铃虫

以老熟幼虫化蛹在土中越冬，春季羽化成蛾，在棉花或番茄嫩叶上产卵，孵化后蛀入果实为害，并可转移数果。使果实脱落，或虽不脱落，因产生蛀孔和虫粪也不能食用。一年发生几代，夏秋为害最重。

防治方法：冬耕、冬灌及田间耕作可以灭蛹，在番茄田间套作甜玉米，可诱蛾产卵，再集中消灭心叶中幼虫。利用黑光灯诱杀成虫。掌握在虫卵孵化高峰期用2.5%的溴氰菊酯加水2 000～3 000倍液或用BT乳剂250～300倍液，共1～2次。

第六节　收　获

番茄果实完全成熟后即可进行采收，采收时，应轻摘轻放，尽量防止机械损伤，采后装筐，立即运输销售。中、后期采收时，果实多在枝叶覆盖之下，要翻蔓检查采摘，翻蔓宜轻，翻后立即复还原位，以防茎叶和果实受伤。特别是中期高温季节，原受茎叶覆盖的果实，一旦直接暴晒在强烈的阳光下，就会得日烧病，不能全红，植株内部枝叶一旦翻出，受强烈日光照射后也会枯黄。

第十二章　夏大白菜无公害栽培技术*

第一节　选择优良品种

优良品种及适宜播期：可作为夏大白菜栽培的大白菜品种应具备早熟、抗病、耐湿等特点。如鲁春白一号（83－1）、夏阳包心白50天、高抗王AC－3等。山区如果没有灌溉条件，必须等到雨季到来后播种，适播期是5月下旬至8月下旬。

第二节　整地播种

选择土层深厚肥沃，保水保肥力强，不易积水的地块种植。前茬收获后及时翻耕暴晒10～15天，整地时1亩施腐熟有机肥3 000千克混匀。以1.5米宽划线开沟，做成沟深30厘米、畦面宽1.2米的规范化条畦，每条种4行，株行距40厘米×45厘米，每亩3 000～3 200塘。除深沟高畦外，还有必要挖较深的环沟，有利于雨季排水，降低土壤湿度，减少病害的发生。

施肥、播种：播前进行种子处理，可以杀死部分附在种子表面的病菌，可用热水烫种（用50～55℃的热水烫种10分钟，烫种时搅动种子）或药粉拌种（用种重4%～5%的70%百菌清、69%安克锰锌拌匀）播种前每亩塘内平均施入复合肥或普通过膦酸钙50千克，以克服长期多雨造成的缺肥，影响品质，拌匀后每穴播入5～6粒种子，细土压实，浇透水。

间苗、定苗：要早间苗晚定苗。在2～3片叶时进行第一次间苗，拔除弱苗及两叶大小不一的畸形苗，每塘留苗3～4株；5～6片叶时进行第二次间苗，每塘留苗2株；7～8片叶定苗，每穴选留一株壮苗。

第三节　田间管理

夏大白菜定苗一周后最好每亩用尿素20～25千克，钾肥10千克深施于两株之间，雨季做好排水防涝工作，及时中耕、除草，减少病虫害发生。

---

* 本章编写人：昭通市农业科学院　蔡荣靖　鲍锐

夏大白菜生长快，整个生长期短（仅 50 ~ 60 天），除施足基肥外，追肥要掌握以促为主的原则。生长前期要薄肥勤施，幼苗期隔 5 ~ 7 天浇一次稀薄肥水（10% ~ 20% 腐熟人粪尿或 0.2% 复合肥水）；莲座前期施 1 次重肥，每亩施 30 ~ 40 千克复合肥；结球前期每亩施 1 000 ~ 2 000 千克腐熟人粪尿、15 千克复合肥。肥料的施用方法可根据天气情况灵活掌握，湿度大时可在株间挖穴施入，干旱时可浇施水肥或穴施后浇水。另外，一般在莲座期和结球初期进行根外追肥补充一些微量元素，例如，0.2% 磷酸二氢钾 + 0.2% 尿素、绿色先锋、容大丰、爱多收等 2 ~ 3 次。

第四节　主要病虫害防治

化学防治时，要安全合理使用高效、低毒、低残留化学药剂，注意交替用药，合理使用，严格执行农药安全间隔期，严禁使用剧毒农药。

（一）主要病害

主要病害有根肿病、霜霉病、软腐病、病毒病等。

1. 根肿病

只危害根部，植株矮小，生长缓慢，基部叶片变黄萎蔫呈失水状，严重时枯萎死亡。主、侧根和须根形成大小不等的肿瘤。肿瘤表面开始光滑，后变粗糙，进而龟裂。

防治方法：于播种时或苗期用 75% 百菌清可湿性粉剂 1 000 倍液（15 克）或 25% 多菌灵可湿性粉剂 500 倍液（30 克），灌根 2 ~ 3 次，隔 10 天灌 1 次。

2. 霜霉病

俗称白霉病、霜叶病等，主要危害叶片。最初叶正面出现灰白色、淡黄色或黄绿色周缘不明显的病斑，后扩大为黄褐色病斑，叶背密生白色霜状霉。病斑多时相互连接，使病叶局部或整叶枯死。病株往往由外向内层干枯，严重时仅剩心叶球。

防治方法：可在发病初期用 75% 百菌清可湿性粉剂 500 倍液（30 克）；64% 瑞锰锌可湿性粉剂 500 倍液（30 克）；65% 代森锌可湿性粉剂 600 倍液（25 克）；73% 克露可湿性粉剂 500 倍液（30 克）；64% 杀毒矾可湿性粉剂 500 倍液（30 克），隔 7 ~ 10 天 1 次，连续喷 2 ~ 3 次。

3. 软腐病

多从包心期开始发病，病部软腐，有臭味。多数病株表现为初时外叶在中午萎蔫，继之叶柄基部腐烂，病叶瘫倒，露出菜球，俗称“脱帮”。也有的茎基部腐烂并延及心髓，充满黄色黏稠物。也有少数菜株外叶湿腐，干燥时烂叶干枯呈薄纸状紧裹住菜球，俗称“烧边”，或菜球内外叶良好，只是中间菜叶自边缘向内腐烂，俗称“夹心烂”。

防治方法：在发病前或发病初期选用以下药剂：72%农用硫酸链霉素可溶性粉剂3 000~4 000倍液（5克）；新植霉素4 000倍液（4克）；70%敌克松可湿性粉剂800倍液（20克）；70%代森锌可湿性粉剂500倍液（30克）；菜丰宁B 150倍液（300克）。选择以上药剂每隔7~10天喷雾1次，连续喷2~3次。注意药液喷洒到菜株根部、底部的叶柄及叶片上。

4. 病毒病

苗期被害后，叶片出现明脉和沿叶脉褪绿，任何产生花叶，叶片皱缩不平，心叶扭曲，生长缓慢，有时叶脉上产生褐色的坏死斑点或条斑，严重时，病株早期枯死。成株期被害，叶片皱缩、凹凸不平，呈黄绿相间的叶片，在叶脉上也有褐色的坏死斑点或条纹，严重时，植株停止生长，矮化，不包心，病叶僵硬扭曲皱缩成团。

防治方法：最主要杀灭传播体，比如蚜虫。发病时用20%病毒A可湿性粉剂500倍液（30克），或用1.5%植病灵乳剂1 000倍液（15毫升）喷雾防治。每隔5~7天喷一次，连续喷2~3次。

（二）主要虫害

主要虫害为菜青虫、小菜蛾、蚜虫等。使用农药防治时要选用生物农药或高效、低毒、低残留、残效期短的农药。

对菜青虫、小菜蛾、甜菜夜蛾等采用病毒如银纹夜蛾病毒（奥绿一号）、甜菜夜蛾病毒、小菜蛾病毒及白僵菌、苏云金杆菌制剂等进行生物防治；或5%定虫隆（抑太保）乳油2 500倍液喷雾、或5%氟虫脲（卡死克）1 500倍液、或50%辛硫磷1 000倍液喷雾，或齐墩螨素乳油、5%氟虫腈（锐劲特）、苦参碱、印楝素、鱼藤酮、高效氯氰菊酯、氯氟氰菊酯、联苯菊酯等喷雾进行防治，根据使用说明正确使用剂量。

蚜虫防治：在幼苗生长期，田间挂黄板，诱杀有翅蚜（可同时诱杀斑潜蝇、白粉虱），减少虫口发生量。药剂可选用50%抗蚜威2 000倍液，25%功夫2 000倍液或10%吡虫啉1 500倍液防治。

第五节 适时收获

夏大白菜生长期间气温高，虽然大部分品种的抗热性较好，管理得当均能高温结球，但随着叶球的充实，免疫力下降，抗热能力和抗病能力降低，如不及时采收，容易散球、烂球。

第十三章　重大农业有害生物防治技术

第一节　昭通市主要病虫草鼠害种类*

至2005年底，昭通市共发现农业植物有害生物（不计花椒病虫）已达1 154种，即：病害243种、虫害696种、草害47科193种、害鼠5科11属22种，绥江的黑线姬鼠属于云南省内特有的种，在昭鲁坝区优势种为齐氏姬鼠，约占75%。发现农作物害虫天敌2纲9目36科232种。

主要作物发生的主要病虫见粮食作物、经济作物的相关内容。

一、病害名录

序号	病害名	寄主	分布
1	稻瘟病	水稻	全市
2	稻叶鞘腐败病	水稻	全市
3	稻恶苗病	水稻	全市
4	稻纹枯病	水稻	全市
5	稻曲病	水稻	全市
6	稻胡麻叶斑病	水稻	全市
7	稻小球菌核病	水稻	鲁甸
8	稻窄条斑病	水稻	鲁甸
9	水稻颖枯病又称谷粒病、稻谷枯病	水稻	鲁甸
10	稻叶尖干枯病	水稻	镇雄
11	稻棉腐病	水稻	全市
12	稻霜雪病	水稻	镇雄
13	稻根结线虫病	水稻	昭阳、鲁甸、威信
14	稻干尖线虫病	水稻	昭阳、绥江、镇雄
15	水稻立枯病	水稻	昭阳、绥江
16	稻粒黑粉病	水稻	鲁甸、绥江
17	水稻褐条病	水稻	镇雄、彝良

* 本节编写人：昭通市植保植检站　宋家雄

18	水稻白叶枯病	水稻	全市
19	水稻细菌性褐斑病	水稻	昭阳、绥江、镇雄
20	水稻细菌性条斑病	水稻	巧家、镇雄、盐津、绥江
21	水稻普通矮缩病	水稻	昭阳、鲁甸、镇雄、大关
22	水稻条纹叶枯病（病毒）	水稻	巧家
23	水稻黄矮病	水稻	盐津
24	水稻赤枯病（生理病害）	水稻	全市
25	玉米大斑病	玉米	全市
26	玉米小斑病	玉米	全市
27	玉米园斑病	玉米	绥江
28	玉米褐斑病	玉米	昭阳、盐津、大关、镇雄、绥江
29	玉米基腐病	玉米	盐津、彝良、镇雄
30	玉米茎腐病	玉米	永善、镇雄
31	玉米丝黑穗病	玉米	全市
32	玉米黑粉病	玉米	全市
33	玉米干腐病	玉米	全市
34	玉米锈病	玉米	全市
35	玉米青枯病	玉米	鲁甸、巧家、盐津、镇雄、彝良
36	玉米纹枯病	玉米	盐津、镇雄、绥江
37	玉米粗缩病毒病	玉米	全市
38	玉米霜霉病	玉米	绥江（零星，0.1%以下）
39	玉米条纹毒素病	玉米	巧家
40	玉米假黑粉病	玉米	绥江
41	玉米豹纹病	玉米	镇雄
42	玉米赤霉病	玉米	镇雄
43	玉米花叶病	玉米	巧家
44	玉米链格孢菌叶枯病	玉米	昭阳（2001 年首见）
45	小麦条锈病	小麦	全市
46	小麦叶锈病	小麦	全市
47	小麦秆锈病	小麦	全市
48	黑麦锈病	黑麦	巧家、永善
49	燕麦冠锈病	燕麦	巧家、永善
50	小麦白粉病	小麦	全市
51	小麦赤霉病	小麦	绿江、镇雄、威信、水富
52	小麦霜霉病	小麦	全市
53	小麦腥黑穗病	小麦	全市

54	小麦散黑穗病	小麦	全市
55	小麦纹枯病	小麦	
56	小麦叶枯病	小麦	威信
57	小麦颖枯病	小麦	镇雄、盐津
58	小麦立枯病	小麦	镇雄
59	小麦根腐病	小麦	镇雄、永善
60	小麦黄矮病	小麦	彝良、威信
61	小麦黑点病	小麦	镇雄
62	大麦坚黑穗病	大麦	
63	大麦散黑穗病	大麦	
64	大麦条纹病	大麦	昭阳
65	燕麦散黑穗病	燕麦	昭阳、鲁甸、巧家、大关
66	豌豆白粉病	豌豆	全市
67	豌豆锈病	豌豆	大关
68	豌豆褐斑病	豌豆	全市
69	豌豆立枯病	豌豆	巧家
70	豌豆枯萎病	豌豆	鲁甸、盐津
71	豌豆花叶病	豌豆	鲁甸、盐津
72	蚕豆白粉病	蚕豆	全市
73	蚕豆锈病	蚕豆	全市
74	蚕豆赤斑病	蚕豆	全市
75	蚕豆褐斑病	蚕豆	全市
76	蚕豆轮纹病	蚕豆	全市
77	蚕豆枯萎病	蚕豆	全市
78	蚕豆花叶病	蚕豆	全市
79	蚕豆病毒病	蚕豆	巧家、永善
80	油菜霜霉病	油菜	全市
81	油菜白锈病	油菜	全市
82	油菜白粉病	油菜	全市
83	油菜菌核病	油菜	大关、镇雄、威信
84	油菜轮纹病	油菜	盐津
85	油菜黑斑病	油菜	绥江、水富
86	油菜花叶病	油菜	昭阳、镇雄、盐津、绥江、水富
87	油菜病毒病	油菜	巧家
88	花生锈病	花生	巧家、盐津、水富
89	花生茎腐病	花生	巧家
90	花生褐斑病	花生	昭阳、巧家、盐津、大关、绥江、水富
91	花生黑斑病	花生	巧家、盐津、大关、绥江
92	花生青枯病	花生	绥江

93	花生叶斑病	花生	水富
94	花生线虫病	花生	巧家
95	花生花叶病	花生	水富
96	花生根腐病	花生	巧家
97	芝麻叶枯病	芝麻	盐津
98	芝麻青枯病	芝麻	盐津
99	马铃薯瘤肿病	马铃薯	昭阳、大关、永善、彝良、镇雄、鲁甸和巧家
100	马铃薯早疫病	马铃薯	昭阳、鲁甸、盐津、大关、永善、绥江
101	马铃薯晚疫病	马铃薯、蕃茄	除水富县外，其余县均有
102	马铃薯茎基腐病	马铃薯	昭阳、镇雄、绥江
103	马铃薯疮痂病	马铃薯	昭阳、大关、威信、镇雄
104	马铃薯干腐病	马铃薯	镇雄
105	马铃薯黑胫病	马铃薯	鲁甸、镇雄、威信
106	马铃薯粉痂病	马铃薯	鲁甸、威信
107	马铃薯环腐病	马铃薯	昭阳、鲁甸、盐津、大关、威信、镇雄、巧家、彝良
108	马铃薯卷叶毒病	马铃薯	鲁甸
109	马铃薯普通花叶病	马铃薯	鲁甸、永善
110	马铃薯皱缩花叶病	马铃薯	鲁甸、巧家、威信
111	马铃薯条点病毒病	马铃薯	鲁甸、镇雄
112	马铃薯帚顶病毒	马铃薯	鲁甸
113	马铃薯纤块茎病（类病毒）	马铃薯	鲁甸
114	马铃薯青枯病	马铃薯	鲁甸、盐津、大关、威信
115	高粱坚黑穗病	高粱	巧家、盐津
116	高粱紫斑病	高粱	盐津、大关、威信、水富
117	高粱大斑病	高粱	盐津、大关、威信、水富
118	高粱紫轮病	高粱	威信
119	高粱煤纹病	高粱	威信
120	高粱炭疽病	高粱	盐津
121	高粱豹纹病	高粱	永善、威信
122	高粱褐斑病	高粱	盐津
123	高粱丝黑穗病	高粱	威信
124	大豆霜霉病	大豆	昭阳
125	大豆轮纹斑病	大豆	昭阳、大关
126	大豆褐斑病	大豆	大关、威信、水富
127	大豆灰斑病	大豆	威信
128	大豆紫斑病	大豆	盐津

129	大豆锈病	大豆	鲁甸、盐津、大关、威信、水富
130	大豆花叶病	大豆	水富
131	红豆轮纹病	红豆	昭阳、大关
132	红豆锈病	红豆	鲁甸、大关、水富
133	红豆紫斑病	红豆	水富
134	菜豆黑斑病	菜豆	鲁甸
135	菜豆炭疽病	菜豆	巧家
136	菜豆叶烧病	菜豆	鲁甸
137	绿豆褐斑病	绿豆	水富
138	绿豆锈病	绿豆	水富
139	烤烟黑茎病	烤烟	昭阳、鲁甸、巧家、镇雄、威信、绥江
140	烤烟褐斑病	烤烟	鲁甸、盐津、大关
141	烤烟蛙眼病	烤烟	鲁甸、威信
142	烤烟赤星病	烤烟	镇雄、威信
143	烤烟炭疽病	烤烟	昭阳、鲁甸、巧家、镇雄、威信
144	烤烟白粉病	烤烟	镇雄
145	烤烟立枯病	烟草	昭阳
146	烤烟角斑病	烟草	威信
147	烤烟穿水病	烟草	威信、鲁甸、镇雄
148	烤烟花叶病	烟草	昭阳、鲁甸、巧家、盐津、大关、永善、镇雄、威信
149	烤烟圈纹病	烟草	威信
150	烤烟野火病	烟草	鲁甸、盐津、镇雄、威信
151	南瓜白粉病	瓜类	全市
152	南瓜花叶病	南瓜	水富
153	黄瓜白粉病	瓜类	昭阳、绥江
154	黄瓜花叶病	黄瓜	水富
155	南瓜霜霉病	南瓜	威信
156	蕃茄青枯病	蕃茄	昭阳、鲁甸、绥江
157	蕃茄晚疫病	蕃茄、马铃薯	昭阳、鲁甸、水富
158	蕃茄早疫病	蕃茄	巧家
159	蕃茄蕨叶病	蕃茄	鲁甸
160	蕃茄花叶病	蕃茄	鲁甸
161	蕃茄毒素病	蕃茄	巧家
162	蕃茄日灼病	蕃茄	巧家
163	甜菜疫病	蕃茄、甜菜	昭阳
164	甜菜褐斑病	甜菜	昭阳
165	甜菜蛇眼病	甜菜	昭阳
166	白菜软腐病	白菜	昭阳、鲁甸、巧家、水富

167	白菜花叶病	白菜	昭阳
168	白菜霜霉病	白菜	水富
169	白菜白锈病	白菜	巧家
170	白菜毒素病	白菜	巧家
171	十字花科根肿病(1997 首见)	十字花科	昭阳区、镇雄和威信
172	茄褐纹病	茄子	鲁甸、水富
173	茄炭疽病	茄子	鲁甸
174	茄（马铃薯、辣椒、番茄、烤烟）青枯劳尔氏菌	茄科	巧家
175	莴苣霜霉病	莴苣	巧家
176	辣椒褐斑病	辣椒	昭阳、大关、威信
177	辣椒白斑病	辣椒	昭阳、威信、水富
178	辣椒炭疽病	辣椒	同上
179	辣椒青枯病	辣椒	威信、水富
180	辣椒花叶病	辣椒	水富
181	辣椒白粉病	辣椒	巧家
182	辣椒软腐病	辣椒	巧家
183	辣椒毒素病	辣椒	巧家
184	甘兰黑斑病	甘兰	威信
185	甘兰菌核病	甘兰	鲁甸
186	菠菜白锈病	菠菜	巧家
187	萝卜黑腐病	萝卜	巧家
188	葱锈病	葱	昭阳、鲁甸、巧家
189	姜腐烂病	生姜	巧家
190	大蒜锈病	大蒜	昭阳、鲁甸
191	牛皮菜蛙眼病	十字花科	水富
192	甘薯软腐病	红薯	巧家、盐津、大关、永善、水富
193	甘薯干腐病	红薯	绥江
194	甘薯灰霉病	红薯	绥江
195	甘薯黑斑病	红薯	盐津、水富
196	兰青霉	禾谷类粮粒	鲁甸
197	黑曲霉	粮食、植物产品	
198	黄曲霉	米、玉米、花生	
199	洋（红）麻炭疽病	红麻	绥江
200	竹雀巢病（病毒病）		巧家
201	甘蔗黑穗病	甘蔗	巧家、盐津、大关、永善、水富
202	甘蔗凤梨病	甘蔗	绥江

203	甘蔗赤斑病	甘蔗	绥江
204	甘蔗眼斑病	甘蔗	盐津、水富
205	甘蔗赤腐病	甘蔗	巧家、盐津、大关、永善、水富
206	甘蔗稍腐病	甘蔗	绥江
207	甘蔗毒素病	甘蔗	绥江
208	甘蔗花叶病	甘蔗	盐津、水富
209	茶叶褐斑病	茶叶	盐津
210	茶枝梢黑斑病	茶叶	盐津
211	桑树白粉病	桑	巧家
212	苹果白粉病	苹果	昭阳、鲁甸
213	苹果干腐病	苹果	昭阳、鲁甸
214	苹果灰斑病	苹果	鲁甸
215	苹果轮纹病	苹果	昭阳、鲁甸、威信
216	苹果锈果病	苹果	鲁甸
217	苹果褐斑病	苹果	鲁甸
218	苹果根腐病	苹果	鲁甸
219	苹果腐烂病	苹果	昭阳、鲁甸
220	苹果心腐病	苹果	鲁甸
221	苹果花叶病	苹果	昭阳
222	苹果缩果病（生理病）	苹果	鲁甸
223	苹果苦腐病（生理病）	苹果	巧家
224	苹果褐色园斑病	苹果	威信
225	梨黑斑病	梨	鲁甸
226	梨斑枯病	梨	威信
227	梨褐斑病	梨	鲁甸
228	梨黑星病	梨	鲁甸
229	梨锈病	梨	鲁甸
230	梨腐烂病	梨	昭阳、鲁甸
231	柑橘疮痂病	柑橘	昭阳、鲁甸
232	柑橘黑斑病	柑橘	鲁甸
233	柑橘焦腐病	柑橘	鲁甸
234	柑橘白粉病	柑橘	巧家
235	柑橘青霉病	柑橘	巧家
236	柑橘煤烟病	柑橘	水富
237	柑橘溃疡病	柑橘	绥江、水富
238	柑橘树脂病	柑橘	水富
239	柑橘炭疽病	柑橘	盐津

240	桃霉斑穿孔病	桃	威信
241	香蕉束顶病	香蕉	巧家
242	梨鲜寄生（寄生植物）	梨	巧家
243	龙眼鬼帚病	龙眼	水富（1996 年首见）

备注：原记载：水稻褐色叶枯病（学名待定），分布于彝良、威信；水稻云形病（学名待定）分布于镇雄、威信。因待订名，本书未录入。

二、害虫名录

序号	害虫名称	寄主	分布
Ⅰ昆虫纲（10 目 106 科 688 种）			
（一）鳞翅目（38 科 362 种）			
（1）夜蛾科 66 种			
1. 1	大螟	稻、蔗、玉米	全市寄主产区
2. 2	小地老虎	玉米、茄科	全市 3400 米以下
3. 3	大地老虎	玉米、茄科	全市各地零星分布
4. 4	八字老虎	玉米、茄科	全市各地零星分布
5. 5	黄老虎	玉米、茄科	全市各地零星分布
6. 6	紫切根虫	玉米、粟	昭阳
7. 7	棉铃虫	玉米、小麦、大豆、棉花	巧家、大关、绥江、彝良、威信、水富
8. 8	大棉铃虫	棉花	大关、绥江、威信
9. 9	劳氏黏虫	稻麦、玉米	全市各地
10. 10	白脉黏虫	稻麦、玉米	全市各地
11. 11	皮氏黏虫	稻麦、玉米	二半山区以下
12. 12	白缘黏虫	稻麦、玉米	全市各地
13. 13	普通黏虫	稻麦、玉米	全市各地
14. 14	稻金翅夜蛾	稻麦、亚麻	全市 1700 米以下
15. 15	毛跗夜蛾	水稻、甘蔗	绥江、大关
16. 16	鱼藤毛胫夜蛾	大豆、白藤	大关、绥江、威信、盐津
17. 17	坑翅夜蛾	大豆、甘薯	威信
18. 18	苎麻夜蛾	大豆、麻类	全市各地
19. 19	列星大螟	水稻	巧家、绥江
20. 20	禾灰翅夜蛾	水稻	全市稻区
21. 21	金翅夜蛾	甘兰	全市各地
22. 22	甘兰夜蛾	豆麦、甘兰	大关、彝良、威信
23. 23	豆长须夜蛾	大豆	大关
24. 24	藜夜蛾	大豆、胡莱	绥江

25.25	蚪目夜蛾	菝葜、牛尾菜	盐津、大关、绥江、威信、水富
26.26	玉米蛀营夜蛾	玉米	威信
27.27	剑状切根虫	玉米、蔬菜	巧家
28.28	稻螟蛉	水稻	全市水稻产区
29.29	银纹夜蛾	大豆、蔬菜	大关、绥江、威信、水富
30.30	南方银纹夜蛾	蔬菜	大关、绥江
31.31	秀夜蛾	小麦	大关、水富
32.32	小造桥虫	烟草、冬苋菜	盐津、大关、绥江、威信
33.33	烟夜蛾	烤烟	全市各烟区
34.34	斜纹夜蛾	烟、大豆、芝麻	全市各地
35.35	烟火焰夜蛾	烤烟	大关、绥江、彝良
36.36	肖毛翅夜蛾	柑橘	盐津
37.37	毛翅夜蛾	柑橘	大关、绥江、彝良、威信、水富
38.38	苹果剑纹夜蛾	苹果、梨	昭通
39.39	苹梢夜蛾	苹果	绥江、水富
40.40	鸟嘴壶夜蛾	苹果	大关、绥江
41.41	落叶夜蛾	柑橘	绥江
42.42	掌夜蛾	柑橘	绥江
43.43	石榴巾夜蛾	石榴	大关
44.44	青安钮夜蛾	石榴	全市各县
45.45	胡桃豹夜蛾	核桃	大关、绥江、彝良
46.46	黄麻造桥	虫棉、麻	威信
47.47	一点金刚钻	杨柳盐津、	大关、绥江、彝良、水富
48.48	鼎点金刚钻	棉麻	绥江
49.49	翠纹金钢钻	锦冬苋菜	绥江
50.50	玫瑰巾夜蛾	玫瑰	大关、绥江、彝良、威信
51.51	中带三角夜蛾	馒头果	威信
52.52	短带三角夜蛾	三叶豆	大关、绥江、彝良
53.53	白肾夜蛾	苦菜	威信
54.54	枯叶夜蛾	苹果	威信
55.55	污巾夜蛾	不明	威信
56.56	旋目夜蛾	合欢	绥江、威信、盐津、大关、彝良
57.57	榆剑纹夜蛾	榆树	绥江
58.58	超桥夜蛾	不明	绥江、威信
59.59	桥夜蛾	红悬钩	威信
60.60	乌桕癞皮蛾	乌桕	绥江

61.61	兰条夜蛾	榄仁树属	绥江、盐津
62.62	木夜蛾	老鸦企属	绥江
63.63	高山翠夜蛾	栎、桦	大关、水富
64.64	变色夜蛾	藤	绥江、水富
65.65	白戟铜翅夜蛾	榆	绥江
66.66	连纹夜蛾	杨柳	绥江、威信

(2) 螟蛾科45种

67.1	三化螟	水稻	全市
68.2	二化螟	水稻、甘蔗、杂食	全市
69.3	稻纵卷叶螟	水稻	全市
70.4	稻切叶螟	稻、蔗、竹	绥江、盐津、大关、威信、水富
71.5	稻卷叶螟	水稻	全区除昭通外
72.6	显纹纵卷叶螟	水稻	绥江、威信
73.7	稻筒螟	水稻	全市
74.8	褐边螟	水稻	巧家
75.9	高粱条螟	高粱	昭阳、大关、绥江
76.10	粟灰螟	高粱、玉米	大关、绥江、彝良
77.11	玉米螟	玉米	全市
78.12	豆夹螟	豆类	全市
79.13	大豆卷叶螟	大豆	全市
80.14	印度谷蛾	稻麦	巧家
81.15	一点谷蛾	储粮	彝良
82.16	甘蔗黄螟	甘蔗	昭阳、绥江、巧家
83.17	甜菜叶螟	甜芽	全市
84.18	甘薯茎螟	甘蕾、甘蔗	水富
85.19	棉大卷叶螟	锦葵科	全市
86.20	桃蛀螟	桃梨茎	昭阳、大关、绥江、彝良
87.21	瓜绢螟	瓜类	大关、绥江、彝良、威信
88.22	葡萄叶螟	葡萄	大关、绥江、彝良
89.23	三条蛀野螟	柿树科	彝良、绥江
90.24	茶须野螟	茶	绥江
91.25	双白带野螟	甜菜	绥江、彝良、威信
92.26	枇杷叶螟	枇杷	绥江
93.27	竹绒野螟	竹叶	大关
94.28	桑绢野螟	桑树	大关、绥江
95.29	茴香薄翅野螟	伞形科、茴香	大关、绥江、彝良
96.30	白蜡绢野螟	白蜡条、梧桐	绥江
97.31	甜菜白带野螟	茶叶、甘蔗	绥江

98. 32	绿翅绢野螟	夹竹桃	绥江
99. 33	金黄镰翅野螟	竹类	绥江、威信、彝良
100. 34	橙黑纹野螟	不明	绥江、威信、彝良、大关
101. 35	白斑翅野螟	不明	绥江
102. 36	白斑黑野螟	不明	绥江
103. 37	宁波卷叶野螟	不明	大关
104. 38	斑点卷叶野螟	不明	大关、彝良
105. 39	双环卷野螟	不明	大关、彝良
106. 40	亮斑绢野螟	不明	绥江
107. 41	粉斑螟	不明	威信
108. 42	褐纹水螟	不明	大关、绥江、威信
109. 43	三环须水螟	不明	大关、绥江、威信、彝良
110. 44	珍洁水螟	不明	大关、绥江
111. 45	米缟螟（又名：米黑虫）	粮食、油料、仓库	盐津

（3）皮纹蛾科 2 种

112. 1	波纹蛾	草莓	绥江、威信
113. 2	洁波纹蛾	草莓	绥江、威信

（4）凤蛾科 1 种

114. 1	浅翅凤蛾	小胡椒	绥江

（5）尺蛾科 25 种

115. 1	大造桥虫	大豆、花生	大关
116. 2	紫线尺蛾	蓄	大关
117. 3	苹烟尺蛾	苹果、桑、粟	大关
118. 4	核桃星尺蛾	核桃	全市
119. 5	四星尺蛾	苹果、柑橘	威信
120. 6	柿星尺蛾	核桃、柿	大关、绥江、威信
121. 7	茶贡尺蛾	茶	威信
122. 8	茶尺蛾	桑树	大关、威信
123. 9	油桐尺蛾	油桐	水富
124. 10	丝棉木金星尺蛾	卫茅、榆	大关、绥江、彝良、威信
125. 11	臭椿尺蛾	臭椿	威信
126. 12	点尾尺蛾	三尖杉	威信
127. 13	茶尺蛾	茶果林	威信
128. 14	枞灰尺蛾	杉、桦、栎	鲁甸、绥江
129. 15	槐尺蛾	中国槐	威信
130. 16	栉尾尺蛾	朴、冬麦	绥江、威信
131. 17	肾纹绿尺蛾	不明	大关

132.18	四川垂耳尺蛾	不明	大关、绥江
133.19	四川尾尺蛾	不明	大关、威信
134.20	云尺蛾	不明	鲁甸、盐津、威信
135.21	波尾尺蛾	不明	威信
136.22	黄基粉尺蛾	不明	威信
137.23	双云尺蛾	不明	绥江
138.24	双斜线尺蛾	不明	大关
139.25	贡尺蛾	不明	大关、绥江

（6）毒蛾科 21 种

140.1	茶百毒蛾	茶油菜	威信、水富
141.2	戟盗毒蛾	茶	大关、绥江
142.3	茶毛虫	茶	威信
143.4	弯纹白毒蛾	苹果	威信
144.5	盗毒蛾	苹果	威信
145.6	白毒蛾	茶	大关、威信
146.7	弧星黄毒蛾	高山榕	大关、绥江
147.8	模毒蛾	杉、松	大关
148.9	黄白毒蛾	杨树	大关
149.10	乌桕毒蛾	乌桕、栎	绥江
150.11	杨毒蛾	杨、柳	大关
151.12	松毒蛾	松树	大关
152.13	珊毒蛾	不明	绥江
153.14	霉黄毒蛾	不明	大关
154.15	洁黄毒蛾	不明	大关
155.16	络毒蛾	不明	大关、绥江
156.17	黑边花毒蛾	不明	大关、彝良、威信
157.18	黑腹百毒蛾	不明	大关
158.19	黑腹黄毒蛾	不明	威信
159.20	金毛虫[⊙]	苹果	昭阳，1994.8 采
160.21	盗青蛾[⊙]	苹果	昭阳，1992.7 采

（7）天蛾科 29 种

161.1	白薯天蛾	红薯、茄科	全市
162.2	豆天蛾	豆类	水富
163.3	芋双线天蛾	马铃薯、薯、大豆	盐津、绥江
164.4	南方豆天蛾	豆科	水富
165.5	川锯翅天蛾	葡萄	水富
166.6	霜天蛾	桃、桐	绥江

167. 7	鹰翅天蛾	核桃	全市
168. 8	栎鹰翅天蛾	核桃	盐津、绥江
169. 9	盾天蛾	核桃	大关、绥江
170. 10	葡萄天蛾	葡萄	巧家、盐津、绥江、水富
171. 11	桃六点天蛾	苹、桃	水富
172. 12	雀纹天蛾	葡萄	盐津、绥江、彝良、威信、水富
173. 13	鬼脸天蛾	茄科	威信、水富
174. 14	芝麻鬼脸天蛾	红薯、芝麻	巧家、盐津、威信、水富
175. 15	构月天蛾	构树	盐津、威信
176. 16	斜纹天蛾	葡萄、木植	盐津、威信、水富
177. 17	土色斜纹天蛾	凤仙花	威信
178. 18	九节木长喙天蛾	九节木	威信
179. 19	八字白眉天蛾	沙枣、锦葵	绥江
180. 20	白眉天蛾	锦葵科	水富
181. 21	丁香天蛾	丁香、梧桐	绥江
182. 22	黑长喙天蛾	牛皮冻属	绥江
183. 23	钩翅天蛾	桦木	盐津
184. 24	斐豹天蛾	树林	盐津
185. 25	椴十点天蛾	椴树	盐津
186. 26	绒星天蛾	木樨科	盐津
187. 27	条背天蛾	不明	盐津
188. 28	赭斜纹天蛾	不明	绥江、鲁甸
189. 29	青背长喙天蛾	不明	威信

（8）灯蛾科 19 种

190. 1	红腹白灯蛾	玉米、花生、豆、蔬菜	全市各地
191. 2	仿污白灯蛾	车前属，薄荷属	威信
192. 3	尘白灯蛾	豌豆、花生、萝卜	鲁甸、大 关、绥江、水富
193. 4	黑条灰灯蛾	蔗、桑、茶	大关、绥江、威信
194. 5	星白灯蛾	甜菜、桑	绥江
195. 6	红腹灯蛾	玉米、苹果	全市各地
196. 7	斑灯蛾	忍冬车前	鲁甸、绥江
197. 8	散星灯蛾	猪屎豆	绥江
198. 9	白灯蛾	大豆、小麦、高粱	鲁甸
199. 10	黑腹黄灯蛾	不明	鲁甸
200. 11	三色星灯蛾	甘蔗、豆类	水富
201. 12	八点灰灯蛾	桑、茶、柑橘	大关、绥江、彝良、威信、水富
202. 13	粉蝶灯蛾	柑橘	大关、绥江、威信

203. 14	条纹苔蛾	柑橘	大关、绥江
204. 15	红缘灯蛾	玉米、苹果	昭阳、绥江、威信、水富
205. 16	点白灯蛾	木棉	大关、彝良
206. 17	污白灯蛾	梅、榛	大关、威信
207. 18	一点乌灯蛾	无花果、榕	大关、绥江
208. 19	猩红雪苔蛾（灯蛾科苔蛾亚科1种）	相思树	大关、绥江、威信

（9）刺蛾科10种

209. 1	黑点刺蛾	苹果	大关
210. 2	黄刺蛾	苹果、梨、杏、李	彝良
211. 3	豆刺蛾	大豆	大关
212. 4	青刺蛾	苹果、梨、茶	大关、彝良
213. 5	漫绿刺蛾	不明	大关、彝良
214. 6	扁刺蛾	苹果、梨、桃、杏、柑橘等	大关
215. 7	绿刺蛾	桃梨、柑橘	全市
216. 8	绒刺蛾	麻、茶	绥江
217. 9	桑褐刺蛾	桑、茶、柑橘、梨	绥江
218. 10	迹斑绿刺蛾	樟树	绥江

（10）枯叶蛾科6种

219. 1	枯叶蛾	苹果、梨	彝良
220. 2	杨枯叶蛾	苹果、李、杏、梨、桃	彝良
221. 3	李枯叶蛾	苹果、梨、梅、李桃	大关、水富、威信
222. 4	栗黄枯叶蛾	苹果、石榴、栗	大关
223. 5	苹果枯叶蛾	苹果、李、梅、樱桃	大关
224. 6	西北利亚松毛虫	松、杉	水富

（11）蚕蛾科1种

225. 1	茶蚕	茶、油茶	威信

（12）大蚕蛾科6种

226. 1	长尾大蚕蛾	不明	盐津
227. 2	绿尾大蚕蛾	梨、柳	盐津、绥江、彝良、威信、水富
228. 3	黄豹大蚕蛾	藤类	绥江、彝良、威信、水富
229. 4	柞蚕	炸、栎、胡桃、山楂	威信

230.5	银杏大蚕蛾	银杏、胡桃、李、梨、苹果、栗	盐津、绥江
231.6	樗蚕	臭椿、乌桕	盐津、绥江、威信、水富

（13）蓑蛾科1种

232.1	茶蓑蛾	茶	大关、彝良、威信

（14）尖翅蛾科1种

233.1	茶梢蛾	茶	大关、威信

（15）斑蛾科4种

234.1	茶梢蛾	茶叶	大关、绥江
235.2	茶六斑褐锦斑蛾	茶叶	大关、绥江、彝良
236.3	蝶形斑蛾	茄科	大关、绥江
237.4	梨星毛虫	梨	绥江

（16）水蜡蛾科1种

238.1	日本水蜡蛾	女贞、水蜡	绥江

（17）舟蛾科5种

239.1	黑蕊尾舟蛾	桃	绥江
240.2	肖黄掌舟蛾	栎属	绥江
241.3	新二尾舟蛾	红花	绥江
242.4	旋风舟蝗	栎、栗	盐津、大关、绥江
243.5	舟形毛虫	苹果、梨、桃花、李	威信

（18）钩蛾科5种

244.1	洋麻钩蛾	洋麻	大关、绥江、彝良、威信
245.2	交让禾钩蛾	交让木	绥江
246.3	六点钩蛾	不明	绥江
247.4	网纹钩蛾	不明	绥江
248.5	荞麦钩蛾	荞麦	绥江

（19）菜蛾科1种

249.1	菜蛾	十字花科、茄科	全市各地

（20）麦蛾科2种

250.1	麦蛾	麦类	全市
251.2	甘薯麦蛾	甘薯	巧家

（21）谷蛾科1种

252.1	灰褐谷蛾	仓库	彝良

（22）小卷蛾科2种

253.1	苹小食心虫	苹果、梨、桃	昭阳、鲁甸

254. 2	梨小食心虫	苹果、梨、桃	昭阳、鲁甸

（23）卷蛾科 3 种

255. 1	棕色卷蛾	梨、苹果	大关
256. 2	香草小卷蛾◎	苹果、野蔷薇	昭阳。1994. 5 采集
257. 3	白钩小卷蛾◎	苹果	昭阳。1994. 4 采集

（24）叶潜蛾科 1 种

258. 1	柑桔潜叶蛾	柑橘、咖啡	绥江

（25）蛀果蛾科 1 种

259. 1	桃小食心虫	桃、梨、苹果	昭阳、鲁甸

（26）巢蛾科 1 种

260. 1	苹果巢蛾	梨、苹果	昭阳、鲁甸

（27）虎蛾科 2 种

261. 1	葡萄虎蛾	葡萄	大关、绥江、水富
262. 2	鹿彩虎蛾	参薯	大关、绥江

（28）木蠹蛾科 1 种

263. 1	梨豹蠹蛾	梨、苹果	昭阳、鲁甸

（29）鹿蛾科 1 种

264. 1	梨鹿蛾	茶	大关、彝良

（30）粉蝶科 16 种

265. 1	小黄粉蝶	山扁豆	全市各地
266. 2	云班粉蝶	油菜	昭阳、鲁甸、威信、彝良
267. 3	黄粉蝶	大豆	全市各地
268. 4	尖角小黄粉蝶	扁豆	绥江
269. 5	尖角小粉蝶	山扁豆	绥江、鲁甸
270. 6	菜粉蝶	十字花科蔬菜	全市各地
271. 7	黑脉粉蝶	十字花科蔬菜	全市各地
272. 8	东方粉蝶	十字花科蔬菜	昭阳、鲁甸、威信、彝良、大关
273. 9	欧洲粉蝶	十字花科	绥江、彝良
274. 10	暗脉粉蝶	苋菜	绥江、彝良、威信
275. 11	角翅粉蝶	酸枣	威信
276. 12	宽边小黄粉蝶	胡枝子	盐津、绥江、彝良、威信、大关、鲁甸
277. 13	苹粉蝶	苹果、梨、桃	鲁甸
278. 14	橙黄粉蝶	苜蓿	盐津、绥江、彝良、威信、大关
279. 15	大平粉蝶	不明	鲁甸
280. 16	带纹苯粉蝶	不明	鲁甸

(31) 蛱蝶科 30 种

281. 1	白钩蛱蝶	麻类	绥江
282. 2	中环蛱蝶	豆科	绥江、威信、大关、彝良、鲁甸
283. 3	小环蛱蝶	豆科	绥江、威信
284. 4	大红蛱蝶	麻类	绥江、大关
285. 5	黑脉蛱蝶	豌豆	绥江、威信、大关
286. 6	小红蛱蝶	大麻	威信、彝良
287. 7	长眉蛱蝶	大麻	绥江、威信
288. 8	苎麻黄蛱蝶	苎麻	绥江、威信
289. 9	苎麻蛱蝶	苎麻	绥江、威信
290. 10	朱蛱蝶	杨、柳	绥江、鲁甸
291. 11	紫闪蛱蝶	杨、柳	绥江、威信、大关
292. 12	裴豹蛱蝶	堇科	鲁甸、威信、大关、绥江
293. 13	缺环蛱蝶	不明	绥江
294. 14	琉璃蛱蝶	百合科	绥江、威信、大关、盐津
295. 15	青豹蛱蝶	不明	绥江
296. 16	美国蛱蝶	青定兰	绥江、彝良、水富
297. 17	木叶蛱蝶	马兰	绥江
298. 18	链环蛱蝶	锈线菊	绥江、鲁甸
299. 19	珍珠蛱蝶	不明	绥江、鲁甸
300. 20	黑蛱蝶	不明	绥江
301. 21	二尾蛱蝶	不明	绥江、彝良
302. 22	暗蛱蝶	不明	绥江、彝良
303. 23	线蛱蝶	不明	绥江、彝良
304. 24	拟黑蛱蝶	不明	绥江
305. 25	黄重环蛱蝶	不明	威信、鲁甸、大关
306. 26	一条闪蛱蝶	不明	大关
307. 27	褐脉蛱蝶	不明	绥江、大关
308. 28	珠翠蛱蝶	不明	绥江、威信
309. 29	黄环蛱蝶	不明	
310. 30	小豹蛱蝶	地榆类	绥江

(32) 喙蝶科 1 种

311. 1	喙蝶	不明	绥江

(33) 弄蝶科 9 种

312. 1	带弄蝶	不明	绥江
313. 2	中华稻苞虫	稻	绥江
314. 3	曲纹稻苞虫	稻、玉米	绥江
315. 4	小黄斑稻苞虫	稻、蔗	威信、绥江

316. 5	隐纹稻苞虫	甘蔗	绥江、永善、大关、彝良、巧家
317. 6	黑弄蝶	芋、薯	大关
318. 7	黄弄蝶	竹	绥江、鲁甸
319. 8	白弄蝶	不明	绥江
320. 9	直纹稻苞虫	稻、甘蔗	全市各地

（34）眼蝶科 18 种

321. 1	黛眼蝶	竹叶	威信
322. 2	白眼蝶	水稻	绥江、鲁甸
323. 3	八星眼蝶	水稻	水富
324. 4	稻眼蝶	水稻、甘蔗	绥江、盐津、水富、巧家、威信、彝良、鲁甸
325. 5	带眼蝶	禾本科	绥江、威信、盐津
326. 6	稻褐眼蝶	水稻	绥江、盐津、水富
327. 7	多眼蝶	竹叶	绥江、威信
328. 8	红眶眼蝶	羊胡子草	威信
329. 9	艳眼蝶	不明	绥江
330. 10	幽矍眼蝶	不明	鲁甸
331. 11	矍眼蝶	不明	彝良
332. 12	隐纹稻眼蝶	不明	大关
333. 13	云眼蝶	不明	大关
334. 14	蒙链眼蝶	不明	绥江、盐津、威信、
335. 15	黑链眼蝶	不明	威信
336. 16	深山白带日阴蝶	不明	绥江
337. 17	白点艳眼蝶	不明	彝良
338. 18	斗蝶	不明	盐津

（35）凤蝶科 13 种

339. 1	榆凤蝶	榆	盐津
340. 2	玉带凤蝶	柑橘	绥江、大关、盐津、威信、水富、巧家
341. 3	桔凤蝶	柑橘	绥江、大关、巧家、永善、鲁甸
342. 4	中环凤蝶	柑橘	鲁甸、水富
343. 5	碧凤蝶	柑橘、枸橘	绥江、威信、大关、盐津、水富
344. 6	蓝凤蝶	柑橘、枸橘	绥江、威信、大关、盐津、彝良
345. 7	樟青凤蝶	樟科	绥江、大关、盐津、水富
346. 8	丝带凤蝶	马兜铃	绥江
347. 9	金裳凤蝶	马兜铃	绥江
348. 10	黄凤蝶	茴香、胡萝卜	绥江、威信、鲁甸、彝良
349. 11	浅翅凤蝶		盐津
350. 12	三尾凤蝶		彝良
351. 13	白斑麝凤蝶		绥、彝良

（36）灰蝶科 7 种

352.1	豆灰蝶	大豆	
353.2	兰灰蝶	豌豆、苜蓿	
354.3	琉璃灰蝶	蚕豆	
355.4	长尾兰灰蝶	豆类	
356.5	红斑线灰蝶	苹果	
357.6	燕灰蝶	蔷薇	
358.7	彩灰蝶	不明	

（37）斑蝶科 3 种

359.1	金斑蝶	牛皮消、白薇	
360.2	斑蝶	不明	
361.3	条黑桦斑蝶	不明	

（38）环蝶科 1 种

362.1	鱼纹环蝶	不明	

（二）鞘翅目（28 科 131 种）

（39）象虫科 13 种

363.1	稻象鼻虫	稻、瓜、蔬菜	盐津、永善、绥江
364.2	兰绿象	玉米、甘蔗	绥江
365.3	梨象鼻虫	梨	昭阳、鲁甸
366.4	梨虎	梨	昭阳、鲁甸
367.5	绿鳞象甲	茶、棉、烟、玉米、花生、柑橘	彝良、威信
368.6	茶子象甲	茶树	大关、彝良、威信
369.7	竹大象鼻虫	竹子	盐津、绥江
370.8	桑象甲	桑树	绥江、彝良
371.9	麻栎象	麻栎	彝良
372.10	玉米象	粮油种子	全市各地仓库害虫
373.11	小米象	粮油种子	全市各地仓库害虫
374.12	米象	米	盐津
375.13	竹虫（竹小象）	竹子	盐津

（40）豆象科 3 种

376.1	豌豆象	豌豆	全市豌豆产区
377.2	绿豆象	绿豆、蚕豆、菜豆	巧家、永善、彝良
378.3	蚕豆象	蚕豆	昭阳、永善

（41）三锥象科 1 种

379.1	甘薯小象甲	红薯	巧家、永善、绥江

（42）卷象科 1 种

380.1	梨虎象⊙	苹果、梨	昭阳、鲁甸

（43）芫菁科 8 种

381.1	毛角豆芫青	大豆、茄子	彝良
382.2	大斑芫青	豆类	全市各地
383.3	暗斑芫青	豆类	全市各地
384.4	中华豆芫青	豆类	威信、水富
385.5	眼斑芫青	豆类	全市
386.6	锯角豆芫青	豆类	鲁甸
387.7	红头黑芫青	豆类	威信、水富
388.8	毛角豆芫菁⊙	苹果、大豆、蔬菜	昭阳

（44）铁甲科 1 种

389.1	铁甲虫	稻、麦、蔗	籼稻区

（45）丽金龟子科 10 种

390.1	四纹丽金龟子	玉米	绥江、盐津
391.2	豆兰丽金龟子	玉米、花生	大关
392.3	铜绿金龟子	苹果、梨	全市
393.4	亮金绿丽金色	马铃薯	盐津
394.5	黄闪丽金色	甘蔗	绥江
395.6	蒙古丽金色	甘蔗	绥江
396.7	亮金绿丽金色	甘蔗	盐津
397.8	墨绿彩丽金龟⊙	苹果、阔叶树、软枣	昭阳
398.9	卵圆弧丽金龟⊙	苹果	昭阳
399.10	弧丽金龟⊙	苹果	昭阳

（46）花金龟科 2 种⊙

400.1	小青花金龟⊙	苹果、梨、海棠、杏、桃、梅	昭阳
401.2	花金龟⊙	苹果	昭阳

（47）鳃金龟科 4 种

402.1	黑棕鳃金龟	杂粮	盐津
403.2	棕色鳃金龟	马铃薯	昭阳、鲁甸
404.3	毛黄鳃金龟	小麦	镇雄
405.4	齿缘鳃金龟或褐色蔗龟	甘蔗	巧家

（48）金龟子科 8 种

406.1	棕金龟子	玉米	威信

407.2	大粟金龟子	玉米	
408.3	茶色金龟子	玉米	盐津
409.4	甘蔗金龟子	甘蔗	水富
410.5	褐色金龟子	小麦	威信
411.6	小青花金龟	麦类	全市
412.7	黄褐金龟甲	果、蔬菜	威信
413.8	暗黑金龟子	果、蔬菜	威信

(49) 独角仙科1种

414.1	独角仙	朽木	巧家、永善、绥江、盐津、水富

(50) 金花虫科4种

415.1	食根金花虫	水稻	全市
416.2	毛顶负泥虫	水稻	绥江
417.3	负泥虫	水稻	全市
418.4	红薯金花虫	红薯	巧家、永善

(51) 叩头虫科3种

419.1	细胸金针虫	小麦	巧家
420.2	褐纹金针虫	地下害虫	昭阳、绥江
421.3	沟金针虫	麦类	全市

(52) 吉丁虫科1种

422.1	吉丁虫	柑橘	彝良

(53) 天牛科21种

423.1	星天牛	柑橘	巧家、威信
424.2	桔褐天牛	柑橘	大关
425.3	桃红颈天牛	桃子	大关
426.4	红翅拟柄天牛	梨	威信
427.5	苹果天牛	苹果	绥江
428.6	茶红颈天牛	茶树	彝良
429.7	橙斑白条天牛	油桐	盐津、绥江、威信
430.8	长颈鹿天牛	竹叶	盐津、绥江
431.9	四季茶天牛	茶树	盐津
432.10	桑天牛	桑	大关、彝良
433.11	皱胸闪光天牛	金合欢、香椿	大关
434.12	双条合欢天牛	合欢、槐	绥江、水富
435.13	榕八星天牛	榕、木棉	绥江
436.14	锦锻天牛	林	盐津、大关
437.15	兰墨天牛	不明	盐津
438.16	脊胸天牛	树	盐津
439.17	黑跗眼天牛◎	苹果、茶	昭阳

440.18	瘤胸筒天牛⊙	苹果、梨	昭阳
441.19	虎天牛⊙	苹果	昭阳
442.20	蜡天牛⊙	苹果	昭阳
443.21	红肩虎天牛⊙	苹果、栎属植物	昭阳

（54）叶甲科23种

444.1	多齿水叶甲	稻、稗	昭阳、大关、永善、彝良、威信
445.2	麦基潜叶甲	小麦	水富
446.3	恶性叶甲	小麦	彝良
447.4	麦跳甲	小麦	鲁甸、水富
448.5	茄跳甲	马铃薯、茄	鲁甸
449.6	红薯叶甲	红薯	巧家、永善
450.7	黄曲条跳甲	豆类	昭阳、大关、镇雄、彝良、威信
451.8	黄守瓜	瓜类	全市
452.9	黄圣黑守瓜	蔬菜	巧家、盐津、大关、彝良、威信
453.10	黄叶甲	蔬菜	盐津、大关、彝良、威信
454.11	大猿叶甲	蔬菜	昭阳、大关、镇雄、永善、威信
455.12	小猿叶甲	蔬菜	全市
456.13	兰扁角叶甲	牛觚	绥江
457.14	黑额光叶甲	粟、柳	盐津、大关、威信
458.15	光叶甲	胡枝	盐津
459.16	甘薯小龟甲	红薯	巧家
460.17	褐色蔗龟	甘蔗	巧家
461.18	白柏叶甲⊙	苹果、白柏、柳	昭阳
462.19	黑斑柱萤叶甲⊙	苹果	昭阳
463.20	麻克萤叶甲⊙	苹果	昭阳
464.21	黄斑长跗萤叶甲⊙	苹果、姜	昭阳
465.22	锯角叶甲⊙	苹果	昭阳
466.23	甘薯叶甲⊙	苹果、甘薯、雍菜、小麦	昭阳

（55）瓢虫科3种

467.1	酸浆瓢虫	马铃薯、茄子	大关、绥江、威信
468.2	二十八星瓢虫	马铃薯、蔬菜	巧家、大关、绥江、威信
469.3	十六斑毛瓢虫	马铃薯	盐津

（56）皮蠹科3种

470.1	黑斑皮蠹	稻、麦类	巧家、彝良
471.2	花斑皮蠹	玉米、小麦	彝良
472.3	白腹皮蠹	玉米、小麦	彝良

(57) 毛蕈甲科 1 种

473.1	毛蕈甲（小蕈甲）	仓库、霉粮	绥江

(58) 谷蠹科 1 种

474.1	谷蠹	稻谷、红薯干	巧家、彝良、威信

(59) 窃蠹科 1 种

475.1	烟草甲虫	粉类	不明

(60) 谷盗科 2 种

476.1	暹罗谷盗	谷类、麦类、花生	全市
477.2	大谷盗	薯甘、油料、药材	巧家、盐津、绥江

(61) 珠甲科 2 种

478.1	日本蛛甲	仓库、玉米、麦类	昭阳、威信
479.2	棵蛛甲	仓库、玉米、麦类	昭阳、威信

(62) 扁甲科 5 种

480.1	锯谷盗	仓库、稻谷	全市
481.2	长角谷盗	仓库、稻谷	全市（加拿大进口粮）
482.3	米扁虫	仓库、霉粮	全市
483.4	土耳其扁谷盗	仓库、原粮	巧家、昭阳、盐津、绥江、威信、水富
484.5	锈赤扁谷盗	仓库、粮油	巧家、昭阳、盐津、绥江、威信、水富（美国进口粮）

(63) 薪甲科 1 种

485.1	湿薪甲	霉粮	威信

(64) 露尾甲科 3 种

486.1	黄斑露尾	甲米、麦	威信、彝良
487.2	脊胸露尾甲	米、麦	威信、彝良
488.3	隆胸露尾甲	仓库、玉米、小麦	盐津

(65) 拟步甲科 9 种

489.1	赤拟谷盗	大米、小麦（美国小麦）	盐津、彝良、威信
490.2	长头谷盗	仓库、面粉	盐津、绥江、水富
491.3	杂拟谷盗	粮食、豆、药材、烤烟	威信、水富
492.4	姬拟谷盗	粮食、面粉	盐津、威信、水富
493.5	黑粉虫	地脚粮、药材	盐津
494.6	黄粉虫	地脚粮、油料	盐津
495.7	姬粉盗	小麦	盐津
496.8	小菌虫（小粉虫）	小麦	绥江

497.9	黑菌虫	霉粮（美国粮）	绥江
（66）长蠹科1种			
498.1	竹蠹	竹、小麦、大米（新加坡粮）	绥江
（三）半翅目（8科74种）			
（67）蝽科39种			
499.1	稻绿蝽	水稻、玉米	全市
500.2	黄肩绿蝽	稻、绿豆	盐津、大关、彝良
501.3	点绿蝽	稻、大豆	全市
502.4	二星蝽	苹果、无花果、桑、稻、大豆	巧家、盐津、大关、威信
503.5	纯蓝蝽	水稻	大关、盐津
504.6	细毛蝽	水稻	全市
505.7	翠蝽		大关
506.8	锯蝽	小麦	大关、绥江、镇雄、彝良
507.9	突蝽	小麦	大关、镇雄
508.10	稻黄蝽	稻、玉米	绥江
509.11	小黄蝽	稻、玉米	绥江
510.12	稻黑蝽	稻、玉米	巧家、大关、永善、威信
511.13	小赤蝽	水稻	盐津
512.14	兰曼蝽	小麦、梨	盐津
513.15	珀蝽	水稻	盐津、大关
514.16	白边蝽	水稻	绥江、威信
515.17	碧蝽	水稻	大关、彝良
516.18	尖头麦蝽	稻、麦	威信
517.19	斑角蝽	稻、麦	威信
518.20	西北麦蝽	小麦	永善
519.21	黑腹蝽	稻谷	绥江、威信
520.22	尖角普蝽	不明	盐津、威信
521.23	粤岱蝽	不明	威信
522.24	云南菜蝽	苹果、亚麻、白菜、萝卜	全市
523.25	茶翅蝽	梨	全市
524.26	绿岱蝽	茶、桑、麻	盐津
525.27	菜蝽	苹果、油菜、蔬菜	全市
526.28	赤条蝽	蔬菜	大关
527.29	长叶蝽	苹果、森林	大关
528.30	山字蝽	森林	大关

529.31	麻皮蝽	苹果、板栗、小麦、柳	全市
530.32	方肩荔蝽	荔枝	绥江
531.33	硕蝽	不详	绥江
532.34	比蝽	不详	
533.35	稻缘蝽黄肩型⊙	苹果、柑橘、梧桐、蓖麻、水稻	昭阳
534.36	稻绿蝽全绿型⊙	苹果、水稻	昭阳
535.37	斑须蝽⊙	苹果、烟草	昭阳
536.38	尖角碧蝽⊙	苹果、核桃、栎类、桤木、华山松、木姜子	昭阳
537.39	娇异蝽⊙	苹果	昭阳

(68) 土蝽科 9 种

538.1	领土蝽⊙	苹果	昭阳
539.2	角肩真蝽⊙	苹果、桤木	昭阳
540.3	岱蝽⊙	苹果、油菜、云南松、牛肋巴、栎类	昭阳
541.4	沟腹岱蝽⊙	苹果、女贞、云南松、板栗、油桐、樟、栎类	昭阳
542.5	长硕蝽⊙	苹果、麻类、乌饭	昭阳
543.6	黑腹兜蝽⊙	苹果、梨、柑橘、油菜、桤木、夜来香、云南松、栎类	昭阳
544.7	角胸蝽⊙	苹果、水稻、玉米	昭阳
545.8	梭蝽⊙	苹果、柑橘、水稻、甘蔗	昭阳
546.9	赛蝽⊙	苹果、桤木、油菜、栎类	昭阳

(69) 缘蝽科 14 种

547.1	稻针缘蝽	水稻、玉米	全市
548.2	黑长缘蝽	不详	大关、盐津、绥江
549.3	贫刺锤缘蝽	稻、竹	彝良
550.4	黑竹缘蝽	稻、竹	大关
551.5	斑蜂缘蝽	稻、竹	盐津、大关、镇雄、彝良、威信
552.6	大稻缘蝽	水稻、小麦、蔗、柑橘	威信

553.7	条锋缘蝽	稻、麦	巧家、盐津、大关、彝良、威信
554.8	异稻缘蝽	水稻	盐津、彝良、威信
555.9	粟缘蝽	粟、蔬菜	鲁甸
556.10	波原缘蝽[⊙]	苹果、杜鹃、栎类	昭阳
557.11	锈赭缘蝽[⊙]	苹果、板栗、桑、柑橘、油菜	昭阳
558.12	云南岗缘蝽[⊙]	苹果、桃、马鞭草、女贞、栎类	昭阳
559.13	钩缘蝽[⊙]	苹果、旱冬瓜	昭阳
560.14	角蛛缘蝽[⊙]	苹果	昭阳
(70)盲蝽科3种			
561.1	绿盲蝽	棉、麻	全市
562.2	赤须盲蝽	麦、粟、豆	昭阳、鲁甸、大关、彝良、威信、绥江
563.3	中黑盲蝽	枣树	鲁甸、威信
(71)花蝽科2种			
564.1	黑色花蝽	不详	巧家
565.2	红花蝽象	玉米	巧家
(72)红蝽科1种[⊙]			
566.1	地红蝽[⊙]	水稻、苹果	昭阳
(73)巨蝽科2种			
567.1	巨蝽	不详	绥江
568.2	异色巨蝽	水稻	盐津
(74)龟蝽科4种			
569.1	多变圆龟蝽	玉米、豆类	大关、彝良
570.2	半黄圆龟蝽	玉米、豆类	大关、彝良
571.3	筛豆龟蝽	玉米、豆类	大关
572.4	斑疱豆龟蝽[⊙]	苹果、豆类	昭阳
(四)同翅目(14科66种)			
(75)飞虱科5种			
573.1	褐飞虱	水稻	全市
574.2	白背飞虱	稻、麦、玉米	全市
575.3	黑头菱稻虱	稻、玉米	彝良
576.4	灰飞虱	水稻	彝良、镇雄
577.5	伪褐飞虱	麦类	彝良
(76)叶蝉科17种			
578.1	沙叶蝉		大关

579.2	二点黑尾叶蝉	水稻	全市稻区均有
580.3	二条黑尾叶蝉	水稻	全市稻区均有
581.4	黑尾叶蝉	水稻	全市稻区均有
582.5	白翅叶蝉	稻、春	全市
583.6	小绿叶蝉	稻、芋、薯	全市
584.7	二点叶蝉	稻	全市
585.8	电光叶蝉	稻	全市
586.9	稻叶蝉	稻	巧家、绥江
587.10	中华透翅蝉	稻、麦	盐津、大关、永善、绥江、彝良、威
588.11	一字显脉叶蝉	稻、麦	大关、彝良
589.12	一点片头叶蝉	稻	大关、彝良
590.13	一点木叶蝉	稻	绥江
591.14	葡萄叶蝉	葡萄	大关、绥江、彝良
592.15	桑斑叶蝉	蚕豆	彝良
593.16	桨头叶蝉	不详	大关
594.17	大叶蝉⊙	苹果	昭阳

（77）蚜科 20 种

595.1	麦长管蚜	小麦	全市
596.2	麦溢管蚜	小麦	全市
597.3	苜蓿蚜	蚕豆	全市
598.4	豌豆蚜	豌豆	全市
599.5	菜蚜	油菜	全市
600.6	烟蚜	烤烟	全市
601.7	玉米蚜	玉米	全市
602.8	稻蚜	水稻	全市
603.9	甘蔗绵蚜	甘蔗	甘蔗产区
604.10	花生蚜	花生	花生产区
605.11	大豆蚜	大豆	大豆产区
606.12	麦二叉蚜	小麦	全市
607.13	棉蚜	棉蚜	盐津、绥江、水富
608.14	豆蚜	豆类	全市
609.15	萝卜蚜	十字花科	全市
610.16	甘蓝蚜	白芽、油料	全市
611.17	木缢管蚜	禾谷类、苹果	全市
612.18	桔蚜	柑橘	巧家、盐津、永善、绥江、水富
613.19	绣线菊蚜（苹果黄蚜）⊙	苹果	昭阳、鲁甸
614.20	苹果瘤蚜⊙	苹果	昭阳、鲁甸

（78）瘿绵蚜科 2 种

615. 1	苹果绵蚜[⊙]	苹果、山荆子、海棠、花红	昭阳、鲁甸
616. 2	印度小裂绵蚜[◎]	苹果根梢为主	昭阳、鲁甸

（79）沫蝉科 1 种

617. 1	赤斑沫蝉	水稻、玉米	全市

（80）蝉科 1 种

618. 1	蚱蝉	梨、苹果	全市

（81）大叶蝉科 4 种

619. 1	大青叶蝉	禾本科、豆种、果树	全市
620. 2	白边大叶蝉	豌豆	全市
621. 3	黑尾大叶蝉	蔗桑茶	大关、绥江、威信
622. 4	黔凹大叶蝉	玉米	大关、绥江、威信

（82）粉虱科 1 种

623. 1	黑刺粉虱	茶树	威信

（83）盾蚧科 6 种

624. 1	椰圆蚧	茶、果树	威信
625. 2	矢尖盾蚧	柑橘	巧家、水富
626. 3	糠片蚧	柑橘	彝良
627. 4	梨圆蚧	苹、梨	昭通、鲁甸、彝良
628. 5	黑点蚧	柑橘	镇雄
629. 6	糠片蚧[⊙]	苹果	昭阳

（84）粉蚧科 3 种

630. 1	粉蚧	甘蔗	巧家
631. 2	糖粉蚧	甘蔗	绥江
632. 3	甘蔗粉蚧	甘蔗	水富

（85）绵蚧科 2 种

633. 1	茶长绵蚧	茶、油菜	威信
634. 2	柑橘吹绵蚧	柑橘	镇雄、彝良、水富

（86）蚧科 1 种

635. 1	坚蚧	苹、梨	鲁甸

（87）蜡蚧科 2 种

636. 1	桃球蚧	苹、梨	鲁甸
637. 2	柑橘红蜡蚧	柑橘	绥江、镇雄、彝良、水富

（88）硕蚧科1种			
638.1	草履硕蚧[○]	苹果、梨、桃、柿、无花果	昭阳
（五）缨尾目（1科1种）			
（89）衣鱼科1种			
639.1	毛衣鱼	禾谷、豆类、衣物、图书	全市
（六）蜚蠊目（1科2种）			
（90）蜚蠊科2种			
640.1	东方蜚蠊	贮粮	威信、绥江、大关
641.2	凹缘大蠊	贮粮	威信、绥江蜚蠊科
（七）膜翅目（2科5种）			
（91）叶蜂科4种			
642.1	黄翅菜叶蜂	十字花科蔬菜	全市
643.2	油菜叶蜂	油菜、白芽菜	全市
644.3	鱼麦叶蜂	麦类	全市
645.4	荞叶蜂	荞	产荞区
（92）茎蜂科1种			
646.1	梨茎蜂	梨、苹果、野梨、茄子	巧家
（八）缨翅目（2科4种）			
（93）蓟马科3种			
647.1	稻蓟马	水稻	全市
648.2	茶黄蓟马	花生	巧家、永善、绥江、盐津
649.3	甘蔗蓟马	甘蔗	巧家、绥江、水富
（94）管蓟马科1种			
650.1	稻管蓟马	水稻	巧家、永善、绥江、盐津、水富
（九）双翅目（6科12种）			
（95）大蚊科1种			
651.1	稻大蚊	水稻	全市
（96）摇蚊科1种			
652.1	稻摇蚊	水稻	全市
（97）花蝇科1种			
653.1	种蝇	稻麦豆瓜	全市
（98）秆蝇科2种			
654.1	麦秆潜绳	麦类	全市
655.2	稻秆绳	水稻	全市

（99）潜蝇科 4 种

656. 1	豌豆潜蝇	豌豆、油菜	全市
657. 2	大豆潜蝇	大豆	全市
658. 3	南美斑潜蝇	蔬菜、蚕豆、烤烟	水富、镇雄、巧家、奕良、昭阳，1996 年 8 月鉴定
659. 4	美洲斑潜蝇	莴笋、香芹、白菜等	昭阳、鲁甸、绥江、盐津、永善，1996 年 8 月鉴定

（100）实蝇科 3 种

660. 1	蜜柑大实蝇	柑橘	水富
661. 2	柑橘小实蝇	柑橘	水富、镇雄
662. 3	柑橘大实蝇	柑橘	绥江、水富

（十）直翅目（6 科 26 种）

（101）蝗科 13 种

663. 1	小稻蝗	稻麦、玉米	全市
664. 2	花胫绿纹蝗	稻麦、玉米	盐津
665. 3	六斑车蝗	稻麦、玉米	各县河谷地区
666. 4	稻裸蝗	玉米	盐津
667. 5	朱腿痂蝗	稻	盐津
668. 6	长额负蝗	稻麦、玉米	全市
669. 7	日本黄脊蝗	稻、麦、玉米	全市
670. 8	中华稻蝗	稻、麦、玉米	全市
671. 9	短额负蝗	稻、玉米、蔗	全市
672. 10	大青蝗	豆、棉	全市
673. 11	尖翅蝗	禾本科	鲁甸
674. 12	短角斑腿蝗	小麦	昭阳
675. 13	中华蚱蜢	稻麦、玉米	全市

（102）锥头蝗科 2 种⊙

676. 1	短额负蝗⊙	苹果、玉米、大豆、禾本科	昭阳
677. 2	疣蝗⊙	苹果幼苗、玉米、苜蓿、烟草	昭阳

（103）蟋蟀科 3 种

678. 1	中华蟋蟀	玉米、大豆	盐津
679. 2	大蟋蟀	旱粮	绥江、水富、巧家
680. 3	油葫芦	豆类	绥江、镇雄

（104）螽蟖科 5 种

681. 1	纺织娘	桃、柑橘	全市

682.2	草螽蟖	稻谷	全市
683.3	梨绿螽蟖	柑橘、桃	盐津
684.4	长翅草螽	禾本科杂草	盐津
685.5	谷螽	储粮	
（105）蝼蛄科2种			
686.1	华北蝼蛄	玉米、烟	绥江、盐津
687.2	非洲蝼蛄	玉米、小麦	昭阳、盐津、大关、绥江、镇雄、彝良、水富
（106）蚱科1种⊙			
688.1	蚱⊙	苹果	昭阳
Ⅱ蜘蛛纲1目3科6种			
（十一）蜱螨目（3科6种）			
（107）叶螨科3种			
689.1	山楂红蜘蛛	苹果	昭阳、鲁甸
690.2	苹果红蜘蛛	苹果	昭阳、鲁甸
691.3	苹果二斑叶螨，俗称白蜘蛛	苹果	昭阳、鲁甸
（108）瘿螨科2种			
692.1	柑橘瘤壁虱	柑桔	全市柑橘区
693.2	柑橘锈壁虱	柑橘	镇雄
（109）粉螨科1种			
694.1	腐嗜酪螨	面粉、粮谷	巧家
Ⅲ腹足纲1目2科2种			
（十二）柄眼目（2科2种）			
（110）蜗牛科1种			
695.1	野蜗牛	红薯	全市
（111）蛞蝓科1种			
696.1	野蛞蝓	烟草、玉米、甘蓝	全市

备注：白蚁（未鉴定）马铃薯 绥江 黄蚂蚁（未鉴定）马铃薯全区未正式鉴定，不便记为正式种。

1. 带“⊙”的为1982年病虫普查结束后，1993—1997年间开展苹果昆虫群落研究中发现的新害虫。

2. 带“◎”的为2002—2005年间，苹果绵蚜课题组送检鉴定出的新害虫，该虫1987年前在昭通的部分乡镇已有发生。

3. 本书记述的为正式鉴定出的种。

三、杂草名录

序号	草名	科名	生境
1	马唐	禾本	玉米地、苹果及橘桃李园┣

2	黑麦草	禾本	旱地 ├
3	虎尾草	禾本	玉米地 ├
4	乱草	禾本	玉米地 ├
5	竹节草	禾本	玉米地、橘桃李园 ├
6	地毯草	禾本	玉米地 ├
7	蟋蟀草	禾本	玉米地 ├
8	游 草	禾本	水田 ├
9	无芒稗	禾本	水田 ├
10	千金子	禾本	水田 ├
11	白羊草	禾本	橘、桃、李园 ├
12	双穗雀稗	禾本	路边 ├
13	简轴茅	禾本	旱地 ├
14	稗草	禾本	水田、玉米地 ├
15	荩草	禾本	果园、玉米地、水田 ├
16	狗尾草	禾本	水田 ├
17	金狗尾草	禾本	玉米地、苹果、橘桃李园 ├
18	芦苇	禾本	玉米地、苹果、橘桃李园 ├
19	白茅	禾本	水田 ├
20	狗牙根	禾本	苹果园 ├
21	早熟禾	禾本	玉米地、苹果园、水田边 ├
22	看麦娘	禾本	玉米地、苹果园 ├
23	野燕麦	禾本	麦田、麦地 ├
24	棒头草	禾本	麦田、麦地 ├
25	光头稗子	禾本	玉米地 ├
26	毒麦	禾本	麦地，1977 年盐津、大关县首见
27	日本庶草	莎草	水田 ├
28	扁穗莎草	莎草	水田 ├
29	碎米莎草	莎草	水田 ├
30	日照飘浮草	莎草	水田 ├
31	香附子	莎草	玉米地 ├
32	牛毛毡	莎草	水田 ├
33	荸荠	莎草	水田 ├
34	萤蔺	莎草	水田 ├
35	水莎草	莎草	水田 ├
36	异型莎草	莎草	水田 ├
37	旋鳞莎草	莎草	水田、玉米湿地 ├
38	水毛花	莎草	水田 ├
39	龙师草	莎草	水田、玉米湿地 ├
40	小花灯芯草	莎草	水田 ├

41	球穗扁莎	莎草	玉米地├
42	鳢肠	菊	水田├
43	小蓟	菊	旱地├
44	胜红蓟	菊	旱地├
45	阿尔泰狗娃花	菊	旱地├
46	三叶鬼针	菊	旱地，橘、桃、李园├
47	抱茎苦荬	菊	旱地├
48	巨荬菜	菊	旱地，橘、桃、李园├
49	小飞蓬	菊	苹果园、玉米地、橘桃李园├
50	辣子草	菊	苹果园、玉米地├
51	泥胡菜	菊	玉米地├
52	鼠麴草	菊	苹果园、玉米地、橘桃李园├
53	山苦荬	菊	苹果园、玉米地、橘桃李园├
54	苦苣菜	菊	苹果园、玉米地├
55	苍耳	菊	苹果园、玉米地├
56	腺梗豨签	菊	苹果园、玉米地├
57	狼巴草	菊	水田、路边├
58	小鱼眼草	菊	苹果园、玉米地、路边├
59	蒲公英	菊	果园、玉米地、路边├
60	大蓟	菊	苹果园、玉米地├
61	多头苦荬	菊	苹果园、水田├
62	牛蒡	菊	苹果园、山坡、草地├
63	臭蒿	菊	玉米地├
64	菌陈蒿	菊	苹果园├
65	白蒿	菊	苹果园、玉米地、橘桃李园├
66	青蒿	菊	果园、玉米地├
67	女菀	菊	玉米地├
68	蒙山莴苣	菊	玉米地├
69	欧洲狗舌草	菊	苹果园、玉米地├
70	歌仙草	菊	苹果园、玉米地├
71	艾蒿	菊	苹果园、玉米地├
72	鬼针草	菊	果园、玉米地├
73	焯菜	十字花	玉米地├
74	独行菜	十字花	玉米地、路旁├
75	荠菜	十字花	苹果园、玉米地├
76	碎米荠菜	十字花	苹果园、玉米地├
77	风花菜	十字花	玉米地├
78	无瓣焯菜	十字花	水田边├
79	遏蓝菜	十字花	玉米地、路旁├

80	野荞	蓼	玉米地┣
81	头花蓼	蓼	玉米地┣
82	巴天酸模	蓼	玉米地┣
83	何首乌	蓼	橘、桃、李园┣
84	杠板归	蓼	橘、桃、李园┣
85	酸模叶蓼	蓼	苹果园、玉米地、水田边┣
86	戟叶酸模	蓼	黑麦、白花三叶草、红花三叶草、洋芋、荞麦地，┣、彝良、镇雄、永善1984年首见
87	白绒蓼	蓼	玉米地┣
88	尼泊尔蓼	蓼	苹果园、玉米地┣
89	苦荞麦	蓼	苹果园、玉米地┣
90	柳叶刺蓼	蓼	苹果园┣
91	叉分蓼	蓼	苹果园、玉米地┣
92	尼泊尔酸模	蓼	苹果园┣
93	酸模	蓼	苹果园┣
94	羊蹄	蓼	苹果园┣
95	两栖蓼	蓼	水田或湿地、玉米地、果园┣
96	水蓼	蓼	水田或湿地、玉米地┣
97	小藜	蓼	苹果园、玉米地┣
98	藜	蓼	苹果园、玉米地┣
99	土荆芥	蓼	苹果园、玉米地┣
100	地绵	大戟	玉米地┣
101	叶下珠	大戟	玉米地┣
102	野棉花	大戟	苹果园、玉米地、山坡┣
103	铁苋菜	大戟	玉米地、苹果橘桃李园┣
104	泽漆	大戟	苹果园、玉米地┣
105	苦葛腾	豆	荒地┣
106	鸡眼草	豆	玉米地埂边┣
107	草木樨	豆	苹果园、玉米地┣
108	直立黄芪	豆	苹果园┣
109	救荒野豌豆	豆	苹果园、玉米地┣
110	紫云英	豆	玉米地┣
111	白车轴草	豆	苹果园、玉米地、路旁┣
112	鼬辩花	唇形	玉米地┣
113	夏至草	唇形	玉米地、橘桃李园┣
114	香薷	唇形	苹果园、玉米地┣
115	野芝麻	唇形	玉米地┣
116	佛座	唇形	玉米地┣
117	益母草	唇形	果园、玉米地湿地┣

118	欧夏枯草	唇形	果园、玉米地湿地 ⊢
119	野薄荷	唇形	苹果园、玉米地湿地 ⊢
120	小酸浆	茄	荒地 ⊢
121	龙葵	茄	苹果园、玉米地、荒地 ⊢
122	假酸浆	茄	苹果园、玉米地、荒地 ⊢
123	曼陀罗	茄	苹果园、玉米地、荒地 ⊢
124	冬葵	锦葵	旱地 ⊢
125	野西瓜苗	锦葵	苹果园、路旁 ⊢
126	圆叶锦葵	锦葵	苹果园 ⊢
127	裂叶牵花	旋花	橘、桃、李园 ⊢
128	田旋花	旋花	苹果园、玉米地 ⊢
129	圆叶牵牛	旋花	苹果园、玉米地 ⊢
130	打碗花	旋花	玉米地 ⊢
131	慈菇	泽泻	水田 ⊢
132	长瓣慈菇	泽泻	水田 ⊢
133	泽泻	泽泻	水田 ⊢
134	矮慈菇	泽泻	水田 ⊢
135	鸭舌草	雨久花	水田 ⊢
136	水葫芦	雨久花	水田 ⊢
137	问荆	木贼	玉米地、苹果园、水田边 ⊢
138	散生木贼	大贼	苹果园、玉米地、水田边 ⊢
139	萍	萍	水田 ⊢
140	青萍	浮萍	水田 ⊢
141	紫萍	浮萍	水田 ⊢
142	满江红	满江红	水田 ⊢
143	细叶茨藻	茨藻	水田 ⊢
144	黑藻	水鳖	水田 ⊢
145	水绵	星接藻	水田 ⊢
146	节节菜	千屈菜	水田 ⊢
147	圆叶节节莱	千屈菜	水田 ⊢
148	耳叶水苋	千屈菜	水田 ⊢
149	眼子菜	眼子菜	水田 ⊢
150	菹草	眼子菜	水田 ⊢
151	回回蒜	毛茛	水沟、田埂 ⊢
152	石龙芮	毛茛	水田或湿地 ⊢
153	青葙	苋	玉米地 ⊢
154	空心莲子草	苋	水田 ⊢
155	凹头苋	苋	苹果园、玉米地 ⊢
156	反枝苋	苋	苹果园、玉米地 ⊢

157	地黄	玄参	橘、桃、李园、玉米地 ├
158	紫苏草	玄参	玉米地 ├
159	阿拉伯婆婆纳	玄参	苹果园、玉米地 ├
160	通泉草	玄参	玉米地 ├
161	北水苦荬	玄参	苹果园、玉米地 ├
162	浪花草	玄参	玉米湿地、田边 ├
163	车前	车前	苹果园、玉米地、水田边 ├
164	平车前	车前	苹果园、玉米地、水田边 ├
165	鱼腥草	三白草	苹果园、玉米地、水田边 ├
166	蛇床	伞形	旱地 ├
167	野胡萝卜	伞形	玉米地 ├
168	水芹	伞形	水田、沟边、玉米地 ├
169	中华水芹	伞形	水田、沟边 ├
170	鼠掌老鹳草	牛儿苗	苹果园 ├
171	宽叶荨麻	荨麻	苹果园 ├
172	蝎子草	荨麻	苹果园 ├
173	蛇莓	蔷薇	苹果园、玉米地 ├
174	繁缕	石竹	苹果园、玉米地 ├
175	酢浆草	酢浆	苹果园、玉米地 ├
176	猪秧秧	茜草	苹果园、玉米地 ├
177	倒提壶	紫草	苹果园、路旁 ├
178	附地菜	紫草	苹果园、玉米地、路旁 ├
179	大尾摇	紫草	玉米湿地、水田边 ├
180	犁头草	堇菜	苹果园、玉米地 ├
181	马鞭草	马鞭草	苹果园、路旁 ├
182	野小蒜	百合	苹果园、玉米地 ├
183	半夏	天南星	苹果园、玉米地 ├
184	马齿苋	马齿苋	水田，橘、桃、李园 ├
185	鸭跖草	鸭跖草	玉米、橘桃李 ├
186	裂叶犁头尖	天南星	橘、桃、李园 ├
187	紫花地丁	堇菜	橘、桃、李园 ├
188	小茎叶天冬	百合	玉米地 ├
189	麦冬草	百合	玉米地 ├
190	草龙	柳叶菜	水田 ├
191	鸡蛋参	橘梗	旱地、坎边 ├
192	凤仙花	凤仙花	旱地、坎边 ├
193	蘋	蘋	水田 ├

注："┣"代表"昭通市昭阳区、绥江县"；"┣"代表"昭阳区"；"┣"代表"绥江县"，其他县未开展祥细调查。

四、害鼠名录

鼯鼠科 Petaurstidae：2 属 2 种

1. 毛足飞鼠 *B. Pearsonil*　毛足飞鼠属 *Belomya* Thomas，缅北亚种 *B. P. trichotis* 林区，海拔 3 000～3 500 米。

2. 复齿鼯鼠 *T. xanthipes*　复齿鼯鼠属 *Trogopterus* Heude，湖北亚种 *T. X. mordax* 林区，海拔 3 000～3 500 米。

松鼠科 Sciuridae：2 属 2 种

3. 赤腹松鼠 *C. erythraeus*　丽松鼠属 *Callosciurus* Gray，林区、山麓地，海拔 800～2 100米。

4. 橙颊长吻松鼠 *D. pernyi*　长吻松鼠属 *Dremomys* Heude，林区，海拔 2 500～2 600米。

鼠　科 Muridae：6 属 14 种

5. 巢鼠 *M. minutu s*　巢鼠属 *Micromys* Dehne，四川亚种 *M. m. pygmaeus*，山区、坝区农田，海拔 700～2 000 米。

6. 中华姬鼠 *A. draco*　姬鼠属 *Apodemus Kaup*，林区、山麓地、山区农田，海拔 1 500～4 100米。

7. 齐氏姬鼠（高山姬鼠）*A. chevrieri*，姬鼠属 *Apodemus* Kaup，昭鲁坝区等海拔 900～4 800米。

8. 黑线姬鼠 *A. agrarius*　姬鼠属 *Apodemus* Kaup，绥江特有，农田、山麓地中，海拔 310～1 000米。

9. 大耳姬鼠 *A. latronum*　姬鼠属 *Apodemus* Kaup，林区、山区农田，海拔2 500～4 000米。

10. 斯氏鼠 *R. rattus sladeni*　鼠属 *Rattus* Fischer，除居民点外的各种区域。海拔 267～3 300米。

11. 黄胸鼠 *R. flavipectus*　鼠属 *Rattus* Fischer，分布较广，海拔 267～2 500米。

12. 大足鼠 *R. nitidus*　鼠属 *Rattus* Fischer，较广，海拔 1 000～3 300 米。

13. 褐家鼠 *R. norvegicus*　鼠属 *Rattus* Fischer，居民点，农田中。海拔 267～3 300 米。

14. 社鼠 *N. confucianus*　白腹鼠属 *Niviventer* Marshall 林区、山麓地、山区农田。海拔 1 500～4 000 米。

15. 刺毛鼠 *N. fulvescens*　白腹鼠属 *Niviventer* Marshal，林区、山麓地、山区农田。海拔 267～2 000 米。

16. 白腹巨鼠 *L. edwardsi gigas*　巨鼠属 *Leopldamys* Ellerman，林区、山麓地。海拔1 500～4 000米。

17. 小家鼠 *M. musculus*　四川亚种 *M. m. tantillus*，小鼠属 *Mus* Linnaeus，居民点，农田中。海拔 267～2 500 米。

18. 锡金小鼠 *M. pahar*　小鼠属 *Mus* Linnaeus，林区、山麓地、农田中。海拔 600～1 800米。

仓鼠科 Cricetidae：绒鼠属 *Eothenomys* Miller，1 属 3 种。

19. 大绒鼠 *E. miletus* 指名亚种 *E. m. miletus*，除居民点外的各种区域。海拔 1 200 ~ 3 550米。

20. 滇绒鼠 *E. eleusis* 林区、山麓地、山区农田。海拔 1 000 ~ 3 800 米。

21. 昭通绒鼠 *E. olito*，林区，海拔 2 600 ~ 3 500 米。

竹鼠科 Rhizomyidae：1 属 1 种

22. 中华竹鼠 *R. sinensis* 竹鼠属 *Rhizomys* Gray，林、山麓地。海拔267 ~ 1 000米。

第二节 杂草防治技术*

一、化学除草的意义

1. 农田杂草

（1）定义。长错了地方的植物。目的植物外的草本植物。

（2）种类。列入我国农田杂草名录的 704 种，分属 87 科 366 属，对农业生产造成危害的主要农田杂草有 60 多种，其中，恶性杂草 15 种，优势杂草 31 种。区域性优势杂草 23 种（张朝贤，2006）。云南有 102 科 626 种，其中，旱地 402 种，水田 224 种。

昭通市农田杂草发生严重，由于缺乏系统的杂草发生与防治理论的支持，全市防治技术整体发展较慢、较落后，因而绝大多数农作物杂草的防治长期靠大量的人工除草。昭通地区植保站 1991 年以来，在开展前期初步研究的基础上，1999—2000 年正式立项组织在昭通、绥江 2 县 9 乡开展了 8 种主要作物农田杂草的种类、分布、群落结构、优势种及玉米、烤烟地杂草消长规律调查和防治工作研究，编制了《昭通地区农田杂草普查名录》。鉴定出 47 科 192 种，其中 24 科 54 种为《云南农业病虫杂草名录》中未记录的新记录种。主要作物杂草：水田 18 科 46 种；玉米地 29 科 110 种；小麦地 8 科 17 种；烤烟地 7 科 12 种；果园：柑橘、桃、李 14 科 32 种，苹果地 30 科 79 种。

（3）特性。①多实性：一般为 1 至数 10 万粒/株，如稗草 1 059 ~ 7 160 粒/株，蓬蒿 81 万粒/株，寿命可长达数十年，如田旋花 50 年；②多种繁殖方式；③适应力强；④传播途径广。

2. 农田杂草的危害

（1）争肥、争水、争光，降低作物产量。据调查，100 ~ 200 株杂草/平方

---

* 本节编写人：鲁甸县植保植检站 田丽华；昭通市植保植检站 宋家雄（通讯作者） 罗道瑛；鲁甸县龙头山镇农技综合服务中心 管彦荣（通讯作者）

米，每亩可吸走氮4～9千克，膦1.3～2千克，钾6.5～9千克，减产50～100千克，据报道，我国因杂草危害损粮占总产量的10%，如每穴水稻夹有一株稗草，可减产35.5%，有2株减62%，有3株减88%。

（2）降低农产品品质，甚至有的有毒，混入饲草中不能食用（如毒麦、野燕麦种子和假高粱植株）。

（3）助长病虫害的发生与蔓延。杂草是多种病虫的中间寄主和越冬寄主，如蒲公英—苹果红蜘蛛、苍耳—玉米螟，狗尾草—稻瘟病。

（4）减少经济效益。

（5）影响农产品出口。

农田化除水平的高低是农业现代化生产力发展水平高低的一个重要标志：化除的经济效益、社会效益已被农民公认，并逐步形成生产力。该先进技术不仅能控制草荒、省工、增产，更重要的是能解放大量的人工除草劳动力，有助于农村工副业的发展，促使农村早日脱贫致富。同时，又直接是加速实现农业现代化、夺取高产、稳产的一项重要措施。中国农业1人养不了10人，美国早在1980年1人就可养50人，因此，不能小看化除的重要贡献。有道是“田头就怕牙齿草，家里就怕姑嫂搅”，“田头牙齿草太多，才动三步日落坡”，可见化除确实是一场革命。

二、昭通杂草发生特点

1. 南部昭通发生特点

（1）稻田杂草。①群落结构为“细叶茨藻＋青萍＋鸭舌草＋双穗雀稗”型；②优势种为：细叶茨藻、青萍、鸭舌草、双穗雀稗、泽泻、稗草；③较难防治的恶性杂草为：稗草、双穗雀稗、眼子菜。

（2）玉米地杂草。①群落结构为“香薷＋马唐＋辣子草”型；②优势种为：香薷、马唐、辣子草、荠菜、繁缕、阿拉伯婆婆纳、苦荞麦、尼泊尔蓼；

（3）苹果园杂草。①群落结构为“马唐＋辣子草＋苦荞麦”型：②优势种为：马唐、辣子草、苦荞麦、香薷、尼泊尔蓼、欧洲狗舌草、早熟禾。

（4）烤烟地杂草。①群落结构为“马唐＋尼泊尔蓼”型；②优势种为：马唐、尼泊尔蓼、辣子草。

2. 北部江边河谷县特点

（1）稻田杂草。①群落结构为“青萍＋稗草＋矮慈菇”型；②优势种为：稗草、日本蔗草、青萍、紫萍、牛毛毡、矮慈菇、萍；③局部发生为害较重的是：草龙、长辨慈菇、萤蔺、节节菜、马齿苋；④恶性杂草为：稗草、眼子菜。

（2）玉米地杂草。①群落结构为“马唐＋鸭跖草＋鬼针草”型；②优势种为：马唐、鸭跖草、酸模叶蓼、青蒿、鬼针草、野荠（又称“赤地利、金荞麦”）、辣子草、青蒿等。

（3）柑橘、桃、李园杂草。①群落结构为“荩草＋青蒿”型；②优势种为：荩草、马唐、青蒿、鬼针草、铁苋菜、两栖蓼、小飞蓬、狗尾草。

（4）小麦地杂草。①群落结构为“繁缕＋看麦娘＋猪殃殃”型；②优势种为：繁缕、猪殃殃、看麦娘、棒头草、野燕麦、救荒野豌豆。

3. 烤烟、玉米地主要杂草的消长规律

烤烟地杂草昭阳区调查结果表明，6月4日移栽的烤烟杂草发生有两个高峰期，第一高峰期为6月底至7月初，此时杂草量占总发生量的62.5%，第二高峰期为7月下旬，发生量占总发生量的26.3%，8月25日杂草发生基本终止。

玉米地杂草绥江调查结果表明，4月10日播种，5月20日杂草开始发生，6月5日出现高峰，6月15日达到最高峰，7月20日杂草发生量基本终止。

三、治理策略和除草剂的除草原理及治理原则

1. 治理策略

通过研究，总结提出了“以防优势杂草为重点，兼顾根除和控制恶性杂草，合理利用现有各种安全有效的预防措施和治理手段进行综合治理”的策略。

2. 除草剂的除草原理

除草剂之所以能达到杀草不伤苗的效果，其原因是它利用了作物与杂草之间的差别（简单介绍）：

形态选择：形态和结构的不同，单子叶叶片直立狭窄，双子叶相反。

生理选择：吸收和转化不同，如2，4－D喷到双子叶杂草上能很快吸收死亡，喷到禾本科作物则很少吸收传导。

生化选择：利用作物与杂草对药剂的分解和活化的不同选择。

时差选择：对作物和杂草都有较强毒性的除草剂，可用时差选择。

位差选择：土表施用除草剂对地表下不同深度植物的毒害程度不同，利用位差来杀表土层中的杂草，对深处的植物影响甚微。

水田杂草的防除总原则：对一年生杂草的防除施药时间宜早不宜迟，对多年生阔叶杂草的防除施药时间宜迟不宜早，但也不能到孕穗期才用药。秧田用药一定要用选择性比较强的。原因是，一年生杂草早施药，杂草的抗药性极低，对除草剂十分敏感，一旦杀死生长点，全株便会死亡，用药量低，对作物较安全，对多年生杂草由于杂草有宿根在土中，过早施药，仅能破坏先萌发的芽叶，大量的可萌发的芽还暗藏于后，待其萌发出来时药效已过，防效较差，偏迟施

药恰能克服此缺点而收到良好防效。

旱地除草土壤处理的影响因素及应对方法：土壤处理是将除草剂在水中搅匀喷洒到土壤表面或用细土拌匀撒施到田间，在土壤表层形成药层，以杀死出土的杂草幼苗。旱地除草影响因素最大的是水分，特别是在我们昭通，因为像玉米播种时节常遇天气干旱，补种几次，按常规播后立即在土表施药，防效是较差的。因此，天气干旱不要着急，等天下雨能打湿表土 1～2 厘米以上时施药，播后苗前施药要注意，若用毒土法，土一定要是过筛土 60 千克以上（不能像水田用 20～30 千克），或对水喷水 60 千克/亩，比撒毒土 60 千克效果好。对盖膜作物的旱地除草，可在盖膜前喷施于土表，最好是外加水喷湿厢面后盖膜，这样防效非常好。当然，如果土本来就潮湿，就不需外加水了。这是对土壤表面处理药剂的施用方法。

对杂草茎叶处理剂的施用：茎叶处理是使用选择性除草剂，可以同时喷在杂草和玉米上。如用巨星防除阔叶杂草在玉米地施用，当然就不必采用定向喷雾或外加保护罩喷雾，如果是用灭生性处理剂则要在喷头上安上定向喷头或对作物进行外加保护罩施药，如用草甘膦或克芜踪。

四、治理措施

1. 预防措施

（1）小粒种应筛选出无杂草的种子播种。

（2）不将草食动物放牧于收获庄稼后的闲田地中食成熟的草，不将成熟的恶性杂草直接地用来垫厩或饲喂，严防恶性杂草随粪便等传播危害，特别是严防与作物长在一起的“夹心稗”似的危害。

（3）合理密植，提高复种指数、粪肥深施，严防表施而刺激杂草的生长。

（4）利用各种有效手段（化防、中耕除草等）将杂草防除于初发阶段，尽力控制结实后的再生危害。

2. 治理措施

根据现在和原来已进行过的试验、示范，初步提出了 8 种主要作物大面积化学除草的具体措施（含 14 种不同药剂或浓度的用药方法）。

（1）秧田除草。

旱育秧田杂草化学防除技术：旱育秧田发生的杂草种类和数量与选地有关。秧田选在旱田、园田或房舍前后时，除稗草外，蓼、藜、苋等杂草较多，育秧期间杂草对稻苗生育影响很大。杀草丹在播种前 1 天至播种当天或播种覆土后，每 100 平方米用 5% 乳油 30～37.5 毫升，防除稗草效果达 95% 以上，但对阔叶杂草效果差。丁草胺播种覆土后，每 100 平方米床面用 60% 丁草胺乳油 15～20

毫升，对水4~5千克，均匀喷洒床面，防除稗草效果达95%以上。施药时床面不应有水，以免发生药害。丁草胺加扑草净播种覆土后，每100平方米床面用60%丁草胺乳油20毫升加25%扑草净可湿性粉剂8~9克，对水4~5千克，均匀喷洒床面，防除稗草效果达95%以上，防除阔叶杂草效果达80%~90%。施药时床面不应有水。床面用50%杀草丹乳油40毫升，对水4~5千克，均匀喷洒床面，防除稗草效果达95%以上，防除阔叶杂草效果达80%~90%。施药时床面不应有水。

苗期处理：敌稗在稗草1.5~2.5叶期，每100平方米床面用20%敌稗乳油150~200毫升，对水4~5千克，选择高温晴天茎叶喷洒，防除稗草效果达90%以上。敌稗加杀草丹在稗草1.5~2.5叶期，每100平方米床面用20%敌稗乳油75~100毫升，加50%杀草丹乳油30毫升，对水4~5千克，茎叶喷洒，防除稗草效果达95%以上，防除阔叶杂草效果达80%~86%以上。禾大壮加苯达松稻苗3叶期后、稗草和阔叶杂草多时，每100平方米床面用96%禾大壮乳油25毫升，加48%苯达松乳油20~25毫升，对水4~5千克喷洒，防除稗草和阔叶杂草效果达85%~90%。

水秧田杂草化学防除技术。整地后插秧前处理，整平地后，趁浑水施用恶草灵，用量为12%乳油3~3.45升/公顷，甩施法用药，或用25%恶草灵12~1.76升/公顷，药土法施药。施药后2~3天排水，换新水插秧。插秧后保持3~4厘米浅水层，对稗草、牛毛毡防除效果达95%以上，对雨久花、泽泻防除效果达90%以上，对眼子菜防除效果达80%，并对三棱草也有一定效果和抑制作用。丁草胺整平土地、混水沉降后施用丁草胺。用60%丁草胺乳油2.0~2.3升/公顷，药土法施药，施药时水层要求3~5厘米，施药后3~5天插秧，插时不必换水。对稗草、雨久花、牛毛毡防除效果达90%以上。

方法一：每亩用35.75%农杀可湿性粉剂150~250毫升、33%除草通乳油200毫升或30%扫弗特乳油100~300克，播后芽前喷湿表土，不让药液渗透到谷种，防积水。方法二：播前一周晒半天后上水3~4厘米施60%丁草胺乳油80~100毫升/亩对水30~40千克喷雾或撒毒土，保水3~4天后排干水，催芽播种塌谷，湿润出苗，防积水和缺水。

（2）水稻大田除草。①稗草、鸭舌草、泽泻、萤蔺等一年生杂草和莎草，于移栽后3~7天，每亩用15.6%农家益可湿性粉剂50克拌细潮土或湿砂20~30千克撒施，保水深3~5厘米5~7天。插秧后3~6天，稗草1.5叶期前，每公顷用50%优克稗乳油3.5~4.5升，药土法施药，施药时水层为3~5厘米保水4~5天。艾割插秧后4~7天，稗草芽发至1.5叶期前，每公顷用10%艾割乳油240~345毫升，药土法施药，施药后水层为3~5厘米，保水5~6天。草克星可防除稗草、牛毛毡、雨久花、泽泻、野慈姑、眼子菜、萤蔺、针蔺、狼巴草等。插秧后3~7天，稗草发芽至1.5叶期前，每公顷用10% 草克星可湿性粉剂150~200克。药土法或喷雾法施药，施药水层5~ 7厘米，保水5~6天。如水层不足，只能缓慢补水。②眼子菜、野慈菇、矮慈菇、鸭舌草、牛毛毡、青萍等一年生或多年生阔叶杂草和莎草，10%新得力可湿性粉剂移栽后15~30天，眼子菜基本出齐，叶片由红转绿时每亩用5~6克防治或于移栽后12~17天杂草2~3叶期同法防治。③对稗草、青苔等禾草、莎草和某些阔叶杂草，每亩选用60%丁草胺乳油50~100克于移栽后3~7天同法施药防治。杀草丹可防除稗草、牛毛草和异型莎草。插秧后7~10天，稗草1.5~2.5叶期，每公顷用50% 杀草丹乳油270~330毫升，保水4~5天。排草净可防除稗草、牛毛毡、眼子菜、小茨藻、雨久花。插秧后10~13天，稗草1.5~3叶期，每公顷用50% 排草净乳油2.0~2.4升。毒土法施药，施药时水层为5~7厘米，保水4~5天。苯达松可防除三棱草、雨久花、泽泻、野慈姑、萤蔺、针蔺、狼巴草。6月下旬至7月初，三棱草和阔叶杂草基本出齐后，每公顷用48% 苯达松水剂2.5~3.0升，或用25% 苯达松水剂5.8~6.0升，对水25~30千克，选择高温晴天进行茎叶喷洒。施药前1~2天应将田中水排干，施药后第2天灌水，保持正常水面层。

（3）麦田除草。每亩用48%百草敌水剂30~40毫升，在小麦三叶期对水40~50千克作茎叶喷雾。注：小麦3叶之前和拔节之后禁用。

（4）玉米地除草。播后出苗前杂草萌动期用50%都阿合剂水溶性悬浮剂150~200毫升/亩对水60千克土表喷雾。

（5）烤烟地行间除草。栽后1个半月左右烟苗行间杂草出齐时，杂草2~4叶期每亩盖膜的烤烟用20%克芜踪水剂50~100毫升、10%草甘膦水剂（浙江新安化工集团公司产）250~500克或74.7%农民乐747颗粒剂25~50克对水20~50千克定向或用保护罩在行间喷雾。注：封行后无保护措施不喷，有风时应暂停不喷，下雨不喷，喷后4~6小时下雨应重喷，应尽量不喷到作物的绿色部位，不慎喷到，应立即用清水淋洗误喷处，或及时摘去误喷到的叶片。也可每亩用48%地乐胺乳油150~250毫升或33%施田补乳油100~200毫升对水45~65千克均匀喷雾于表土后立即盖膜移栽上烟苗，防除行间及膜下杂草。

（6）苹果、桃、李、柑橘等果园除草。①防多年生杂草：杂草6~8叶时，每亩 施草甘膦水剂300~750克对水30~50千克喷雾，药最好分成两次使用，间隔5天可提高防效。②对一年生杂草，在杂草发生早期，杂草出齐后3~6叶期喷10%草甘膦水剂250~500克对水25~30千克作杂草茎叶喷雾，喷湿欲滴为度。

第三节 鼠害防治技术*

一、前言

鼠，是哺乳动物中的一大类群，世界有 1 700 多种鼠类，约占哺乳动物的 40%。在我国，有鼠类 170 多种，云南省有鼠类 90 多种（不含亚种），昭通市有鼠类 21 种，为害生产的主要有齐氏姬鼠、昭通绒鼠、黄胸鼠、小家鼠、褐家鼠、卡氏小鼠、黑线姬鼠等。农田鼠害是当前植物保护领域上的一大生物灾害。自 20 世纪 80 年代来，农业生产的大力发展，对生物多样性环境的大力破坏，加之农药的泛滥使用，生态平衡遭遇严重破坏，促使害鼠天敌大量的减少，鼠与天敌失去严重的平衡关系，生物自然控害能力减弱。加之，全球变暖，鼠害越冬容易，死亡率降低。田间食源丰富，害鼠营养充足，生育能力加强，如不能加以有效的控制，鼠密度将逐年上升，为害逐年加重，最终造成不可挽回的损失。为此，必须对鼠害的发生提高认识，加强防控手段，将其有效控制在经济阈值允许范围，以达到既维护生态平衡，又能保障农业生产安全的双重目的。

二、鼠害对人类生活的危害

鼠害是世界性的生物灾害之一，其危害可以用六个字概括“盗食、传病、破坏”。

盗食：害鼠可盗食农田的粮食与经济作物，盗食林间树苗、树皮及树种，盗食草原的牧草，盗食家禽、家畜、家蚕，盗食鱼塘里的鱼、虾、蟹等，盗食室内的各种食品，盗食仓库里的粮食、种子等，对整个人类的生产、生活均可造成危害。

传病：鼠是多种自然疫源性疾病的宿主或传播者，目前已知可由老鼠对人类传播的疾病有鼠疫、流行性出血热、钩端螺旋体、斑疹伤寒、蜱性回归热等 57 种。其传播疾病的途径主要有 3 种：一是通过鼠体外寄生虫作媒介，通过叮咬人体吸血时，将病原体传染给人；二是体内带致病微生物的鼠，通过鼠的活动、体液、排泄物或体表污染了食物、水源、用具和衣物，造成人类接触后发病；三是老鼠直接咬人或病原体通过外伤侵入而引起感染。

---

* 本节编写人：昭通市植保植检站　杨毅娟、宋家雄（通讯作者）

破坏：鼠类的破坏性行为一是为了磨牙，会咬坏家具、衣物、书籍、电线、电缆、树木等；二是为了打洞，会造成河堤、沟渠、田埂等漏水。

三、鼠害对农业生产的危害

随着生产力的发展，农业为人类提供了丰富的食物和农副产品，也为害鼠提供了丰富的食物和隐蔽场所，有利于害鼠的繁殖。鼠类具有个体小、繁殖速度快、适应性强、杂食性特点。灭鼠工作一有疏忽，就易成灾为害。农田鼠害对农业生产的危害具有种类多、危害范围广、危害时间长、危害重的特点。其即可危害草本类作物，又可危害木本类作物。即可盗食生产前期的种子，咬断苗木，又可在生产中期的取食果实和咬断成株，还能在生产后期为盗食和污染仓储粮食。

昭通市鼠种丰富，农田鼠害常年发生 120 万～150 万亩。2013 年农田鼠害发生 146 万亩，防治 124 万亩，挽回粮食 9 947 吨，防治后仍损失 3 848 吨（2013 年昭通市植保统计年报），如没有有效的防治，将造成损失 13 795 吨。因此，为了有效地控制鼠害的发生，就必须采取有效的防治措施，以降低鼠类的种群数量，最大限度减少危害。

四、农田害鼠的防治

农业鼠害的防治，与其他农作物病虫害防治一样，必须贯彻执行“预防为主，综合防治”的植保方针。

自然界中，有少量的老鼠不会对农业造成很大的危害，反而为黄鼠狼、猫头鹰、蛇类等天敌提供了食物，以维持种群的多样。因此，防治害鼠不是以消灭物种为目的，而是在害鼠种群量达到一定程度，威胁到农业生产安全、农副产品贮藏，威胁到人类健康时，才需要开展防治，将其控制到可以忍受、不足造成经济危害的水平，这也是鼠害防治的基本原则。因此，鼠害防治包括两个方面：一是防鼠；二是治鼠，即常说的“灭鼠”。

（一）确定防治适期

防治鼠害，应该抓住害鼠种群数量变动的薄弱环节，根据害鼠的活动规律、繁殖特点、危害特点、种群年龄、种群数量变动，结合耕作制度、气候、天敌等情况综合考虑确定。防治适期分为策略性防治适期和主害期防治适期。前者，是针对控制害鼠种群数量所确定的，后者，是针对控制对农作物危害阶段所确定的。

1. 策略性防治适期

农田鼠害的策略性防治适期，大多选择在春季害鼠繁殖高峰期前。利用害鼠正处于饥饿期，毒饵具有极强的诱惑力，因此，能在繁殖前期有效地控制种群基数，降低害鼠密度。

2. 主害期防治适期

在农作物的各个生育期，受害鼠危害的程度是不一样，其中，受鼠害严重的时期，称为主害期。为减轻农作物主害期的危害，选择最适宜时期进行防治，称为主害期防治适期，在主害期中，害鼠种群达到一定数量时，才开展药物防治措施。

（二）农业鼠害的防治目标

云南省鼠害防控目标：农区鼠害防控处置率达70%以上；防治效果达到80%以上；鼠害危害损失控制在5%以下；农田鼠密度控制在3%以下，农户鼠密度控制在2%以下。其中，统一灭鼠示范区基本实现全覆盖；重点发生地区防控面积达70%以上。

（三）防治措施

农田鼠害的防治方法有农业防治、物理防治、生物防治及药物防治。

（1）农业防治。主要是破坏或恶化农田害鼠的生活栖息环境和条件，以此破坏其用于识别方位的标志，造成其无处藏身，增加天敌捕食机会。主要手段是中耕翻土、清洁田园和及时清理田间食源。

（2）物理防治。利用物理学的原理对鼠害进行防治的方法。例如：铁板夹、矩形捕鼠笼、电子猫、粘鼠胶等。

（3）生物防治。利用天敌捕杀，病原微生物或微生物毒素进行灭鼠的方法。害鼠的天敌（如蛇、鹰、猫、黄鼠狼等等），每年可捕食大量的鼠，因些可以通过对野外天敌的保护和适当养殖猫来控制鼠害密度。自1985年以来，我国利用C型肉毒梭菌蛋白毒素对害鼠防治取得了较好的灭鼠效果，该毒素属高毒杀鼠剂，但对人、畜、禽较为安全，未发现二次中毒现象。

（4）化学防治。即为利用化学合成的农药——杀鼠剂灭鼠的方法，也是现在灭鼠最为广泛和直接有效的方法。它可以大范围同时使用、且灭鼠速度快，但如使用不当，害鼠易产生拒食性和抗药性，影响防治效果。且易被其它动物误食中毒或造成二次中毒。因些，使用化学方法灭鼠时，一定要注意科学用药，安全防治。当前，国家允许销售和使用的杀鼠剂主要有：

①杀鼠醚：原药属高毒农药。属第一代抗凝血杀鼠剂，作用慢，杀鼠谱广，适口性好，无二次中毒危险。使用方法：一般用饵料19份，拌食用油0.5份，再加0.75%的杀鼠醚一份，拌和均匀。防家栖鼠类，每间房设饵点1~3个，每点投毒饵5~10克，3~5天内逐日检查，随时补充。田间防治黑线姬鼠、褐家

鼠和黄毛鼠，在鼠出没区，每 5 米设一个投饵点，每点投饵 5 ~ 10 克。

②敌鼠钠盐：是当前应用广泛的第一代抗凝血型杀鼠剂，其特点是杀鼠谱广，适口性好，作用缓慢，效果明显。使用方法：先将其溶于酒精或热水中，制成母液，然后将小麦、大米或切块的瓜果浸泡到母液中，待吸收后，取出晾干。或用敌鼠原粉与面粉以 1∶99 混合配成母粉，再与饵料均匀拌和。防治家栖鼠在每间房屋内设点 1 ~ 3 个，每点放饵料 5 ~ 10 克，连续 5 天内不断补充毒饵至每点 20 ~ 50 克，投饵时期可延长到 2 个月，效果比较彻底，以达到长期控制的目的。防治田间害鼠，所用毒饵含量可控制在 0.1% 以下，每 5 ~ 10 米设一个投饵点，每点投饵 20 克。

③杀鼠灵：属第二代抗凝血型杀鼠剂，杀鼠谱广，毒力强。对鼠、猫、狗高毒，但对牛、羊、鸡、鸭比较安全。选用 0.025% ~ 0.05% 的毒饵，室内在房间墙根处设 3 ~ 4 点，每点 10 ~ 15 克，不断补充饵料，直到不再被取食。如防治小家鼠，增加投饵点，可把饵料量减少到 5 ~ 10 克。

④溴鼠灵：属第二代抗凝血型杀鼠剂，杀鼠谱广，毒力极强，居抗凝血剂之首，具有急性和慢性杀鼠剂的双重特点，适口性好，无拒食作用。猪、狗、鸟、鱼对其都很敏感，但对其他动物比较安全。使用方法同杀鼠灵。

⑤溴敌隆：属高效广谱的第二代抗凝血型杀鼠剂。它兼具第一代抗凝血型杀鼠剂的特点，作用缓慢，不易引起鼠类警觉，急性毒性强，与第一代抗凝血型杀鼠剂无交互抗性，死亡高峰出现在投饵后 4 ~ 6 天。

⑥氯敌鼠钠盐：属第一代抗凝血型高毒杀鼠剂。杀鼠谱广，适口性好，作用比较缓慢，适宜一次性投毒灭鼠。原药溶于油，可制成油剂，防治雨淋，延长药效，适合野外灭鼠。

⑦氯鼠酮：属第二代抗凝血型杀鼠剂，适口性好，急性毒力强，1 次投放，即可生效，使用安全，但对狗的毒性大。主要防治对象为褐家鼠、小家鼠、黄毛鼠。配制成 0.005% 的毒饵，防治家鼠每房间设 1 ~ 3 点，每点置毒饵 3 ~ 5 克,3 ~ 4 天后补充毒饵。野外每 50 米设一点，每点投饵 5 ~ 10 克。

⑧灭鼠优：属高毒急性杀鼠剂，该药选择性强，主要用于黄胸鼠、褐家鼠、黄毛鼠等，对人畜和家禽比较安全，二次中毒危险性也较小。该药适口性好，不易产生拒食和耐药性。食毒后，经 3 ~ 4 小时潜伏期后，8 ~ 12 小时内死亡。使用方法：可选用小麦、红薯、高粱与灭鼠优毒粉配制成 0.5 ~ 2% 的毒饵，防治褐家鼠时配制为 1% 的毒饵，防治黄胸鼠时配制为 2% 的毒饵。

⑨安妥：硫脲类急性杀鼠剂，选择性强，对褐家鼠和黄胸鼠防治效果好。鼠食毒后 6 ~ 7 小时即可死亡，适口性好，但易产生耐药性，耐药性可持续 6 个月，因此，再次使用时，至少需要间隔 6 个月以上。主要用于室内或厂房内

灭鼠。

（5）配制毒饵时应该注意的问题。配制诱饵时必须选择鼠类喜食的食物，一般来说，大规模灭鼠使用的诱饵有以下几种类型：①整粒谷物或碎片，如小麦、大米、碎玉米等；②粮食粉，如玉米面、面粉等，主要用于制作混合毒饵。通常可用60%～80%玉米面加20%～40%面粉；③瓜菜，如白薯块、胡萝卜块等，主要用于制作沾附毒饵，现配现用。

毒饵配制要符合以下标准：①灭鼠药、诱饵沾着剂等必须符合标准；②拌饵均匀，使灭鼠药均匀地与诱饵混合；在使用毒力大的灭鼠药时应先配成适当浓度的母粉或母液再与诱饵相混。母粉与母液的含药量必须准确；③灭鼠药的浓度适中，不可过低，也不能过高。过高影响适口性，反而降低灭鼠效果。对慢性药来说，提高浓度并不能相应地加快灭鼠速度。

（6）慎用急性高毒杀毒剂。现在市场上大多推荐使用抗凝血杀鼠剂，此类杀鼠剂具有作用慢、杀鼠谱广、适口性好、不易引起鼠害警惕产生拒食现象，且无二次中毒的危险。但在市场上也能买到一些急性鼠药，如灭鼠优、安妥等急性杀鼠剂，此类杀鼠剂具见效快的特点，但大多使用后，虽然前期杀鼠效果明显，但容易引起鼠类警惕，拒食，无持续防治效果，也易产生耐药性，有二次中毒危险，一旦人畜禽因误食中毒后，抢救时间短，死伤率高。因此，在选用鼠药时，应尽量使用慢性杀鼠剂，如确需使用急性高毒杀鼠剂，必须严格按照鼠药安全使用规则进行合理规范使用。

（7）当前国家禁止生产和使用的剧毒鼠药。当前国家禁止生产和使用的剧毒鼠药有毒死强、灭鼠硅、氟乙酸纳、氟乙酸胺和甘氟，它们的常见名称有“一步倒”、“二步倒”、“三步倒”、“闻到死”、“九一〇”“闻味死”、“猫鼠药”、“速杀神”、“王中王”、“灭鼠王”、“华夏药王”、“神奇诱鼠精”、“气体鼠药”、“神奇气体鼠药”、“一扫光”、“强力鼠药”、“毒鼠灵”、“化学快速灭鼠灵”、“邱氏鼠药”等。

（四）农田鼠害主要防治方法

（1）农田四埂旁封闭式投饵法。沿农田四埂旁（由四埂向地中心）0～4米范围地内投放，尽力选投于鼠迹明显处、老鼠能安稳取食处，并注意在鼠迹多的区域比鼠迹少的区域要少量多堆加密增量投放。

（2）封锁带式投饵法。沿农田四埂内侧（由埂向地中心）3～5米处进行投放。

（3）埂道投饵法。将毒饵直接投在埂道上。

（4）洞旁投饵法。在鼠洞旁约20厘米处放置5～20克饵1堆。

（5）鼠夹灭鼠法。将鼠夹要放在鼠常跑动的路埂边，用花生或其它香味较好的食物做诱饵，鼠夹夹过一次老鼠后要清洗消除死鼠气味后，才能再次使用。

（6）毒饵站。用纸、塑料或竹筒等制成模拟鼠最喜爱的活动场所，吸引鼠前来取食毒饵。纸质毒饵站则要作防水处理。毒饵盒放置足够的毒饵，在鼠取食后予以补充。毒饵站最大优点是省饵和避免其他动物误食。大田使用应将毒饵站用铁丝固定插入地下，地面与竹筒间留 3～5 厘米，以免雨水灌入，每亩放置 1 个，沿田埂放置。每季灭鼠放置时间不得少于 20 天，最好 30 天。

（7）TBS 防鼠技术。TBS 技术是近年国际上兴起的一种农田鼠害控制技术。其原理是在保持原有生产措施与结构的前提下，不使用杀鼠剂和其他药物，利用鼠类的行为特点，通过捕鼠器与围栏结合的形式控制农田害鼠的技术措施。其总体方案为：选择种植作物基本一致的连片农田（面积不小于 33.3 公顷），且鼠类危害严重，当地害鼠以群居性害鼠为主，如黄胸鼠、黑线姬鼠、小家鼠、褐家鼠等。在选定的田块中围建 TBS 的金属筛网（孔径≤1 厘米），并在网内沿网边设置捕鼠器。TBS 地块内的作物应早于大田作物10～15 天播种，如 TBS 内外作物播种相同，有条件的可在播种后浇水或覆膜，以使作物发芽和生长长势好于周边作物，从而有利于诱杀害鼠。作物播种后至成熟期，每天派专人检查捕鼠器内的捕鼠情况，并及时处置捕鼠器内的害鼠。

参考文献

[1] 沈兆昌．农田害鼠学．南京：江苏科学技术出版社，1993.

[2] 叶钟音．现代农药应用技术全书．北京：中国农业出版社，2002.

[3] 汪恩国，徐建章，蒋尚军．农田害鼠长期运动规律与持续控制技术研究．中国农学通报，2006（09）：341－345.

[4] 陈昊．TBS 技术农田控鼠效果研究．现代农业科技，2010（06）：138－139.

[5] 宋家雄、苏旭东．溴敌隆 4 种投饵方法灭鼠效果比较；植物保护：1999（06）：46－47.

[6] 窦秦川，沐卫东，张林，等．云南省农田鼠害分布发生规律初报．中国媒介生物学及控制学杂志，2010（04）：370－372.

第四节　危险性有害生物的检疫控制*

一、前言

植物检疫控制就是一个国家或地区为防止检疫性有害生物传入和（或）传播，或确保这些有害生物得到官方控制而采取的所有措施。根据《植物检疫条

* 本节编写人：昭通市植保植检站　杨毅娟

例》第4条规定："凡局部地区发生的危险性大、能随植物及其产品传播的病、虫、杂草，应定为植物检疫对象"。在本区域内新发现的病虫草等，在未确定检疫地位时，都应例为危险性有害生物。昭通市地理位置独特，地处云、贵、川三省交界处，公路、铁路、航空三线均已开通，交通便利，同时也是云南省与其他省农产品交流的重要港口，危险性有害生物的传播风险加大。因此，加强检疫工作，控制危险性有害生物对农业生产的影响意义重大而深远。

二、植物检疫的目的和任务

植物检疫的目的就是为了防止危险性病、虫、杂草在地区间和国家间传播蔓延，确保农业生产安全。其任务是严格防止危险性病、虫、杂草随着农作物及其产品由国外（区间外）输入或输出；对已发生的危险性病、虫、杂草害，封锁在一定范围内，不让它们传播到没有发生的地区；对危险性病、虫、杂草已被传入新区时，要采取紧急措施，进行彻底肃清。

三、植物危险性有害生物的检疫控制手段

危险性有害生物种类众多，针对不同的危险性有害生物检疫措施应有所差异，但对其的检疫性手段控制基本有以下几个方面。

1. 加大疫情普查力度

由于昭通市的区域特点，危险性有害生物传播风险加大。因此加大对危险性有害生物的普查的范围，普查力度，明确其是否发生、发生范围及危害程度。一旦发现，应严格依照植物检疫条例，划为疫区，对小范围的疫情，进行全面铲除、销毁，对大面积的疫情，应严格遵守检疫法规，采取检疫手段，严格控制产品不得调出，控制其传播蔓延。

2. 抓好植物调运检疫

一是对种子的调运检疫要严防死守，未经检疫的种子一律不得进行销售和种植。对发现疫情的种子，更要及时销毁。二是对区间调运的所有应施检疫的苗木、植物、植物产品等均要严格按照调运检疫规程实施检疫，对经检疫合格后的产品才可依法放行，对不合格产品应严格检疫处理，防止有害生物侵入。

3. 对引种行为要规范检疫，加强管理

对需要进行引种、引苗的企业或个人，应加强宣传，严格执行种苗引进的法律法规，这是检疫控制的关键手段。对当前大范围新发生的危险性病虫草害的情况分析，不合格的引种、引苗造成病虫害新发生的可能性最大。一旦疏忽大意，检疫管理不好，所引进的种苗就可能成为新的危险性病虫害的侵入传播途径，而造成不可挽回的损失。特别是一些在种苗期不能充分表现发生症状的

细菌、真菌、病毒病害或是处于休眠状态的虫害，简单的检查检测很难发现所携带病虫害，其潜在的危险性很大。加强对植物种苗的引进管理，对植物检疫有关法律法规明确规定的检疫审批制度、初次引进的隔离试种制度、原产国的产地检疫制度、疫情监测制度、调入地检疫要求书制度、产地检疫制度、无病种苗繁育基地制度等要严格执行，在确定无危险性有害生物后才可同意正式引进，在引进生长期间还要密切注视疫情发生动态。

4. 做好有害生物风险分析

有害生物风险分析（PRA）是检疫决策的重要支持工具之一。随着新的世界贸易体制的运作，进行PRA可保持检疫的正当技术壁垒作用，充分发挥检疫的保护功能。能强化植物检疫对贸易的促进作用，增加农产品出口的市场准入机会。开展PRA工作是遵守SPS协议及其透明度原则的具体体现。有害生物风险分析一般有两个起始点：一是查明可能会使检疫性有害生物传入和（或）扩散的传播途径，通常是一种进口商品。二是查明可能被视为检疫性有害生物的有害生物。因此，通过有效的风险分析，可以最大限度地阻止外来危险性有害生物的侵入，科学预测，及时采取有效的检疫治理措施，扑灭疫情。

5. 做好防疫工作，加强监测与治理

由于昭通地理位置的特殊性，农产品流通加速，危险性有害生物传播风险加大。而目前我们农业检疫监控体系还非常脆弱，检验检疫手段也很落后。因此，必须加强疫情监测工作，建立危险性病虫草害检疫监控网络，做到及早发现疫情，及时采取措施，防止疫情扩散蔓延。一旦在保护区监测发现了某种危险性的疫情，检疫部门就要迅速查清染疫范围，对疫区采取紧急封锁控制措施，包括加强调运检疫、设置检疫检查站等。同时，对感染疫情的植物及植物产品进行彻底的除疫处理，包括田间综合防治、仓库熏蒸杀虫、人工挖除焚烧等。如果检疫监控治理措施及时，就可以有效地消灭入侵的危险性有害生物。

四、加强植物检疫工作

根据《植物检疫条例》及《植物检疫条例实施办法》，相关植物产品调运单位及个人都应该严格遵守相关规定，对所需调运的植物产品在相关部门申请检疫，以达到控制检疫性有害生物扩散蔓延的目的。

1. 省间调运检疫

根据《植物检疫条例实施办法》第十四条、根据《植物检疫条例》第九条和第十条规定，省间调运应施检疫的植物、植物产品，按照下列程序实施检疫。

(1) 调入单位或个人必须事先征得所在地的省、自治区、直辖市植物检疫机构或其授权的地(市)、县级植物检疫机构同意，并取得检疫要求书；

(2) 调出地的省、自治区、直辖市植物检疫机构或其授权的当地植物检疫机构，凭调出单位或个人提供的调入地检疫要求书受理报检，并实施检疫；

(3) 邮寄、承运单位一律凭有效的植物检疫证书正本收寄、承运应施检疫的植物、植物产品。

2. 产地检疫

《植物检疫条例》第十七条规定：各级植物检疫机构对本辖区的原种场、良种场、苗圃以及其他繁育基地，按照国家和地方制定的《植物检疫操作规程》实施产地检疫，有关单位或个人应给予必要的配合和协助。

《植物检疫条例》第十八条规定：种苗繁育单位或个人必须有计划地在无植物检疫对象分布的地区建立种苗繁育基地。新建的良种场、原种场、苗圃等，在选址以前，应征求当地植物检疫机构的意见；植物检疫机构应帮助种苗繁育单位选择符合检疫要求的地方建立繁育基地。

已经发生检疫对象的良种场、原种场、苗圃等，应立即采取有效措施封锁消灭。在检疫对象未消灭以前，所繁育的材料不准调入无病区；经过严格除害处理并经植物检疫机构检疫合格的，可以调运。

《植物检疫条例》第十九条规定：试验、示范、推广的种子、苗木和其他繁殖材料，必须事先经过植物检疫机构检疫，查明确实不带植物检疫对象的，发给植物检疫证书后，方可进行试验、示范和推广。

第五节　地下害虫防治技术*

地下害虫俗称根部害虫，是指活动危害期间生活在土中，主要危害农作物的地下部分或近地面部分，造成断根、死苗的一类害虫。昭通市已知地下害虫有蛴螬、金针虫、地老虎、蝼蛄、根蚜、根蛆、根象甲、根叶甲、蟋蟀、白蚁等10多类，以蛴螬、金针虫、蝼蛄、地老虎为主，发生面积广，为害程度重。

一、地下害虫危害特点

1. 分布广，食性杂，危害重

全市均有发生，旱地重于水田。危害作物种类多，主要有马铃薯、甘薯、

* 本节编写人：永善县植保植检站　唐明凤；鲁甸县龙头山镇农技综合服务中心　管彦荣（通讯作者）

玉米、大豆、烟草、蔬菜、花生、小麦、蚕豆、豌豆、油菜等。危害后常造成缺苗断垄，地上部分叶片枯黄，块茎腐烂甚至植株死亡。蛴螬危害的断口比较整齐；金针虫被害部不整齐而呈丝状；蝼蛄擅长土壤表层爬行，造成幼苗吊根失水干枯而死；地老虎3龄后昼伏夜出，高龄幼虫可将幼苗茎基部咬断，造成缺苗断垄甚至毁种。

2. 世代、历期比较长

地下害虫生命力较强，一般1年1代，多则2~3年发生1代。以春秋两季为害为主，春天在4~5月，秋天在9~10月，蛴螬夏天也危害。

3. 发生比较隐蔽

成虫、幼虫在土中越冬，昼伏夜出。

二、地下害虫的生活习性、识别

1. 蛴螬的生活习性、识别

生活习性：蛴螬俗称壮地虫、老母虫，是鞘翅目金龟甲总科幼虫的通称，是地下害虫中种类最多、分布最广为害最重的一大类群。成虫昼伏夜出，20~21时活动最盛，22时以后逐渐减少，超光性弱，有假死性，飞翔力弱，喜食杨树、大豆、花生等作物的叶片，卵产在这些树木附近田块或耕地内。幼虫生活在土中，3龄幼虫历期最长是主要危害虫期。

识别：金龟子的幼虫，体肥大弯曲近C形，体大多白色，少数黄白色。体壁较柔软，多皱。体表疏生细毛。头大而圆，多为黄褐色，或红褐色，生有左右对称的刚毛。

2. 金针虫生活习性、识别

生活习性：金针虫俗称节节虫、铁丝虫，成虫俗称叩头虫，是鞘目叩甲科幼虫的通称，成虫和幼虫均在土中越冬，越冬深度15~40厘米，最深可达100厘米左右。越冬成虫3月初出土活动，3月中旬至4月上旬达活动高峰。3月下旬至6月上旬产卵，5月上、中旬为卵孵化盛期，6月底幼虫潜入土中越夏。9月中至11月上中旬出土活动，11月下旬在土壤深层越冬。翌年3~5月为害重。第三年8~9月，老熟幼虫钻入15~20厘米土中作土室化蛹，蛹期12~20天，9月初开始羽化成虫，成虫当年不出土，第四年春出土交配。成虫白天潜伏在杂草中和土块下，晚上出来交配、产卵。雄虫不取食、善飞、有趋光性；雌虫偶尔咬嚼少量麦叶，行动迟缓，只能在地面或麦田爬行。

识别：老熟幼虫体长约32毫米，宽约1.5毫米，淡黄色，光亮。细长圆筒形，头部扁平，口器深褐色。

3. 蝼蛄的生活习性、识别

生活习性：蝼蛄俗称蝲蛄，属直翅目蝼蛄科，是最活跃的地下害虫。不完全变态，成虫、若虫均可危害。1～3年完成1代，以若虫、成虫在土中越冬。昼伏夜出，21～23时为活动、取食高峰，具有强趋光和趋化性，初孵若虫有群集性，3龄后才分散为害。

识别：蝼蛄体狭长，头小，圆锥形。复眼小而突出，单眼2个。前胸背板椭圆形，背面隆起如盾，两侧向下伸展，几乎把前足基节包起。前足退化为粗短结构，基节特短宽，腿节略弯，片状，胫节很短，三角形，具强端刺，便于开掘。

4. 地老虎的生活习性、识别

生活习性：地老虎俗称切根虫、夜盗虫、属鳞翅目夜蛾科害虫。1年发生1代，是一种迁飞性害虫。幼虫食性很杂，昼伏夜出，但低龄幼虫昼夜均可取食。

识别：地老虎老熟幼虫体长37～50毫米，黄褐、黑褐色、红褐色等；体表密布黑色颗粒状小突起，背面有淡色纵带；腹部末节背板上有2条深褐色纵带。

三、防治方法

1. 农业防治

着重抓好深翻土壤精细耕作，清除杂草，调整茬口进行轮作，合理施用腐熟厩肥，适时灌溉与调整作物播期。达到减少虫源基数，减少产卵和栖栖的场所，减少幼虫早期食料。

2. 物理防治

采用灯光诱杀、糖醋酒液诱杀（糖醋酒杀虫液比例为糖：醋：白酒：90%敌百虫=6：3：1：1）、堆草诱杀（用新鲜的泡桐叶可以诱集地老虎集中杀灭；用杨柳枝浸蘸30～50倍的久效磷或乐果10小时后，可以诱杀蛴螬）、人工捕捉、火把、挖杀法等防治。

3. 化学防治

拌种：50%辛硫磷，用种子重量0.1%～0.2%，对种子种量5%～7%水量，均匀拌种，拌种后堆闷4～8小时，注意人畜安全。

撒施毒土：播种前，对土壤处理，用50%辛硫磷乳油亩200～250克/亩，加水10倍喷于25～30千克细土上拌匀制成毒土，顺垄条施，随即浅锄，或将该毒土撒于种沟或地面，随即耕翻或混入厩肥中施用，可以达到很好的防治效果。

毒饵诱杀：用麦麸或细碎饼肥5千克，炒香后，用90%晶体敌百虫0.1千克加水1千克稀释，与饼料拌匀即成。傍晚施用，并覆以薄土，每亩施毒饵2～3千克。

灌根：用15%的毒死蜱颗粒剂180～240克/亩、2%高效氯氰菊酯+10%辛硫磷8～10克/亩拌细沙均匀撒施，然后浇水使药液渗入地下；90%晶体敌百虫800倍液、50%辛硫磷乳油500倍液，任选一种灌根。8～10天灌一次，连续灌2～3次。

药剂喷施：成虫盛发期用50%辛硫磷乳油1 000倍液、40%氧化乐果500倍液、25%敌杀死1 800倍液树冠喷施，可以杀死成虫。

第六节　十字花科蔬菜根肿病防治*

十字花科蔬菜是蔬菜中最常见的一类蔬菜，主要种类有白菜、青菜、花菜、甘蓝、萝卜、椰菜等。其主要病虫害包括小菜蛾、蚜虫、病毒病、根肿病、霜霉病等病虫害。其中根肿病是近年来在十字花科蔬菜上发生危害较为严重的一种传染性病害。该病可危害十字花科蔬菜的所有作物，其中在大白菜上为害较重。由于该病是一种土传病害，传染性强，传播速度快，传播途径多，一旦传入，很难根除。

一、症状特点

根肿病主要为害十字花科蔬菜的根部，引起主根或侧根形成数目和大小不等、形似指状、短棒状或球形的肿瘤。正常的根系是形成一个明显的圆锥根，周生健壮、匀称的四根和须根。但是，受根肿菌侵染的根系，侧根变成很多大小不匀、粗细不等的肿胀根，正常的圆锥形主根不见了。受害植株地上部分生长迟缓、植株矮小、萎蔫下垂，尤以晴天中午最为明显。感病后植株叶片逐渐失水发黄。肿瘤初期小而光滑，乳白色，后期逐渐长大龟裂，变成褐色，表面变粗糙，甚至腐烂发臭。后期龟裂极易遭受其他病菌的侵染而腐烂，最后全株枯死。

二、病原及侵染循环

该病由鞭毛菌亚门根肿菌纲芸薹肿菌（*Plasmodiophora brasicae* Woron.）引起，属于专性寄生菌。病菌在被寄生的寄主薄壁细胞内形成大量密集的鱼卵状休眠孢子囊堆。膨大的病根后期破裂，使大量的孢子囊存留在土壤中和以病残组织作原料的粪肥中。这些孢子囊就成为下一季或第二年发病的初侵染来源。在条件适宜时，休眠孢子囊萌发产生有长短不等双鞭毛的游动孢子，从植株的

---

* 本节编写人：昭通市植保植检站　石安宪；鲁甸县龙头山镇农技综合服务中心　管彦荣（通讯作者）

根毛侵入到表皮细胞内，病菌刺激寄主，使细胞分裂加快，体积增大，寄主组织出现非正常生长和维管束疏通受阻，因而形成了很多的膨大根和膨肿部位，导致人们所称的根肿病。地下根部正常代谢受阻，使地上部分产生生长发育不良。最后病菌又在寄主细胞内形成大量休眠孢子囊，根瘤腐烂后，休眠孢子囊进入土中越冬。

三、发生规律

根肿菌喜欢酸性土壤，以 pH 值 5.4～6.5 的土壤最适宜，土壤湿度大于 40%，温度为 5～30℃都可以发病，最适宜温度是 20～25℃。据 2001—2003 年市县区植保技术人员系统监测发现：一般夏季十字花科蔬菜在 3 叶 1 心期侵入，5 叶 1 心期表现症状。夏季重于秋冬季节；白菜重于青菜、花菜、甘蓝、萝卜等；低洼积水、土壤湿度较大的地块易发病；土壤钙质较低地块易发病；连作田土壤中病原菌积累较多、发病重。

四、防治方法

1. 农业防治

（1）加强检疫。在种苗调入时，应认真了解发病情况，严禁从疫区调入种苗。

（2）实行轮作。对有病地块，要与非十字花科蔬菜或作物进行 4～5 年间隔期的轮作。

（3）选用抗耐病品种。目前较抗病的白菜品种有白菜王、星星、康根 51、高抗王等。

（4）改变土壤 pH 值。对于酸性土壤，在整地施肥时，可通过增施熟石灰粉或草木灰等碱性物质，改变土壤酸性状况。一般每亩施入熟石灰粉 100～150 千克或草木灰 30～50 千克，撒施后整地，使之混合均匀，可减轻发病。

（5）育苗移栽。育苗地点应注意选择未有病史的地块，进行育苗和定植。

（6）加强栽培管理。采取低沟高墒种植，阴雨天及时排除田间积水，降低土壤含水量。

2. 药剂防治

（1）药剂防治时间。移栽前灌塘，移栽后 15～20 天灌一次，若发病重间隔 10 天左右再灌一次。

（2）防治药剂及使用倍数推荐。75% 百菌清 WP 800 倍液，70% 甲基托布津 WP 500 倍液，10% 氰霜唑悬浮剂 1 500～2 000 倍液，50% 氟啶胺悬浮剂

2 000倍液。

（3）用药注意事项。用药时选择晴天，喷药后4小时内遇雨应补喷。

3. 综合防治

大面主栽品种宜采用农业防治加药剂防治，要点为：穴施有机肥250克+消石灰30~50克+无菌土育苗移栽+以上药剂灌根2~3次。

第七节　其他无公害、绿色防治技术介绍*

一、什么是绿色防控

农作物病虫害绿色防控是按照“绿色植保”理念，从农田生态系统整体出发，以农业防治为基础，综合应用生态调控、生物防治、物理防治、生物多样性间作防治、科学用药等环境友好型措施来控制有害生物的防控行为。绿色防控是在无公害防控基础上，更加趋向于农业、物理、生物防治，对化学防治药剂的选择限制更严格；化学防治药剂推广以生物农药为主，适当选用低毒低残留农药。

二、防治技术原理

（1）抗病虫害品种+保健栽培技术。

（2）大面种植感病品种应用综合防控技术（种子处理+生态+物理+生物+化学防治）。

三、防控技术及应用方法

（1）选择抗病良种。主要是针对当地种植作物易发流行性病虫害选择其抗性较强的优良品种。如玉米抗灰斑病，马铃薯抗晚疫病，水稻抗稻瘟病，蔬菜抗根肿病等抗病虫害品种。

（2）保健栽培技术。播种前深翻土地、清洁田园，减少病虫源基数；合理轮作和种植布局，切断食物链，控制病虫害流行；抓好开沟排水、平衡施肥、行向通透，加强中耕管理等农艺措施，破坏病虫害生活环境，促进作物健康成长。

（3）种子处理技术。在没有选择到抗病虫品种时，仍需推广大面种植品

---

* 本节编写人：昭通市植保植检站　马永翠

种，播种前采用种子处理，如玉米种子包衣、草木灰拌马铃薯种薯、小麦拌浆闷种、蔬菜种子温水浸泡、大蒜晾晒等处理，可推迟病虫害发生时期和减轻发生程度。

（4）生态控制技术（农业防治）。主要是从整地、播种和施肥灌水等方面采取可行的农艺措施破坏病虫害生存环境，来减少病虫源基数，控制病虫害发生为害。

肥料：选择腐熟有机肥、腐殖酸肥、微生物肥或测土配方肥。

作物布局：利用生物多样性控制病虫害。主栽农作物地块周边种植引诱或趋避病虫作物带，如美菘菜、金盏花诱斑潜蝇，大豆引诱花椒蚧壳虫等。稻田养鸭、稻田养鱼和果园养鸡，可以让共育的鸡、鸭、鱼捕捉一些害虫，减轻害虫对作物的为害。合理轮作和间作，若前后茬作物属于同一个科时，要清除前茬作物的病枝烂叶及病虫残体，间作要注意不同作物的需光性和对病虫害的交互保护性，如大白菜行间栽葱或蒜，既可减轻病毒病和软腐病发生程度，又可提高土地利用率。

整地清园：通过深翻土地，清洁田园，开沟排水等措施消灭病虫源，降低发病程度。水稻田冬季翻耕灌水3～4天，可杀死50%左右的越冬螟虫；稻田犁耙时打捞浪渣销毁，可减轻纹枯病、菌核病等病虫杂草发生为害；果园生草覆盖可增肥保水；结合冬季修剪，剪除树上病虫枝、病虫干僵果，彻底刮除主干、大枝上的老皮，带出园销毁。

中耕肥水管理：加强开沟排水、中耕薅锄起垄、间苗、疏花等措施。如苹果疏花疏果、果实套袋；蔬菜及矮秆作物铺草帘、防虫网等控制病虫危害；及时拔出中心病株销毁。

（5）生物防治技术。重点推广应用以虫治虫、以螨治螨、以菌治虫、以菌治菌等生物防治关键措施。如：瓢虫、草蛉、蜘蛛、捕食螨等昆虫可捕食蚜虫、飞虱、叶蝉、害螨等害虫，对害虫起着重要的自然控制作用；寄生性昆虫丽蚜小蜂防治白粉虱；赤眼蜂防治菜青虫、棉铃虫等；弯尾姬蜂防治小菜蛾等；白僵菌寄生小菜蛾等6个目15科200多种昆虫；苏云金杆菌（Bt）可用于防治直翅目、鞘翅目、双翅目、膜翅目害虫，特别是鳞翅目的多种害虫。

（6）物理防控技术。主要应用性引诱剂、杀虫灯、诱虫板（黄板、蓝板）、植物诱控、食饵诱杀、防虫网和银灰膜等理化诱控技术控制害虫的方法。常用技术使用方法推荐：

①性诱剂使用技术。

诱捕方法：水盆法和粘虫板法。使用哪种方法要根据当地作物地块环境和购买到的诱芯种类确定。常用的有毛细管诱芯和橡皮头诱芯两种。

性诱剂种类：使用哪种性诱剂应根据作物和害虫发生种类正确选择使用。如水稻害虫性诱剂有二化螟、三化螟、稻纵卷叶螟等诱芯；蔬菜害虫性诱剂有小菜蛾、斜纹夜蛾、甜菜夜蛾、瓜实蝇、烟青虫等诱芯；果树害虫性诱剂有金纹细蛾、苹果蠹蛾、梨小食心虫等诱芯。

使用时间：害虫初发期至害虫消退期或作物收获。每根诱芯一般可使用30天左右，即1个月左右换一次诱芯。

诱捕器安放高度：诱捕器高度应根据防治对象和作物进行适当调整，太高、太低都会影响诱杀的效果。一般矮秆作物捕器底部距离作物（露地白菜、甘蓝、花菜等）顶部10～25厘米；高秆作物害虫诱捕器可挂在竹竿或木棍上，高度以害虫迁飞和危害高度为宜；果树诱捕器可选择诱捕害虫产卵最适高度树枝上。诱捕器挂置地点以上风口处为宜。

诱捕器安放密度：一般要根据害虫种类、虫口基数、使用成本和使用方法等因素综合考虑确定。如螟虫、斜纹夜蛾、甜菜夜蛾每亩设置1～2个诱捕器；小菜蛾每亩设置1～3个诱捕器；果食蝇每亩设置5～8个诱捕器。每个诱捕器1个诱芯。

②杀虫灯使用技术。

种类：太阳能杀虫灯和普通用电的频振式杀虫灯两大类。

防控对象：杀虫灯主要用来诱杀鳞翅目、鞘翅目、直翅目、同翅目等有趋光性害虫的成虫，如稻飞虱、稻螟虫、金龟子、蝼蛄、地老虎、小菜蛾、菜螟、甜菜夜蛾、斜纹夜蛾等害虫。

使用时间：普通频振式杀虫灯一般在每年的4～11月害虫发生为害高峰期开灯，每天傍晚至次日凌晨开灯；太阳能杀虫灯安装后不需人工管理，每天自动开关诱杀害虫，害虫发生高峰期每5天清理诱杀虫体一次。

安装密度：根据作物布局和害虫发生情况确定。一般每盏灯防控面积可在10～30亩。

③色板防虫技术。

种类：目前主要使用的是黄板和蓝板两种。黄色粘板主要诱杀有翅蚜、斑潜蝇等害虫，蓝色粘板主要诱杀蓟马等害虫。

使用时间：虫害初发期悬挂粘虫板至害虫消退期。板上能粘虫区域占板表面积的60%以下或板上胶不黏时就更换粘虫板。一般最短的15天左右，在无风季节可使用3个月左右。

安放密度：因虫口密度和作物种类、布局不同而不同，一般每亩平均放置20～30张。

④防虫网使用技术。

防治对象：防虫网覆盖技术主要用于叶菜类、茄果类、瓜类蔬菜栽培和育苗地的菜青虫、小菜蛾、甜菜夜蛾、斜纹夜蛾等害虫防控。防虫网还具有防风、防雹、防霜冻等功能。

防虫网种类：白网、黑网、银灰网。黑色网遮光降温效果较好，银灰色避虫效果好。通常选用目数为 24～30 目，丝径为 14～18 毫米，幅宽 1～1.5 米的网膜。

使用方法：露地田块以竹片或钢筋弯成小拱架，插于大田畦面，将防虫网覆于拱架上，以后浇水直接浇在网上，实行全封闭覆盖。大棚地块将防虫网架到大棚上，四周都要围严实，只留一个正门就好，方便工作人员的出入就行。防虫网覆盖之前，必须清洁田园，清除前茬作物的残枝残叶，清除田间杂草及土中的蜗牛等，然后对土壤进行药剂处理，消除残留在土壤中的虫、卵。防虫网覆盖时网的四周应盖严、盖牢，防止害虫潜入网内或被风吹开或刮掉。

（7）化学防治技术

绿色防控技术中所采用的化学防控技术主要是推广使用高效、低毒、低残留的环境友好型农药（生物农药为主），严格遵守农药安全使用间隔期，通过合理使用农药，最大限度降低农药使用造成的负面影响。

生物农药种类推荐：目前已投入市场使用的生物农药有：苦参碱、烟碱、鱼藤酮、茶皂素、木烟碱、印楝素、除虫菊素、沙蚕毒素、毒扁豆碱、浏阳霉素、白僵菌素、绿僵菌素等。

使用技术：病虫害达防治指标时，及时选择对路药剂防治。严格按照各药剂的稀释倍数使用。如防治害虫的 Bt 乳剂 500～800 倍；1.8% 阿维菌素乳油 3 000～5 000 倍液；0.5% 印楝素乳油 800～100 倍液；5% 除虫菊素乳油1 000～1 500 倍液；防治病害药剂如在苹果轮纹病、梨轮纹病发病初期可用 5% 井冈霉素可溶性粉剂 1 000～1 200 倍液喷雾防治；72% 农用链霉素可溶性粉剂对各种作物细菌性病害有特效，每亩用药 15～30 克；每亩用 8% 菌克毒克水剂 30～45 毫升或 2% 菌克毒克水剂 100～150 毫升可防治水稻条纹叶枯病和烟草花叶病毒等病害。生物农药使用时应尽量避免强光，晴天应在上午 11：00 前、16：00后或在无雨的阴天使用效果较好；喷雾器械应选择雾化程度好、节省农药的器械，禁止使用跑、冒、漏、滴器械。

第三篇　淡水渔业

第十四章　电站库区养殖*

第一节　概念及方式

电站库区渔业是指在电站库区水域进行鱼类资源增殖和保护、鱼类养殖、捕捞等生产活动，其中进行鱼类养殖就是库区养殖，主要有网箱养殖，围栏养殖，生态放养（天然生态渔场）三种养殖方式。

（1）网箱养殖。是以合成纤维网片或金属网片为材料，装配成一定形状和规格的箱体，设置在适宜养鱼的水体里用来养鱼的方式。网箱养鱼是当今世界水产养殖业向集约化生产发展的一项新技术，具有产量高、成本低、投资小，便于管理、节地节水节能、有效开发江河、湖泊、水库大水面渔业等待点。设置方式有浮式、固定式和下沉式3种，以浮式使用较多。

（2）围栏养殖。围栏养殖是一种利用湖泊、水库、河沟等天然水体实行圈栏养鱼技术。它具有投资少、成本低、病害少、产量高、效益佳等优点，是开发利用大水面的一条致富新路。主要的形式有两种：一种是网围，即利用库区、湖泊等敞开优势水域环境，用网片围起一定区域进行水产养殖；另一种是网栏，即利用库区、湖泊等大水面边、库汊、库湾等有利地形，用网拦截出一定的区域进行养殖。

（3）天然生态渔场。天然生态渔场就是用人工方式向江河、湖泊、库区等公共水域放养水生生物苗种或亲体，进行简单的人工管理，然后进行捕捞的一种渔业生产方式，其饵料完全依靠水库自身饵料生物，故也称放牧式养殖。

第二节　网箱养殖

网箱养鱼与传统养鱼相比，具有密放、精养、高产、灵活、简便等特点，而且产量高，效益好。产量高主要原因有：一是鱼养在网箱内，活动量减少，呼吸频率降低，代谢作用缓慢，能量消耗减少，有利于营养物质的转化和积累；二是箱内外水体能自由交换，得到充足的氧气和天然饵料，鱼类排泄物随水流

---

* 本章编写人：昭通市渔业站　陈发国

带出箱外，水质新鲜，使鱼类有优越的生活环境；三是可以避免水域中敌害鱼类和水生动物的侵袭，提高成活率；四是根据不同鱼类，配制不同饲料，有利精养高产和鱼病防治；五是网箱便于管理，成鱼起水方便，回捕率高。

一、地点选择

网箱养鱼密度高，要求设置点的水深合适、水质良好、管理方便。这些条件的好坏直接影响到网箱养殖的效果，在网箱设置点选择时，都要认真加以考虑。

（一）交通及地理位置条件

要求设置点避风、向阳、阳光充足，周围没有污染源，同时要避开坝前、闸口等水域，不妨碍交通及其他水利设施。要选择离岸不远，交通运输方便，便于操作，电力通达的地点。

（二）水域环境

水域底部平坦，淤泥和腐殖质较少，没有水草，深浅适中，水面宽阔，水位稳定，有一定的微流水，水深一般在 3 米以上，保证网箱底部离水底 0.5 米以上。

（三）水质条件

水质良好，清澈、无污染，有足够的溶解氧，水质指标要符合渔业水域水质标准。

二、网箱的结构与架设

（一）结构

（1）网箱材料。网箱由箱体、框架、浮子、沉子和固定位置的锚组成。网衣材料采用聚乙烯线。网箱附件一般选料为：支撑系统用竹或木结构，用铁锚或石块固定，漂系统以竹木作框架，以废汽油桶代浮子。

（2）网箱的形状与规格。网箱形状的确定，主要从便于操作管理和有利水体交换来考虑，一般采用长方形。根据养殖需要，选择不同规格的箱体，网箱网目的大小，也要根据养殖对象规格确定。不同规格鱼种适用网箱网目见下表。

表　鱼种规格与网箱网目

网目（厘米）	1.0	1.1	1.2	1.3	1.4	1.5	2.0	2.2	2.5	3.0
最小鱼种规格（厘米）	3.9	4.0	4.6	5.0	5.4	5.8	7.7	8 5	9.6	11.6

（二）网箱设置

网箱的设置应根据各地的具体条件，因地制宜选择，有固定式、浮动式、沉下式、敞开式、封闭式等。库区养鱼一般采用敞口固定式网箱。这种网箱箱体一部分露出水面，一部分固定于一定的水层中，当水位受变动时，箱体入水深度也有变化。这种网箱的设置是先把箱体与木制（或塑料）柜架连接扎紧，再把框架四角用锚绳或石块固定，使之漂浮在水面上，水上部分应高出水面0.8米左右，以防逃鱼，箱底距离水底不少于0.5米，这样鱼的残饵和粪便易于漂散，又不致造成缺氧和发生病害。

网箱布局以增大网箱的滤水面积和有利操作管理为原则。水库中的网箱，一般按“品”字形、梅花形或八字形排列。通常网箱箱距4米以上。串联2个以上网箱为一组，保持组距不少于5米。

三、鱼种放养

（一）放养前的准备

（1）备足饵料。一般鱼种进箱后3～4天就要投喂饵料，因此饵料要事先准备好。

（2）安装好网箱。在鱼种入箱前4～5天将网箱安装好，并全面检查一次，四周是否拴牢，网衣有无破损。4～5天后网衣着生了一些藻类可减少鱼种游动时被网壁擦伤。

（二）鱼种放养

1. 方式

鱼种放入网箱的方式有两种。第一种是在靠近岸边的水体中将网箱装配好，按预先的计划把鱼种放入网箱，然后用小船连同网箱将鱼种拖曳到网箱设置区，并将网箱装配好、固定牢。这种方法由于网箱要当场装配起来，因此鱼种放养的时间就要拖得很久。同时，网箱中的鱼群由岸边运往网箱安置场所的过程中容易擦伤，网箱也容易在拖运鱼种过程中造成破损，所以，一般不大采用此法。第二种是用活水船将鱼种运到网箱预先装配好的放养地点，然后将鱼种按预先定好的放养计划，直接放种入箱。

2. 规格

不同的养殖品种放养的规格不同，具体的放养规格根据理论指导和生产实践来确定。

3. 密度

网箱的放养密度要根据养殖方式，即投饵和不投饵，并不同的养殖品种来决定的。同时还应靠自己在饲养过程中，密切注意箱内鱼群的活动、生长变化情况而作灵活调整。具体经验如下，以供参考。

（1）密度太小时，鱼群抢吃不积极，对投喂饲料反应缓慢，常常不浮上水面抢吃或只能见到几条鱼在抢吃，鱼体生长正常，少发病。

（2）密度适中时，鱼群抢吃积极，对投饲动作反应快速，短时间内就可见全部鱼浮上水面抢吃，鱼体生长快，规格整齐，少发病，通常在规定投饲时间，会提前浮出水面找吃。

（3）密度过大时，鱼群抢吃激烈，反应快速，全部鱼浮上水面或提前浮出水面绕网边不停环游，找料抢吃，投喂过程往往可见少数鱼体较小的鱼不参加抢吃而独游网边，箱内鱼体生长速度较慢，规格不整齐，多发细菌性鱼病等传染性鱼病，并有少量死亡，如不及时处理，会有大批感染、死亡，鱼群在投喂结束后常会靠近网边，头朝外。

4. 注意事项

鱼种在放养过程中应注意以下事项：第一，鱼种入箱前在捕捞、筛选、运输、计数等操作环节应做到轻、快、稳，尽量减少机械损伤，降低鱼病感染机会，这是预防鱼病的关键环节。与此同时还要做到病、伤、残的鱼种不入箱。第二，鱼种入箱前要用药物浸洗鱼种，进行消毒。第三，每只网箱放养的苗种应为同一批，规格整齐，体质健壮，否则，很容易造成苗种生长速度不一致，大小差别较大。第四，进箱时间最好选择在晴天，阴天、刮风下雨时不宜放养。

四、投饵

（一）投饵次数

每日投饵次数多少是影响投饲效果及防止饵料散失的重要因素之一。在总的日投饵量决定后，一般以量少、次多为原则，这样可达到尽量减少饵料因一次性投饵过多而发生饵料沉底或随网箱网目外溢的现象。在投喂面团状或粉状饵料时，更应注意这一点。但如果投喂的次数过多，每次投饵量过少，也会使日投饵量过于分散而引起鱼群争食，往往出现强者饱食、弱者受饿，造成鱼群生长不均匀现象。对于一般的网箱养鱼管理来说，日投饵量可6～8次，如有条件，也可以增加到8～12次，晚上也可投饵。

（二）投饵方法

在一般情况下，刚放入网箱的鱼群由于不适应新的环境，在第一二天内往往会出现沿着网箱壁成群游动的情况，接着就可以开始投饵。必须做到让鱼养成浮出水面摄食的习惯。其方法是在鱼饥饿状态下训练。罗非鱼一般次日就能养成集群摄食的习惯，其他鱼类则需经7～10天的训练时间。

初期投饵如进行得顺利，当水温达到15～16℃时，就可参照下面方法安排投饵量：第一二天投喂鱼体重量的0.5～1%的饲料量，第三四天投喂鱼体重的1.0%～1.5%的饲料量，第五六天投喂1.5～2.0%的饲料量，自第七天起，如鱼群已养成密集争食的习惯，则可以按温度与鱼种规格所制定的日投饵量进行正常的投喂。要注意在鱼群集群掠食的情况下，仍应将每次饵料量分成多次来连续投喂，做到不让饵料下沉到网箱底部就被鱼群食完为好。为了防止饵料的沉底或外溢，在网箱底部要铺垫一层密眼网纱，并安置食台或饵料套角。

（三）影响投饵效果的因素

网箱养鱼的饲养效果，经常受到周围环境的影响，因此，投饵过程中要重视和注意克服各种不利因素，提高投饵的效果，以下几点应特别注意。

第一，在遇到风浪大、水流急、水质浑浊时，应注意适当减少投饲量。如投喂浮性颗粒饲料，必须采用集饲装置，以防饲料被风浪、急流冲走。

第二，当遇水温急剧下降、阴天无风、溶氧量降低时，鱼类代谢减弱，摄食不旺，投饵量应减少。否则，必然浪费饲料。

第三，遇到大风，水流湍急时，为防止饲料外溢散失，可以适当加高食台的周边，以减少饵料散失。

第四，到养殖后期，水温下降，鱼群常不浮出水面时，要特别注意投饵量不宜过多。

第五，拉网当天不要投饵，次日投饵量也应适当减少。

第六，要做到定量分次撒放，鱼不浮出水面集群摄食时，宁可让鱼挨饿，也暂不投饵。

五、鱼病的防治

网箱养鱼密度大，一旦发病就很容易传播蔓延。做好鱼病的预防，是网箱养殖成败的关键之一。常用的预防方法有鱼种消毒、工具消毒、食台消毒、药物挂袋、挂篓消毒、药饵消毒、鱼种浸洗消毒等。一般一个生产周期内，可消毒2～3次，即第一次在网箱安置鱼种放养时；第二次在5月初进入发病季节前；第三次在8月立秋前后。对生物性疾病在网箱内通常采用以下的预防方法。

（1）全箱连续泼药法。将药物先按一定浓度进行全箱泼洒。由于网箱的水体在流动，所以这种防病方法，必须隔一定时间（数分钟）追加1次药物，连续进行数次。全箱泼洒由于用药量大，而且不了解网箱内鱼群的动态，效果也不理想，故此法很少使用。

（2）药浴浸洗法。将网箱内的鱼群拉起放到另外的密眼网箱中，并将密眼网箱放置在原来网箱中，然后根据鱼病流行情况对症下药，进行药浴浸洗。由于密眼网箱仍会因浸洗时间延长而使药物浓度下降，故仍需在经过一段时间后追加药物，提高药液浓度。浸洗法因网箱容积小、网目密，追加药物的次数少，所以药物的使用量大大减少。而浸洗的网箱又放在原网箱中，如一旦认为药物浓度已影响浸洗箱内鱼群的生存时，可将网箱内的鱼群倒回原网箱中，这样既无风险，效果也好。如果实际操作时嫌麻烦，也可将网箱四角提起，让鱼群集中在网箱底部，然后进行药物浸洗，由于网箱底部铺垫密眼网布，所以消毒效果与使用密眼小网箱作药物浸洗相仿，但其劳动强度可大大减轻。

（3）挂篓、挂袋消毒法。当网箱中的鱼群发现患有细菌、原生动物和甲壳类寄生所引起的疾病时，照例可用漂白粉挂篓或硫酸铜挂袋法进行消毒，其使用方法与池塘养鱼防病相同。其中如是由细菌引起的疾病，可用漂白粉 100～150 克（或根据网箱大小投药用量）装入布袋中，每只网箱内悬挂 2～4 只，连续治疗 3～5 天。如网箱中的鱼群由原生动物或甲壳类所引起的疾病时，可改用硫酸铜挂篓防治，具体方法和挂袋相同。由于网箱设置在流动的水中，用挂篓、挂袋法来防鱼病，对鱼类一般不会产生不良的药物反应。

（4）投喂药饵法。该法可在鱼类发病或发病前作预防使用，对肠胃炎特别有效。因网箱中的鱼群已经养成定时吃食的习惯，所以拌和在饵料中的药物能被鱼类充分利用，治疗的具体步骤与池塘养鱼治疗草鱼肠炎相同。一般用有浮性药饵和沉性药饵两种。

（5）注射法。药物肌肉注射，是最有效的方法之一。近几年来，网养时对放养鱼种或成鱼注射疫苗，防病效果良好。若采用金属连续注射器注射，可提高效果，节省药液。

（6）涂抹法。对鱼类的外伤或发生赤皮病、打印病时，可以结合拉网检查对病鱼进行药物涂抹。其方法是，将药物拌入凡士林，制成软膏，涂抹在鱼体的伤病部位，这也是一种较好的防治方法，但多数仅适用于亲鱼或大型名优商品鱼。实践表明，拉网受伤的亲鱼或名优商品鱼，用青霉素软膏涂抹伤口，对防赤皮病、水霉病也有一定作用。

六、管理

（一）日常管理

每天定时测水体的理化指标（水温、溶氧、pH 值等），为饲养管理提供基本的参考数据；网箱在安置前应经过仔细检查，鱼种放养后还要勤检查，目的是为了能及时发现网箱有无破损，防止偷逃，以减少损失；勤洗网衣，保持网目水流畅通。

（二）做好养殖日志

实行科学养殖，一定要做好每只网箱的养殖日志，这是最基本的管理工作。日志的原始数据可作为检查工作、分析情况、总结经验、制订计划、提高技术的重要参考材料。

（三）灾害性天气出现时的管理

灾害性天气主要是指暴雨和洪水。洪水可以使网箱设置区的水流加快，冲垮网箱桩或使浮式网箱走锚移位。洪水水位升高可使固定式网箱没顶逃鱼，因此，在洪水季节前，必须加固网箱，加高网箱露出水面的网衣，必要时将开口式网箱加盖网封顶。在暴雨或洪水过后要立即检查网箱，观察有无破损的地方，桩和绳索是否毁坏，鱼群有无死亡，一旦发现问题，立即修复和抢救。

七、捕捞

当网箱中的鱼群达到预定的收捕季节、产量和规格要求时，或因市场急需，就可起网收捕。起捕的方法有直接用活鱼船在网箱边称重过数与将网箱拖曳至岸边称重。前一种方法起捕时用两条小船，一条船上两人将网箱的两个角提起，不断收网使鱼群集中到对面的角落里，此时对面小船上的人用抄网将网箱中的鱼捕起，称重过数；后一种方法将网箱从框架上解脱下来，用绳索将网箱口扎牢，由一条船将网箱连鱼拖向岸边，然后在岸边将鱼群吊起称重。

第三节　围栏养殖

围栏养鱼是利用竹箔、金属网或合成纤维作为围栏设施，进行投饵或不投饵而依赖天然饵料促进鱼类生长的一种养殖方式。它是将池塘养鱼的高产技术与湖泊、水库优良水体环境结合起来，通过加强拦鱼设施和饲养管理，谋求高产的一种养鱼技术。由于这种养殖方式采取混养、密养，依靠自然水体的流水来改善水质，充分地利用水域中的天然饵料或人工投喂配合饵料。因此，它同样能合理地解决放养密度、水质和饵料之间的矛盾，具有与网箱养鱼同样的理论依据。

一、地点的选择

（一）水质条件

在围栏前，要考虑水域及邻近区域的污染情况。围栏区域水体要符合渔业生产各项水质指标的要求。一般溶氧在养殖季节应达6~8毫克/升，有机物耗氧不超过12毫克/升，水中无毒害气体及超标甚远的重金属离子等。

（二）水域条件

养鱼水域要求底部平坦，底泥软硬适中，栏养面积一般应在500亩以下，这样的水体水质容易稳定，起捕也较方便，氧的补给充分、均匀。如水域面积过小，水质不易自净稳定；过大则投饵分散、捕捞困难。

（三）交通及地理位置条件

一般选择在距岸边一段距离的开敞水域，水流平缓，避开出水口和风口，远离主航道。交通运输方便，便于操作，电力通达的地点。

二、围栏结构与材料

（1）材料。主要有竹箔和网片两种，就二者的物质性能，选用网片比较经济。网片具有抗水抗风耐用、性能好、取材方便、操作便利、价格低廉等优点。

（2）结构。主要有网片、纲绳、定桩、石笼、地锚等组成。网片选用聚乙烯有结节的。纲绳选用直径5毫米的聚乙绳。定桩选用毛竹，因毛竹具有轻便、表面光滑、高强力、经济等优点。木桩次之。水泥桩虽使用时间长，但缺乏韧性，与网衣连接处易磨损。网底下纲应与直径10~15厘米的石笼相连，用聚乙烯绳直接连接，也可以用网衣包裹下沉，石笼应踏入底泥，地锚可用废旧网衣扎上一根2毫米粗、长0.5米的聚乙烯线。

（3）形状。网栏形状以圆形或椭圆形为好，既可增加抗风浪的能力，减少漂浮物堆积，便于捕鱼，又可节约费用和原材料。

（4）规格。网目的大小，应根据放养鱼种规格而定，以不逃鱼为原则。

三、鱼种的放养

（一）放养前的准备

（1）清基。栏鱼设施建成后，清整栏养区域内的石块、树枝、高大水生植物和其他废弃物等，用吸泥泵捞出过多的淤泥，防治耗费大量的氧。

（2）清塘。栏养水域通常有凶猛鱼类以及小型非经济野杂鱼类，它不仅会吞食养殖鱼类，而且侵占了水体空间并与养殖鱼类争食饵料，为提高养殖鱼类的成活率和饵料利用率，栏养时要进行彻底的清塘。主要方法有：栏鱼设施建成后，在栏养区域内用围网方向牵拉，再用刺网、旋网辅助，这样边捕边赶，反复多次，除尽大型野杂鱼类，再用刺网，钓具等多种渔具反复围捕除去小型野杂鱼类。

（二）鱼种的放养

（1）品种。围栏养鱼主要是人工投料，放养品种一般为草、青、鲢、鳙、鲫、鲤等鱼类。如围栏区水草、螺蚬丰富，放养品种以草鱼、团头鲂为主，约占65% ~70%，搭配青鱼10%，鲤鱼10%，鲢、鳙鱼10% ~15%。如水质较肥，浮游生物丰富，可适当增放鲢、鳙鱼比例。

（2）规格。放养规格要大，一般草鱼200 ~300 克/尾，青鱼400 克/尾，团头鲂、鲤鱼 50 克/尾，鲫鱼 25 克/尾，鲢、鳙鱼 30 克/尾，每亩放养 60 ~100千克。

（3）时间。鱼种放养时间一般在冬季或翌年早春水温15℃左右时进行。

四、饲养管理

（一）投饵

按照“四定原则”投喂饲料，定时：投饵必须定时进行，以养成鱼类按时吃食习惯，提高饵料利用率，同时，选择水温较适宜，溶氧较高的时间投饵，可以提高鱼的摄食量，有利于鱼类生长。定位：投饵必须有固定的位置，使鱼类集中在一定的地点吃食，这样不但可减少饵料浪费，而且便于检查鱼的摄食情况，便于清除残饵和进行食场消毒，保证鱼类吃食卫生，在发病季节便于进行药物消毒，防治鱼病。定质：饲料必须质优无霉变，营养成分完全，搭配比例适中，且饲料颗粒大小要适口，方便鱼儿吞食，以减少饲料浪费。定量：投饵应掌握适当的数量，不可过多或忽多忽少，使鱼类吃食均匀，以提高鱼类对饵料的消化吸收率，减少疾病，有利于鱼类生长。投饲量视天气、水温、鱼活动情况酌情增减。

（二）日常管理

（1）取样称重。每月月底撒网捕捞养殖鱼样品，观察其长势并称重，借以确定下一阶段饵料鱼的投喂量。

（2）巡视。坚持每天早、晚巡视，经常捞取网边杂物，清洗、检查网衣，及时修补漏洞。

（3）养殖日记。每天将养殖鱼类生长、活动情况及各项管理措施详细记录下来。

五、鱼病的防治

围栏养鱼，鱼病防治有一定难度，普遍施药既不经济又易造成污染。采取以下几种方法，可有效地减少或控制围栏养殖鱼病的发生。

（1）鱼种消毒。选择体格健壮的大规格鱼种，消毒后放养。常用的鱼种消毒药有漂白粉、硫酸铜、食盐、高锰酸钾等。一般每 1 000 千克消毒水中的药物投放量为：漂白粉 10 克，硫酸铜 8 克，食盐 10 ~ 20 千克，高锰酸钾 20 克。这些药物对鱼体皮肤和鳃上的细菌、寄生虫都有一定的杀灭作用。

（2）饵料消毒。投喂的饵料必须清洁、新鲜，最好经过消毒。动物性饲料如螺、蚬等用清水洗净，选取鲜活的投喂。植物性饵料如各种水草、旱草等，放在 6 毫克/升的漂白粉溶液中浸泡 20 ~ 30 分钟后投喂。

（3）药物挂袋。主要在投饲地点周围定期挂药袋消毒。漂白粉挂袋每袋用药 100 克，每天换 1 次药，连用 3 天。硫酸铜、硫酸亚铁合剂挂袋，每袋用硫酸铜 100 克、硫酸亚铁 40 克，每天换 1 次药，连用 3 天。

（4）投喂药饵。此法防治吃食性鱼易发的肠炎病等鱼病非常有效。要注意的是：投喂药饵前，应停食 1 天，让鱼饥饿以增强食欲；投喂药饵时，应先喂 1/3 ~ 1/2 的没有拌药的同种饲料，避免健康鱼抢食过多药饵，而病弱鱼又吃不到药饵的现象；投喂药饵防治鱼病，并非一次就能药到病除，应根据病情和药物特点，确定投喂次数；药饵应现喂现配，以免放置过久而降低药效。

（5）中药预防。可就地采集，来源广，成本低，一般无副作用的中草药防治鱼病。马尾松叶可防治草鱼肠炎和烂鳃病；乌桕树叶、大黄根茎可防治烂鳃病、白头白嘴病；地锦、铁苋菜、水辣蓼可防治草鱼、青鱼肠炎病和烂鳃病；楝树的根、茎、叶可防治鱼类寄生虫病；土荆芥、贯众可防治毛细线虫病。各种中草药可根据具体用药要求，采取水煎汁泼洒、扎捆沉水、拌药饵等方法用药。

六、捕捞

在围栏水产养殖生产中，起捕比池塘或网箱难度大，在捕捞围栏养鱼时，应充分利用网具、钓具和电捕等多种捕捞方式，主要有以下捕捞方式。

（1）刺网捕捞法。这种渔具若使用得法，可将围栏的大部分鱼类捕起。使用方法是：

①单层刺网。网线材料多为尼龙棕丝，网目为 8 ~ 12 厘米，也可根据起捕对象采用更粗大的网目。使用时装上上下纲、浮子和沉子。刺网因作业对象不同，可分为沉网、浮网和流刺网。网高一般为 1 ~ 2 米，网条为 30 ~ 50 米。捕捉时将刺网设置在鱼类通道的断面上，鱼一遇上刺网即自投罗网。

②三层刺网。由二层大网目外衣和一层小网目内衣装配而成。网片一般长 50 米，高 5 ~ 15 米，要随水深而定。网衣用锦纶尼龙丝编织而成。三层刺网分

浮网和沉网两种，浮网浮子的浮力相当于网衣、纲索和沉子在水中重量的1.5～2倍，而每片浮网所用的沉子重约0.5千克。

③捕捞时应注意事项。用刺网捕鱼时由于冬季水温低，鱼类活动量少，故难于上网，因此，须配合驱赶，才能取得理想的效果，若和其他渔具联合使用能取得更佳的捕捞效果。

（2）拉网捕捞法。大拉网是围栏养鱼的主要起捕渔具。大拉网可根据水域的大小，任意增加网的长度，捕鱼对象也十分广泛。大拉网的网线一般用锦纶和聚乙烯等制成。聚乙烯线纺织的大拉网成本低，操作方便，不吸水，因而被广泛采用。大拉网的长度、高度可随水库、库湾的宽狭和深度而定，一般网长应为水域宽度的2倍，网高为水深的3倍。围捕时，网从围栏区沿一边放入水中，然后在对岸陆上向水口的另一端牵拉。人在岸上操作，如库底平坦，捕鱼效果好。其不足之处是，围网养鱼的四周都是水，人在船上操作较为不便。

（3）定置张网捕捞法。张网干由身网和翼网组成。身网形同长方体网箱状，包括底网、盖网、后墙网、侧墙网及前部开口的内八字网等。一般高10～20米，宽10～30米，长30～60米。采用定置张网和栏网、赶网、刺网组成联合渔法，是在大水面的水库捕捞中上层鱼类的一种高效捕捞方法。捕鱼时，经过赶、拦、刺，最后将大部分鱼群由八字网中赶进身网，然后集中由张网中取出。

（4）围箔捕捞法。围箔渔法适合于小型浅水栏养区，用竹箔将捕捞区包围，内侧另置竹箔一道使之逐段分割，然后用夹网边夹边赶，最后将鱼驱赶到中央部分的较小范围内起捕。

第四节　天然生态渔场

天然生态渔场是采取科学放种，不投饵、不施肥，利用库区自然生产力获得水产品的一种渔业生产模式。

一、鱼种投放原则

（1）生态优先原则。首先要保证生态安全性，投放的品种和数量不得超过系统所能承受的生态阈值，严格控制投放的品种和数量，使其能够促进水体生态系统稳定，获得比较理想的生态效果。

（2）原有品种优先原则。投放品种以本地原种和其子一代（用野生亲本繁殖的第一代后代）苗种为主；投放外来物种必须通过相关渔业行政主管部门组织的生态安全评估。

（3）经济回报原则。在不影响水库生态平衡的前提下，选择经济价值较高，定居性，生长周期短、生长快、利用率高，食物链短、滤食性等特征的品种进行投放。

（4）自然增殖原则。在选择品种时，应充分考虑到该品种的食性与天然水体中的饵料资源是否一致，或是否能够在天然水体中自行生长、发育达到性成熟，最终自然繁殖，形成一定的鱼类种群。

二、鱼种的放养

（一）放养前的准备

（1）生物资源调查。投种前，应对水库现时水生植物、浮游生物、底栖动物、鱼类等生物资源进行调查，准确掌握水库生物资源量，以此确定投放的品种与数量。

（2）水文资料的掌握。全面掌握水体的地理位置、面积、水深和蓄水量、水位常年变化状况、气候条件、水质以及底质构成等水文资料，深入分析水文变化给投放品种可能带来的影响，尽早采取对应措施，保证投种效果。

（3）鱼种的消毒。夏花常用2%～3%的食盐水，鱼种常用3%～5%的食盐溶液或20毫克/升高锰酸钾溶液，浸洗3～5分钟，使用方法符合NY 5071的规定。

（二）鱼种的放养

（1）投放时间。投种时间一般选在温度12～18℃的季节，即冬末春初，秋末冬初，每年3月底至5月上旬或10月下旬至11月中旬。夏花投放时间：一般水温在18～28℃时投放，即每年的5～7月。

（2）投种地点。一般选择在饵料资源比较丰富，敌害生物少，水底倾斜度小，水位落差较小，底质较硬，有砂无淤泥和水草丛生以及水交换能力较强的库湾或库区投种。

（3）放种密度。根据水库水质肥瘦情况而定。

（4）投放方法。选择在晴天进行，在上风头放流，地点在岸边或船上缓慢投放。放种前2～4小时进行“和水”，让鱼袋中的水温与放种水域的水温大体一致。放种时应注意分散投放，扩大投放范围。

三、生产管理

（一）鱼病防治

（1）禁止使用渔业生产禁用药物。

（2）一般使用生石灰、二氯海因药物，对库湾库汊水体进行水体消毒。

（二）防逃措施

（1）防逃设备。网拦、金属拦鱼栅、竹箔、木栅、电栅等。

（2）拦鱼设备安放位置。库内侧放水洞口（或溢洪道）附近、库外侧放水口下游、库区上游入水口等。

（三）日常监管

（1）组织护渔队伍，加强巡逻，防止电、毒、炸、盗、逃鱼事件发生。

（2）洪水季节，注意拦漂清漂，防止泄洪不畅。

四、捕捞

根据水库不同条件，可采用拖网、刺网、围网、垂钓，以及“赶、拦、刺、张”联合渔法进行捕捞。

第十五章　冷流水养殖*

第一节　冷流水养殖概念

冷流水养殖指水温一般不超过20℃，在一定的流量条件下进行池塘高密度养殖的一种方式，由于冷水性鱼类要求溶氧高，水交换快，养殖产量高、品质好，近几年来备受市场青睐。冷水性鱼类有长江上游的裂腹鱼、中华倒刺鲃，新疆的狗鱼、花羔红点鲑，东北的细鳞鲑、哲罗鲑、史氏鲟、达氏鳇，青海湖的裸鲤，引进品种有虹鳟、高白鲑、银鲑、俄罗斯鲟、闪光鲟等。

第二节　养殖品种各论

一、虹鳟

1. 形态特征

虹鳟鱼体形呈长纺锤形，吻圆，鳞小而圆，背部和头部苍青色或深灰色，下腹部银白色。体侧、体背和鳍部有分散的小黑点，性成熟的个体体侧中部沿侧线有一条类似彩虹的紫红色彩带（由此而称为虹鳟）延伸至尾鳍基部。

2. 生活习性

虹鳟鱼是冷水性鱼类，要求生长在水质澄清，具沙砾底质、氧气充足的流水中，其生活水温为5~24℃，适宜水温为7~18℃，最适宜的生长水温为13~18℃，水温22℃左右即有致死的危险。虹鳟生活的适宜流速为2~3厘米/秒，水中溶氧最好在6毫克/升以上，溶氧在9毫克/升生长旺盛。

3. 食性与生长

在14℃水温条件下，通常虹鳟鱼满一年体重可达100~200克，满两年体重可达400~1 000克，满三年体重可达1 000~2 000克。在9℃水温条件下，满一年体重可达40~50克，满两年体重可达200~300克，满三年可达800~1 000克。虹鳟鱼寿命一般可为8~11年。

---

* 本章编写人：昭通市渔业站　艾祖军

4. 繁殖

受精卵孵化的水温范围为6～13℃，最适水温为8～10℃。在水温9℃时，孵化期为36～38天。孵出的鱼苗静卧阴暗的水底沙砾间，呈聚集状，靠卵黄供给营养。经15～20天，卵黄吸收2/3时，鳔开始充气，鱼苗向水上层游动觅食。

二、史氏鲟

1. 外形特征

体延长呈圆锥形，头呈三角形，略为扁平，下口位，口裂小，呈蒜瓣状，口前有四条角须，呈一字形排列并与口平行，口能伸出呈管状，伸出的口管长度因个体大小而异。幼体在吻腹面有平均7粒粒状突起（俗称七粒浮子），体长无鳞，背鳍位于体后部，接近尾鳍。尾鳍为歪尾型，上叶大于下叶，背部体色绿灰或褐色，腹部银白，偶鳍与臀鳍呈浅灰色，躯干部横切呈五角形，腹部较平。

2. 生态习性

史氏鲟栖息于河道中。最适生长温度为22～26℃，最适孵化温度为18～20℃，适温性较强。其耗氧和窒息点高于常规鱼类，溶氧不能低于6毫克/升，有避光性。

3. 食性与生长

为动物食性鱼类，以水生昆虫幼虫，底栖动物及小型鱼类为食。幼鱼以底栖生物及水生昆虫幼虫为主。主要靠触觉、嗅觉捕食。史氏鲟生长速度较快，尤其是鱼体长超过15厘米时，生长速度加快，人工养殖条件下，在周年水温15～25℃情况下，一周年可达0.39～0.6千克，4周年可达7.38～10.25千克。

4. 繁殖

雌鱼性成熟为9～10龄，雄鱼为7～8龄，雌鱼个体平均怀卵量在28.6万粒，相对怀卵量为1.19万粒。卵具黏性，产卵高峰持续时间短而集中。

三、俄罗斯鲟

1. 外形特征

个体延长，呈纺锤形，体高为全长的12%～14%，头长为全长的17%～19%，吻长为全长的4%～6.5%，吻短而钝，略呈圆形。触须4根，位于吻端与口之间，更近吻端。体色背部灰黑色、浅绿色、墨绿色，体侧灰褐色，腹部灰色或柠檬黄色。幼鱼背部呈蓝色，腹部白色。

2. 生态习性

俄罗斯鲟主要分布在里海、亚速海和黑海，以及流入该海域的河流。除洄游种群外，部分是终生在淡水生活的定栖性种群。

3. 食性

主食底栖软体动物，也食虾、蟹等甲壳类及鱼类。幼鱼以糠虾、摇蚊幼虫为食，雌鱼生长快于雄鱼。

4. 繁殖

雌鱼性成熟多在12~16龄，重14~18千克，雄鱼性成熟11~13龄。绝对怀卵量平均值266万~294万粒，相对怀卵量每千克鱼体重为1.08万~1.2万粒，卵径3毫米，卵重20.6毫克。

繁殖水温9~12℃。

四、闪光鲟

1. 形态特征

鱼个体呈长纺锤体形，其全长最大达218厘米，体重54千克。闪光鲟体背部和两侧深黑褐色，腹部浅色，腹骨板灰白色。闪光鲟通常背部显黄褐色或青灰色。有的体背近黑色，体侧颜色较淡，近侧骨板处黄白色。

2. 生长与繁殖

在顿河闪光鲟1龄鱼全长25厘米、体重0.5千克，2龄鱼全长57厘米、体重1千克。闪光鲟长度增长在第1年最快，生长速度最快为第2年。

伏尔加河闪光鲟雌鱼初次性成熟11龄，多在11~15龄，全长123厘米；雄鱼8龄，多在9~12龄，全长106厘米。10~15千克雌鱼怀卵量8万~18万粒，15~20千克雌鱼怀卵量为15万粒。卵径2.7~3.2毫米，卵粒重10~14毫克。

五、昆明裂腹鱼

1. 分类与地理分布

昆明裂腹鱼是我国特有的高原鱼类，仅分布于长江上游西南地区金沙江和雅砻江中下游与乌江上游干支流中。

2. 形态特征

昆明裂腹鱼体形长而侧扁，头锥形略向前下方弯曲；口下位，下唇横裂呈“一”字形，具坚硬角质；腹膜黑色，体青灰色，腹部灰白色，尾鳍略带浅红。鳞片细小，但在生殖孔两侧分布有两列较大型鳞片，形成腹部中线上一条裂缝，故名裂腹鱼。

3. 生活习性

昆明裂腹鱼性情急躁，跳跃能力强，应激反应强。常生活于山区水质清沏小型河流底层。以口唇坚忍角质刮食水底树枝、石头之上着生藻类，以蓝藻、硅藻、绿藻等为主，主要以植物食性为食。冬季常潜于河道石缝或岩洞穴居，夏季常摄食于砾石滩处，生活水温为12～20℃，为冷水性鱼类。

4. 繁殖习性

昆明裂腹鱼在繁殖期常进行距离洄游，常在沙质急流洄水滩处挖窝产卵，在乌江上游六冲河流域繁殖时间为3～4月，当地俗称“桃花鱼”。繁殖季节，成熟雄鱼吻端“珠星”明显，成熟雌鱼尾柄下部手摸有明显粗糙感。雄性3龄成熟，雌性4龄成熟，产沉性、微黏性卵。

第三节 虹鳟养殖技术

一、孵化

1. 受精卵的发育和敏感期特点

卵从受精至孵出所需日数因水温而异，在平均水温7.5℃下需46日，即343个累计温度。当平均水温9℃时，孵化期30～38天。

在受精卵进行发育的前5个阶段时应保证发育卵处于安静状态。进入发眼期的受精卵称为发眼卵，累积温度为220个度日。发眼期胚胎对外界刺激的敏感性最低，是发育阶段上的安全期，此时可以进行长途运输。

2. 孵化的生态要求

日光照射和机械震动对受精卵有致死作用，散射光对发育卵亦有不良影响。

孵化用水要求水质澄清，无杂质和悬浮物，水温适宜。孵化最适水温为9℃，适温范围为7～13℃，低于此范围孵化日数延长，且孵化效果不好；高于此范围，孵化发眼率降低，畸形仔鱼增多。

孵化用水要求溶解氧充足。在水温10℃下每10万粒受精卵每小时耗氧量为260毫克，每10万粒发眼卵每小时耗氧量为440毫克。孵出后耗氧量急剧增加，为发眼卵的2～3倍。孵化时水中溶氧过少，受精卵的发育发生障碍，孵化日数延长，孵出的仔鱼个体规格小。孵化用水的溶氧量应高于6.5毫克/升。

3. 受精卵孵化的管理

虹鳟鱼受精卵吸水膨胀后，经过计数后放入孵化器进行孵化。孵化器除仍采用卧式孵化器外，目前广泛采用桶式孵化器和平列槽相结合的方法。桶的大小不一，盛卵2万粒到10万粒不等。孵化用水自下部流径全部鱼卵后从上部溢出，每桶注水量4～7升/分钟。每4天用水霉净消毒1小时，抑制水霉菌的生长。孵至累计温度达220个度日、眼点明显时转入平列槽继续。孵化过程中人工拣除死卵。平列槽槽内有自下而上流水的小槽4～6个。每个平列槽可盛发眼卵4万～6万粒，将卵铺成一层平列放置。采用桶槽结合方法孵化，可大大节约用水和占地面积。孵化桶可架式放置，以每平方米8只桶的面积可孵化近100万粒鱼卵。平列槽一层摆放，便于检查管理，出苗后可在原槽中继续饲养2～3周。整个孵化期间均使鱼卵处于安静状态，并严格采用避光措施。

4. 发眼卵的管理

（1）温度。发眼卵孵化的最适温度为9℃，因此应控制温度在7～13℃。

（2）氧气。发眼卵耗氧较多，即使短时间停水，也会因过于密集而造成缺氧窒息，因此孵化期间必须保证流水的供给，装运时务必带水操作。

（3）光线。卵对光线照射的抵抗力很弱，明亮光线照射数小时就会致死，因此应采取相应的避光措施。

（4）振动。在孵化的整个过程中应保持安静，防止一切噪音的干扰及搬动时的振动。虽然发眼卵对振动的抵抗力已相对增强，但是仍应防止过于强烈的振动。

5. 仔鱼的管理

桶式孵化器将受精卵孵至220个度日以后，及时转入平列槽中孵化，容卵量以槽底平铺一层为佳。每万粒卵的注水量为每分钟8～10升。及时清除死卵。当槽内鱼卵开始出现破膜仔鱼时，应加强检查，及时清除卵皮和死苗，注意饲育环境的清洁卫生，经常刷洗槽孔，保持水流畅通。刚孵化出来的仔鱼体质嫩弱，体色很淡，具有卵黄囊，伏卧于槽底，体长15毫米，靠吸收卵黄囊的营养继续发育，经16～20天后，卵黄囊逐渐吸收，体表黑色素增多，游动能力增强。此时若平列槽不够使用，可移入无直射光的稚鱼池中继续吸收卵黄囊，使空出的平列槽继续放入即将出膜的发眼卵，周而复始循环使用。

对不同发育阶段的虹鳟称呼如下：孵出至上浮，称为仔鱼；上浮至摄饵，称为上浮稚鱼；摄食至5个月龄左右（体重10克左右），称为稚鱼；5个月龄至周年，称为当年鱼；1～2周年，称为一龄鱼。

二、养殖场地的选择和设置

1. 养殖场地的选择

养殖场是开展虹鳟鱼养殖的场所。在场址的选择过程中，对自然条件调查的目的是要选择为虹鳟鱼提供一系列良好的生态环境，满足其正常生长、发育、繁殖不同阶段的需要，同时还要有利于生产管理，以提高经济效益。

场地的选择，首要条件之一是水源，包括水量、周年水温变化及水质条件等。

虹鳟鱼养殖一般均采取流水高密度饲养法，因此水流量大小就限定了养殖水面的规模。一般情况下，建设600平方米养殖水面，每秒注水量为100升才能保证水的交换量。

虹鳟鱼对养殖水温的要求范围为7～20℃，因此要了解一年中气温最高时和最低时所测水温的指标，最高水温超过22℃即对养殖虹鳟鱼造成威胁，低于7℃则会造成虹鳟鱼食欲减退、生长缓慢。水质条件是一个重要内容，水质的好坏直接关系到虹鳟鱼养殖生产的成功与失败。

溶氧量一般要求在6毫克/升以上，9毫克/升时虹鳟生长较快；低于4.3毫克/升，鱼鳃长时间外张，随即会出现死亡，低于3毫克/升时则会大批死亡。水色要清净透明，虹鳟喜清净而透明的水，色度一般低于30度，水中悬浮物应小于15毫克/升。水中的化学物质，应符合渔业用水的部颁标准范围。在水源与水环境已具备条件的情况下，要考虑充分利用地势，造成一定量的跌水和流速，做到排灌自流，减少提水动力，以降低生产成本。

另外，交通条件、电源动力等也应一并考虑。

2. 养殖场的设置

养殖场的设置应根据不同的自然条件、经济条件和不同的养殖类型而考虑。如综合性养殖场，从亲鱼培育到食用鱼养成应设计配置全套设施，而单纯从事苗种生产或食用鱼生产的养殖场，可不必设计配置食用鱼养殖设施或鱼种繁育设施。

（1）鱼池的种类和大小在虹鳟鱼养殖中，养鱼池的种类按使用目的一般可分为鱼苗池、鱼种池、成鱼池和亲鱼池。在实际生产中，可以根据需要适当交替使用。鱼池的大小要根据当地的实际情况来确定。一般鱼苗池面积10～30平方米，水深20～40厘米；鱼种池面积50～100平方米，水深40～60厘米；成鱼池面积100～200平方米，水深60～80厘米；亲鱼池面积100～300平方米，水深80～100厘米。鱼池的高度应高出水面20～30厘米。

（2）鱼池的形状虹鳟鱼养殖池有圆形、六角形、长方形等，以长方形池较为实用。鱼池长宽比例一般为1∶5～8。总的要求是水流必须畅通，没有死角，饲养管理方便和便于捕捞。

鱼池一般建成水泥池，便于清洁和管理，适于高密度放养。在鱼池的布置上，并联水池的饲养效果较串联水池佳。若水量充足，地形地势许可，可全部采用并联水池的形式。但为了充分利用水量，通常多采用鱼苗、鱼种池并联形式，亲鱼池、成鱼池采用串联形式。串联形式一般不超过3个。鱼池要有进排水口，安装拦鱼网。池底一般要有1/100的坡度，便于清理污物。

三、鱼苗培养

上浮鱼苗开食的最初一个月是虹鳟养殖中难度最大、技术性最强的阶段，这一阶段首先要注重成活，其次是成长。由于鱼苗规格越大生命力越强，而且鱼苗长的快慢将直接影响今后的生长，因此对上浮苗的成长不能忽视。

刚孵出的鱼苗很嫩弱，趋暗怕光，活动缓慢，因有卵黄囊供给营养，此时不需投饵。当卵黄囊吸收 2/3 以上，大部分鱼苗开始上浮觅食，此时要及时投喂营养丰富而且容易消化的食物，否则容易引起黑瘪病造成死亡。开始时可以投喂鸡蛋黄、水蚤、丝蚯蚓等，也可投喂牲畜肝脏和生鲜鱼肉等。饵料可以用 0.4 毫米网眼的细筛过后投喂，也可以涂抹在细铁丝网上挂在池中，让鱼苗自行取食。每天需投喂 6 ~ 8 次，每天投饵量为鱼体总重的 10% ~ 12%。

经 20 天的饲养后，一般体长达 2.5 厘米，体重达 0.2 克，可以转到鱼种池内饲养。

四、鱼种培育

鱼苗、鱼种的放养密度随鱼的规格、水温和注水量的不同而异。鱼苗通常在水温略偏低的条件下饲养不易得病，成活率高。平均体重达到 1 克，在 15℃水温下从开食起约需 60 天，在 10℃水温下约需 75 天。再经 20 ~ 30 天，体重可达 2 克。随着鱼苗的成长和游泳能力的增强，可以适当增大水量。放养密度和所需水量见表 15 - 1。

表 15 - 1 每饲养 10 万尾虹鳟鱼苗所需面积和水量

鱼苗规格（克）	所需面积（平方米）	密度（尾/平方米）	注水量（尾/平方米）		
			5℃	10℃	15℃
1	60	1 600	1	2	3
2	80	1 200	2	3	6
5	100	100	3	7	14
10	125	800	7	15	26
15	160	625	9	22	39
20	170	588	12	29	52
25	200	500	15	35	62

虹鳟鱼饲料多加工成颗粒或碎粒状，投饵量根据鱼体规格和天气情况随时调整，投饵率见表 15 - 2。

在饲养过程中，由于苗种的体质和摄食能力不同等原因，生长不一致，鱼体有大有小，因此当鱼苗长到 2 克时需要进行筛选分离工作。将筛选的苗种，按大小不同规格分别饲养，以防大鱼争食，影响小鱼生长。筛选工作每 20 天至

40天可进行一次，并根据苗种个体大小调整放养密度。

表15－2 虹鳟苗种的日投饵率（饲料干重占鱼重的百分率）

苗种平均规格		日平均水温						日投喂	粒径
重（克）	长（厘米）	6℃	8℃	10℃	12℃	14℃	16℃	次数	（毫米）
<0.2	<2.5	2.2	2.6	3.0	3.5	4.1	4.7	6	<0.5
0.2～0.5	2.5～3.5	2.1	2.5	2.9	3.4	3.9	4.5	6	0.5～0.9
0.5～2.5	3.5～6	1.9	2.1	2.6	3.0	3.5	4.5	4	0.9～1.5
2.5～12	6～10	1.5	1.7	2.0	2.2	2.6	3.0	3	1.5～2.4
12～32	10～14	1.1	1.3	1.5	1.7	2.0	2.2	2	2.4～3.0

五、成鱼饲养

为了得到较高的养鳟效益，需要在有限的鱼池面积、用水量方面争取获得最大的生产量。为此，应在全部鱼池里经常保持最大饲养密度和良好的饲料效益，使虹鳟鱼健康地成长。由于水量供给主要是氧气的供给，而氧气又和温度有关，因此水量、温度和氧气是影响饲养密度的三大要素。虹鳟鱼的饲养密度及所需水量见表15－3。

表15－3 虹鳟的饲养密度与所需水量

规格（克）	所需面积（平方米）	密度（尾/平方米）	注水量（升/秒）			
			5℃	10℃	15℃	20℃
40	266	375	21	47	89	148
50	334	299	23	59	98	185
60	400	250	28	62	117	199
70	435	230	31	73	136	231
80	533	188	36	83	155	265
90	600	167	41	93	176	300
100	665	150	46	104	196	333
150	1 000	100	60	132	254	428
200	1 330	75	78	154	270	500

六、鱼病防治

1. 鱼病的预防

（1）传染病的预防。在虹鳟病害当中，病毒性鱼病威胁最大。如传染性胰脏坏死症（IPN）、传染性造血器官坏死症（IHN）、病毒性出血性败血病（VHS）等，这些病害常会给养鳟业带来严重危害。因此，引起各国的关注并做了大量的研究工作，各国虽提出一些防治措施，但效果不佳。对上述三种病毒症主要采用预防措施，对进口发眼卵要持谨慎态度，力求购自没有病毒症的繁殖场，卵运达后要用有机碘消毒处理15分钟。

（2）营养性疾病的预防。鱼发病原因是由于饲料原料中的脂肪氧化产生的过氧化物中毒所致，因此在预防上不仅要注重配合饲料原料成分的多样，以使多种饲料原料的营养得到互补，同时要注重配合饲料中必需脂肪酸的质量和数量，加工过程中要添加抗氧化剂。另外，配合饲料的保存期不可过长，以防脂肪氧化产生过氧化物引起虹鳟鱼中毒。

2. 常见病的治疗

（1）烂鳃病。烂鳃病可以由细菌引起，也可以由寄生虫或霉菌引起。

病鱼不活泼，鳃盖外张，慢游在池边和排水口，不爱摄食，鳃部分泌异常性黏液，并局部褪色。严重时菌体覆盖整个鳃表面，丧失鳃的正常功能。水温4～9℃时易发此病，以春季多见。

防治方法：用2 000倍的硫酸铜溶液洗浴1～2分钟。

（2）节疮病。由细菌引起。在鱼躯干的局部组织上生出节疮，发病部位多在鱼体背鳍基部附近，皮下肌肉形成感染病灶，坏死溃烂，形成溃疡口。

防治方法：按每50千克鱼体重用2.5克磺胺噻唑制成药饵投喂，每周一疗程，第一天药量加倍。

（3）水霉病。由于水霉菌是腐生性菌类，因此健康虹鳟鱼以及活的发育卵一般不受其感染。虹鳟患此病多是在体表受伤后受病原体侵袭所致。

防治方法：可用4%食盐水浸洗10～15分钟。

（4）小瓜虫病。又称白点病，是一种流行广、危害大的纤毛虫病。小瓜虫在鱼的皮肤和鳃组织中剥取细胞质为食，寄主受刺激分泌黏液包围，形成白色囊泡，呈现出许多大白点，如不及时治疗，会造成大批死亡。

防治方法：用1/4 000浓度福尔马林溶液浸洗1小时。

（5）三代虫病。虫体寄生在鱼的体表，并大多数寄生在鱼的鳃部和背鳍部。

鱼鳃水肿、鳃盖张开，鳃丝暗黑色；鱼体色暗黑无光泽，离群缓游，病鱼不摄食，逐渐瘦弱死亡。

防治方法：可用20毫克/千克浓度的高锰酸钾溶液浸洗20～30分钟，也可用2%食盐溶液浸洗2分钟。

第四节　史氏鲟的人工养殖技术

史氏鲟养殖分为仔鱼、稚鱼、幼鱼、成鱼养殖四个阶段，重点介绍幼鱼、成鱼水泥池流水养殖。

一、史氏鲟幼鱼养殖

史氏鲟幼鱼养殖是指从幼鱼期驯化转饵后，即从个体重 5 克以上到个体重 150 克这一阶段的养殖过程。

1. 幼鱼养殖池建设

（1）位置选择。要求选择土地平坦，交通、电力便利，水源充足，水质清新的溪河山涧水，并不受污染，排灌方便。

（2）面积和池形。幼鱼池面积可根据地理位置进行安排，一般为 9~25 平方米。形状以长方形、圆形为宜。

（3）养殖池的构造。养殖池为砖混结构，池壁、池底要光滑。池深 0.6~0.8 米，池底向一端倾斜或呈锅底形，池底最低处有带栏鱼栅的集污箱和排水暗管，排水管与池外控制水位管相连。在排水管的另一端设置进水口，注水要比较均匀并过滤，池内要有增氧设施。

（4）搭建遮阳棚。史氏鲟属底栖鱼类，对强光有很强的回避性。阴暗的环境较符合史氏鲟的自然生态习性，有利于其生长。因此，在整个养殖池上方应搭建遮阳棚。

2. 史氏鲟幼鱼培育期的放养

（1）放养前的准备。幼鱼放养前，应对养殖池进行消毒。通常采用高锰酸钾浸泡消毒，浸泡浓度 10~30 克/立方米，浸泡时间 12 小时，浸泡后用清水反复冲洗 2~3 次。若新建池，消毒前要用清水或加草酸浸泡养殖池 15 天。

（2）幼鱼的选择。强壮的史氏鲟幼鱼规格整齐，体色呈黑色或灰黑色，在水中很少静止，常在池底、池边游动，对投入的饵料气味反应灵敏，喜顶流。

（3）幼鱼的放养密度。幼鱼养殖的密度与生长有着密切的关系。一般适宜的养殖密度应根据规格确定。放养密度详见表 15－4。

表 15－4　幼鱼的养殖密度参照表

幼鱼规格（克）	养殖密度（尾/平方米）
<30	100~150
31~50	80~100
50~100	50~80
101~150	30~50

3. 史氏鲟幼鱼培育期的饲养管理

（1）饲料投喂。史氏鲟幼鱼驯化转饵后，大多摄食人工配合饲料，要严格地把握饲料投喂关，做到定时、定量、定质、均匀投喂。幼鱼饲养期间的投饵量、投喂次数、投饵率及营养需求见表 15－5。

表 15－5　不同规格鲟幼鱼日投喂饲料参照表

鱼体重（克）	日投饵率（%）［干颗粒料（干粉）］	日投饵次数［干颗粒料（干粉）］	粗蛋白含量（%）	备注
5～10	6～8	6	45	日投饵率是指每日投喂饵料的重量占鱼体重的百分比
10～30	6～7	6	40	
30～50	5～6	6	37	
50～150	3～5	4	37	

（2）水质、增氧管理。在幼鱼养殖过程中水是至关重要的因素。进水要实行过滤，养殖池水位保持在 40 厘米，做到长流水，常增氧。投喂饲料时可降低水位、减小水流量、关闭增氧泵，30 分钟后重新恢复正常。每次喂料前半小时可进行拔管排污 5 分钟左右，每两天用软毛刷洗刷池壁、池底一次，防止水质恶化。

（3）分级养殖。随着鲟鱼的生长，要将不同大小、体重的鲟鱼分开，规格相接近的鱼放在一起饲养。

（4）值班记录。在养殖全过程中要 24 小时有人值班巡视。注意观察鲟鱼的摄食情况，水流、增氧、水温变化及其他异常事项。要做好各项记录，以便统计养殖效果。

4. 史氏鲟成鱼养殖

幼鲟饲养 1.5～2 个月，体重可达 100～150 克，这时就可转入成鱼养殖阶段。

（1）成鱼养殖池的建设。成鱼养殖池的位置选择、构造及搭建遮阳棚与幼鱼养殖池相似，但池形以圆形或正方形为宜，面积 50～200 平方米，池深 0.9～1米，排污口设置在池中央最低处，增氧设备采用水车增氧较适宜。

（2）史氏鲟幼鱼放养。

①放养前的准备与幼鱼培育期相同。

②幼鱼质量的选择。应看其体质是否强壮，体形是否匀称，无卷鳍，鳃鲜红，体色呈黑色或黑灰色，腹部为白色、圆鼓，且游泳能力、捕食能力强，这样的幼鲟质量较佳。

③幼鱼的放养密度。史氏鲟幼鱼放养密度以每平方米 30～50 尾为宜。随着鱼的迅速生长应及时调节放养密度，并将相同规格的鲟鱼放在一起养殖。

5. 史氏鲟成鱼养殖期的饲养管理

（1）饲料投喂。史氏鲟成鱼养殖期间的饲料可选择幼鳗料、成鳗料。投喂应遵循“四定”的原则，投喂饲料后要观察其摄食情况，若饲料很快被吃完，说明投喂不足，应适当增加投喂量；若很长时间没吃完，则应适当减少投喂量。同时应根据天气、季节的变化调整投喂量。史氏鲟成鱼养殖过程中的饲料投饵率、投饵次数及营养需求见表15－6。

表15－6　史氏鲟体重与日投饵率及投饵次数参照表

体重（克）	日投饵率（%）	投饵次数	粗蛋白含量（%）
100～150	5	4	35～37
150～250	4	4	35～37
250以上	3	3	35～37

（2）日常管理。史氏鲟养成过程中的水质、增氧管理与幼鱼培育期管理相似，但正常养殖水位应保持0.6～0.8米，每天早晨对池底（排污箱周围2平方米）用软毛刷刷洗一次，拔开排污管排除池底污物。

第五节　俄罗斯鲟、闪光鲟的人工养殖技术

一、池塘养殖

池塘水容量较小，在封闭的水环境中，与外界的水交换完全依赖换水。残饵、鱼的代谢废物及其他污物易沉积于池底，故池塘水环境往往易变化，不好控制，池塘养殖一般采用单养和混养两种方式。

1. 池塘单养

（1）池塘条件。可新建或利用旧池塘改造。增大池塘面积和体积有利于水体环境的稳定，但面积太大不便管理，一般不超过10亩，水深则要求2米以上。设进水口和排水口，配置增氧机。

（2）放养时间。根据各地气候条件而定，放养时北方地区尽量避开冬季低温期，南方地区则尽可能避开夏季高温期。

（3）鱼种规格和放养密度。尽可能放养规格较大的鱼种，以缩短养殖周期。鱼种规格最好体重在100克以上。放养密度，体重100克的幼鱼密度不要超过1尾/平方米（700尾/亩）。

（4）饲料与投喂。以配合饲料为主，也可辅投新鲜或冷冻杂鱼。投喂量应根据天气、水温情况酌情增减。为提高饲料利用率，可在池塘出水口处建一个面积数平方米的水泥平台作饲料台。面积大的池塘可多设几个。饲料台上可搭盖遮光棚，便于投饲和观察。夏季水温超过28℃时，应加强监视，必要时减少投喂量甚至暂时停止投饲。

（5）日常管理。每天最少巡视池塘两次，夏季高温期或遇上其他特殊条

件时，要增加巡塘次数。养殖过程中要注意水质管理，经常换水，保持水质清新。高温季节每天适时开动增氧机，加大换水量以防止鲟鱼因缺氧窒息或因水温过高而死亡。

（6）越冬与度夏。冬季水温下降至12℃时，应将鲟鱼移入室内水池越冬。但在夏季高温期，则应加强水温监测，可采取在面积大、池水深的池塘养殖，加大换水量或采用微流水方式，或在池塘上面搭盖遮光棚等措施降温，保证鲟鱼安全度夏。

2. 池塘混养

（1）鱼池条件。池塘面积一般为5～10亩，水深2～3米，进排水方便，配备增氧机。

（2）放养密度。放养30～40克苗种，每亩1 500尾/亩。

（3）饲料投喂。投喂人工配合饲料，投喂坚持“四定”原则。定时：每天3次，即8：00、14：00、17：00各投一次。投喂量14时稍少一些。定位：每亩设两个饵料台，每个6平方米。集中饵料台投喂，使鱼形成条件反射觅食。定质：人工配合饲料新鲜，无霉变。定量：根据水温、天气、水质情况及吃食情况和体重来决定投喂量。在20～24℃时，投喂量占体重4.5%，当25～28℃时，投喂量占体重的5%。注意闷热天或下雷雨之前停喂。

（4）水质控制。鱼种放养时注水1.5米，每4天换水一次，每次换水不少于40厘米，透明度要高于40厘米，高温季节，开增氧机。

二、工厂化流水养殖

流水养殖的方法和幼鱼室内水池流水培育时基本相同，其不同点为：

（1）养殖密度。根据鱼的生长情况调整养殖密度：121～300克，20～30尾/平方米；301～600克，15～20尾/平方米；601～1 500克，18～10尾/平方米。

（2）饲料与投喂。成鱼养殖可用新鲜的动物性饲料或人工配合饲料，配合饲料的粗蛋白含量比幼鱼要求低些，约为40%。日投喂率约为2%～5%。具体视水温变化而定，水温高时应相应增大投饵量。

三、越冬管理

（1）越冬条件。俄罗斯鲟的生存温度范围为2～30℃，当水温低于1℃时，就会出现死鱼，因此，越冬的最低水温不能低于1℃。在人工养殖条件下，设有越冬池，越冬池的水深要超过1.5米。当水温过低时，应注入井水，将温度调至1℃以上。

（2）日常管理。池塘越冬应注意以下问题：一是越冬时放养密度不要太大，不要超过250千克/亩；二是越冬期间要尽量地换几次水；三是保持冰面清洁，利用生物增氧作用来补充水中的溶解氧，特别是下雪后，必须尽快将雪扫掉。流水养殖，冬天水温要控制在1℃以上，低于1℃就会出现危险。俄罗斯鲟在水温低的时候也吃食饲料，因此，在越冬时一般流水养殖不停食。

第六节　昆明裂腹鱼的人工养殖技术

一、养殖场条件

1. 养殖场地要求

水源充足，天旱不枯，洪水不淹。水体pH值6.5～8，水温在10～20℃，溶氧量不低于5毫克/升，水质清新无污染，交通通讯方便。

2. 流水池要求

水泥建造的流水池面积最小的在20～50平方米，中等大小一般以50～200平方米为宜。长宽比为1∶5或1∶6，池深1.2米，水深1米左右，池底要有一定的坡降，水流速度控制在0.1～0.3米/秒，进排水设计合理，设置单独的排污系统，便于养殖鱼池的清洗和鱼病的隔离。

二、鱼种的放养

一般在水流速为0.1～0.3米/秒的情况下，规格为100克左右的鱼种，每平方米放养6～11尾，也可以根据水体交换量确定放养密度。鱼种入池前用3%～5%的食盐水或20毫克/千克的高锰酸钾溶液浸洗5～10分钟。

1. 饲料投喂

日投喂量为鱼体重的2%～5%，并根据水温和鱼摄食情况适当调整。一般鱼种入池后坚持每天喂3～4次，每天投喂2～3次，成鱼每天投喂2次。

2. 饲养管理

（1）注意排污口集污情况，及时排污清洁养殖池和适时调整养殖密度、分池养殖。

（2）流水养殖昆明裂腹鱼在饲料投喂时采取慢—快—慢的投喂方法，即开始投喂时要慢，待鱼集中抢食时投喂要快，大多数鱼吃饱离开投喂要慢。每次投喂鱼吃到八成饱就停止投喂。

（3）流水养殖昆明裂腹鱼要做到定期投喂药饵防病。

3. 鱼病防治

（1）水霉病。

症状：在幼鱼体表擦伤处可看到灰白色棉毛絮状物，病鱼开始焦躁不安，随着病情加重会发生游动迟缓，食欲减退，最后瘦弱而死。

预防与治疗：①运输、放养鱼种和流水池清洗时，操作要细致，避免鱼体擦伤。②对染病鱼池用4千克/立方米的食盐+4千克/立方米苏打溶液浸泡1～2小时。③饲喂土霉素，头天5克/千克饲料，第2～6天喂3克/千克饲料，每天2次，连续喂7天。

（2）肠炎病。剖开肠管，可见局部发炎或全肠呈红褐色，肠里没有食物，肠壁弹性差，在患病严重时腹部膨大，有黄色黏液流出。

防治方法：①对病鱼池泼洒5～7毫升/立方米的葵甲溴铵（或苯甲溴铵），每天一次，连续3～4天。②阿莫西林和诺氟沙星拌饲喂投喂，3克/千克饲料，每天2次，连续投喂5～7天。③饲喂大蒜，0.5千克/千克饲料的大蒜汁（50克大蒜捣碎取汁）+25克/千克饲料的食盐，连续投喂3～6天。

（3）烂鳃病。

症状：病鱼行动缓慢，不吃食，鳃上黏液增多，鳃丝红肿，鳃的某些部位因局部缺血呈淡红色或白色，严重时，鳃小片坏死脱落，鳃丝末端缺损。

防治方法：①对病鱼池泼洒5～7毫升/立方米的葵甲溴铵（或苯甲溴铵），每天一次，连续3～4天。②阿莫西林和诺氟沙星拌饲喂投喂，3克/千克饲料，每天2次，7天。③（50克大蒜捣碎取汁），共喂3～6天。

第十六章　池塘精养高产技术*

第一节　池塘条件

一、位置选择

鱼池一般应选择水源充足、交通便利、电力方便的地方，主要要求是：水源方便且有保证，水质应达到渔业用水标准；交通便利，以便饲料、鱼种、商品鱼和其他物资的运输；池塘底质不能漏水、不应出现严重的渗水现象，要具有较好的保水性能；要有方便使用的电源，以便增氧机、投饵机、抽水机等机械设备的正常使用；鱼池水源无污染且周边环境好，周围不能有高大的树木和建筑物等。池埂可以种草，却不能种树，尤其是高大的树木。

二、形状选择

鱼池的形状最好为长方形，长边为东西向，宽边为南北向，鱼池的形状与鱼类的生长和产量虽然没有直接关系，但它将影响到鱼池的溶解氧、水体流动、排水、排污等，从而间接影响鱼类的生长。鱼池的长边方向为东西走向时，日照时间会长些。

三、鱼池面积的选择

池塘面积一般以 3～20 亩为宜，以 5～10 亩为最佳。开阔的平原地区，以 10～15 亩更好。饲养成鱼的池塘，面积应该宽大为好。主要原因是："宽水养大鱼，一寸水深一寸鱼"。鱼池面积大，为养殖鱼类提供了有效的生活空间，活动范围大，有利于生长；水面大可以经常受到风的吹动，增加水中溶解氧；同时，借助风力，表层和底层的水能够进行对流，促使有机物的分解，给鱼类提供良好的生存和生长条件；池塘面积的适当扩大，可以减少鱼病发生，并能适当增加放养量。

---

* 本章编写人：昭通市渔业站　王登山

四、鱼池深度和水深的选择

深度选择：鱼种池水深0.8～1.5米，商品鱼池水深1.8～2.5米，池埂比水面高0.3～0.5米为宜。一般地说，在3米水深以内，愈深愈好，增加水的深度，可以增加蓄水量，也就可以相应地增加放养量和提高鱼产量。但是，并不是鱼池水深就一定好，如果超过了3米，再增加水深，光线很少到达水的底层，光合作用很弱，氧气来源差，深水层经常缺氧。

五、水源

池塘养鱼的水源条件，应该考虑以下几个方面的因素：水质要符合国家渔业用水标准；水量要能满足渔业生产的需要，尤其是在主要生产季节，即4～11月要有充足的水量进入池塘，用于池塘注水、换水，其换水量一般要求一次能换水10～20%，一个月换水1～2次；水源可以使用地下水或地表水。

六、底质

池底应平整，便于拉网操作，池底淤泥控制在25厘米以内，池塘保水性好，不漏水。池塘底部根据需要可以修建集鱼（排污）坑或沟以利于集鱼和排污，鱼池底部一般要求2‰以上的比降。

七、进排水系统

每个鱼池必须有相对独立的进排水系统，池水不要串灌串排，以免防止鱼病串池感染。

八、电力及机械

池塘养殖高产技术增加了对电力和机械设备的依赖，这些设备包括：投饵机、增氧机、抽水机、供电电源、自备发电机等。商品鱼池电力配备要求达到0.5～1千瓦/亩，一般要求有足够功率的柴油发电机作为自备电源。

第二节　放养前的准备

池塘养鱼在放养前做好充分的准备工作，既有利于防治鱼病，又有利于增加鱼产量、提高经济效益。

一、鱼池改造

小塘改大塘，一般以5～10亩为好；浅塘改深塘，一般以2～2.5米为宜；

死水塘改活水塘，要具备良好的水源和水质，修建配套的注排水工程；对于池埂来讲，要求低改高、窄改宽，要求池形整齐，大水不淹、天干不旱；漏水塘改保水塘。

二、清除淤泥

每年在年底收获后，清除淤泥一次，保证淤泥不超过 30 厘米。池塘放干水后，在烈日下曝晒 10～20 天，促进底泥中有机物的氧化分解、消除病原菌的危害，在此期间，还应当翻动底泥，使底泥在阳光下充分暴露和氧化。

三、消毒

池塘底泥富含有机物，是很多鱼类致病菌和寄生虫的温床。同时，在池塘养殖水体中，还存在着包括细菌、藻类、青泥苔、螺蚌、水生昆虫、蛙类、野杂鱼和水生植物等，对池塘进行彻底消毒是必不可少的。药物消毒是除野和消灭病原的重要措施之一，现在生产上常用的有生石灰、漂白粉、漂白精、二氧化氯等。最常用的是生石灰和漂白粉。

1. 生石灰消毒

干法清塘：是在修整鱼塘后，池底只留 6～10 厘米深的水，在池底各处挖几个小坑，准备投放生石灰现塘溶化，小坑的多少，以能泼洒遍及全池为限。小坑挖好后，将生石灰放入水溶化，不等其冷却即向四周泼洒，遍及池塘堤岸脚，全池到处都要泼到，生石灰用量为每亩 75 千克。

带水清塘：生石灰用量为每亩水深 1 米的养殖水体中用 150 千克。带水清塘时，先将生石灰用水溶化，对水后全池泼洒；或将生石灰盛于箩筐中，悬于船后，沉入水中，划动小船在池中来回缓行，使石灰溶浆后散入水中。生石灰清塘一次用完，效果较好。

2. 漂白粉消毒

漂白粉具有杀死野杂鱼和其他敌害的作用，杀菌效力很强，但没有生石灰的改良水质和使水变肥的作用，且漂白粉容易潮解，易降低药效，使含氯量不稳定。

用量：漂白粉一般含有效成分 30% 左右，清塘用量按漂白粉有效氯 30% 计，每亩水深一米用 13.5 千克（20 毫克/千克），即每立方米水体用量 20 克。如果将池水排至 5～10 厘米深，每亩用量为 5～10 千克。目前，市场上有二氯异氰尿酸钠、三氯异氰尿酸钠、三氯异氰尿酸、氯胺 T 等含氯药物亦可使用，但应计算准确。

方法：漂白粉清塘，操作方便，省时省力，将漂白粉加水溶解后，立即全池泼洒。清塘后 3～5 天便可放鱼，因此，在急于使用的鱼池更为适宜。

效果：能杀死鱼类、蛙类、蝌蚪、螺、水生昆虫、寄生虫和病原体，效果同生石灰。肥水池塘效果差一些，漂白粉没有改善水质的作用，用漂白粉后，池塘不会形成浮游生物高峰。

四、注水

消毒7天后可以向池塘注水。

第三节 鱼种放养

一、放养模式

依据池塘在收获时占其产量的80%（70%～90%）投放一种吃食性鱼类，而其余约20%（10%～30%）则投放一种或几种服务性（滤食性或肉食性）鱼类。放养的规格、密度和时间应根据收获时间、规格和池塘条件而定。

二、放养密度

1. 密度的确定

放养密度和产量在一定的范围内呈正相关，放养密度增加，产量呈正比增加，但鱼产量达到一定的值后，放养密度再增加，产量的增加变缓。所以，放养密度的确定要根据池塘条件、放养鱼类品种、大小、出池规格、饲养管理水平和资金投入的情况而定。不同的品种增重倍数不同，所以放养密度一般以鱼类的产量除以该种鱼的增重倍数，其结果就是存塘鱼的数量。为使出池时存塘鱼的数量有所保证可适当增加5%作为保证值。

2. 计算方法

放养密度可按以下公式计算：

$$N = W/(G \times a)$$

N——亩放养尾数；

W——收获时期望的总重量（千克/亩）；

a——成活率（%）；

G——收获时预期的鱼平均体重（千克/尾）。

三、鱼种质量及规格

（1）放养鱼种要求品种纯正、规格整齐、体质健壮、无病无伤。

（2）主养鱼类的规格整齐是指其个体重量差异在“10%”以内，搭养鱼类的个体大小一般不大于主养鱼类的个体大小。

四、鱼种放养方法

（1）时间。在注水后7天后可以放鱼。

（2）试水。在鱼种放养前必须试水，即将准备放鱼的池水用桶或盆子装好，再将小鱼苗放入此容器中，时间过4～8小时后，鱼苗正常生活，证明放鱼安全。

（3）和水。购买回来的鱼苗鱼种，必须将其装运鱼的水体温度与池水温度进行调整，使其水温一致，方法上采取把池水逐步舀入装鱼的容器中，慢慢地将温度调节到一致，两种水体温度不能相差0.5℃。

五、鱼种消毒

鱼体消毒方法可以选择下述方法之一进行。

（1）食盐。浓度2%～4%，浸洗5～10分钟，主要防治白头白嘴病、烂鳃病。

（2）硫酸铜。浓度8克/立方米，浸洗20分钟，主要预防鱼波豆虫病、车轮虫病等，杀灭寄生体表的原生动物病原体。

（3）漂白粉。浓度10～20/克立方米，浸洗10分钟左右，能防治各类细菌性疾病。

（4）青霉素。1.6×10^3 万单位/立主米，水浸泡5～10分钟。

第四节　日常管理

一、饲养管理

1. 投饲量

根据天气、水温、溶氧及水质状况定时、定量投喂，每次池鱼的投喂量达八成饱即可。投喂硬颗粒饲料，应在池塘中设定点投饵台，投饵率可参照：4月1%～2%、5～6月3%～4%、7～8月4%～5%、9～10月3%～1%、11～12月1%～0.5%。如果养鲫鱼池塘中搭配混养少量武昌鱼、草鱼，应每天傍晚投喂一定量的新鲜青饲料。

2. 日投喂次数

每次投饲料间隔时间3小时以上。可参照：

4月：1～2次/日

5～6月：3～4次/日

7～8月：4～5次/日

9～12月：1～2次/日

投饲率表见表16－1。

表 16-1　不同月份投饵率和日投次数参考表

月份	投饵率（%）	日投饵次数（次/日）
1~2 月	0.5~1	1
3~4 月	1~2	1~2
5~6 月	3~4	3~4
7~8 月	4~5	4~5
9~10 月	3~1	3~2
11~12 月	1~0.5	2~1

二、水质管理

1. 对水质的基本要求

水质保持活、爽、嫩，使池水透明度保持在 35 厘米左右。对于以投饲为主的池塘主养模式，通常“瘦比肥好”。

“活”指水色和透明度常有变化。渔农所谓“早青晚绿”或“早红晚绿”以及“半塘红半塘绿”等都是这个意思。渔民看水时，不仅要求水色有日变化，还要求每十天或半个月有周期性变化。因此，“活”还意味着藻类种群在不断被利用和不断增长，也就是说池中物质处于良性循环状态。

“嫩”指水肥适中，水又不老。所谓水老主要有两种征象：一是水色发黄或发褐色；二是水色发白，水色发白或发褐色的情况主要是蓝藻细胞老化后形成的水色，是藻类细胞老化现象。金藻、硅藻、隐藻和甲藻的水华几乎都是褐、褐绿或褐青，而蓝藻、绿藻和裸藻的水华就不仅仅呈绿和蓝绿色，特别是蓝藻几乎在各种水色中都可能占有较大的数量。所以，一般认为红褐、褐绿、褐青（墨绿）色的水都较好。

“爽”是指水质清爽，水色不太浓，透明度不低于 25 厘米。透明度很低的原因或是浮游生物量极高，或是蓝藻占优势（集中表层），或是泥沙和其他悬浮物过多。不仅难以利用的悬浮质粒过多对鱼的滤食不利，而且易利用的浮游生物量过大也不是好的标志。

2. 改善养殖水质

经过一段时间的养殖后，水体中各种化学物质、有机物质及细菌、藻类等逐渐增加。在各种物质的作用下，水质发生变化，如酸碱度、透明度、硬度、肥度等。若不予以改善，水质会老化或恶化，直接或间接地影响养殖动物的健康。

水质的管理工作必须抓好以下措施。

（1）保持池水溶氧充足。大多鱼类适合生长的溶解氧在 5 毫克/升以上。溶解氧是水产养殖生态环境中重要指标之一，其直接或间接影响鱼体生长。养殖过程中要随时注意溶氧变化，发现溶氧过低要及时采取措施，如利用增氧机增氧，注入新水补充池水溶氧等方法保持池水溶氧至少在3毫克/升以上。

（2）控制池水透明度。通过施肥及排注水控制池水透明度在25～35厘米。

（3）控制池水呈弱碱性。在酸性水中鱼不爱活动，畏缩不前，耗氧下降，新陈代谢急骤低落，摄食差，生长受抑制，pH值过高，超出生物适宜范围也不利。因此，从4月中旬开始每20天泼一次生石灰，每次每亩25千克，化浆全池泼洒控制池水pH值7.5左右。

（4）保持水体清洁。池塘要建设好排底水管网系统，以便随时排污；随时除去杂草，保持池塘环境卫生，及时防治鱼病。投饲工具、食场定期用漂白粉消毒，每次每个投饲点、食场用漂白粉0.25～0.5千克，在鱼病流行季节投喂药饵，进行药物预防，发现鱼病及时治疗。

（5）防止水中气体过度饱和。池塘中施放过多未经发酵的肥料，肥料在池底不断分解，消耗水中氧气，无氧状况下分解放出很多小气泡，被鱼类当作浮游生物而吞入引起气泡病，因此池中不应用未经发酵的肥料，平时掌握好投饵量及施肥量。

（6）使用化学消毒剂。采用消毒剂和一些生物活水剂也是普遍应用的改善水质的方法，特别是水资源比较贫乏的地区或水源不很理想时采用。目前国内外公认的最好“消毒剂”仍然是石灰，既具有水质改良作用，又具一定的杀菌消毒功效，而且价廉物美。每亩水深1米，施放15～20千克即有良好的效果。

三、溶氧

1. 池塘水体溶解氧的作用

（1）溶氧的作用。在池塘的生态系统中，水中的溶解氧的多少是水质好坏的一项重要指标。在正常施肥和投饵的情况下，水中的溶氧量不仅会直接影响鱼类的食欲和消化吸收能力，而且溶氧关系到好气性的细菌生长繁殖。在缺氧情况下，好气性细菌的繁殖受到抑制，从而导致沉积在塘底的有机物（动植物尸体和残剩饵料等）为厌气性细菌所分解，生成大量危害鱼类的有毒物质和有机酸，使水质进一步恶化。充足的溶氧量可以加速水中含氮物质的硝化作用，使对鱼类有害的氨态氮、亚硝酸态氮转变成无害的硝酸态氮，为浮游植物所利用。促进池塘物质的良性循环，起到净化水质的作用。

（2）鱼对溶氧的需求。鱼类对氧的需求在不同的种类和同种鱼不同生长发育阶段有很大的差异。根据对溶解氧的需求量的大小淡水鱼类可以分为四个类群：需氧量极高的鱼类如鲑鳟鱼类，主要生活在急流、冷水环境中，水体中溶解氧要求在6.5～11毫克/升（在3毫克/升时就会出现窒息死亡）；需氧量高的鱼类如白甲鱼和一些鮈属鱼类，水中溶解氧要求在5~7毫克/升，一般生活在江河流水环境中；需氧量较低的鱼类如四大家鱼，水体中溶解氧要求在4~4.5毫克/升以上，一般生活在静水或流水中；需氧量低的鱼类如鲤鱼、鲫鱼和一些热带鱼，他们可以在0.5~1.0毫克/升溶解氧的水环境中存活。对于同种鱼类的不同生长发育阶段，对溶解氧的需求量一般是鱼苗大于鱼种、鱼种大于成鱼。如四大家鱼的鱼苗的耗氧率为3.09毫克（氧）/克（鱼体重）/小时、鱼种为0.33~0.64毫克（氧）/克（鱼体重）/小时、而2龄鱼为0.21毫克（氧）/克（鱼体重）/小时。

（3）鱼对缺氧的反应。养殖鱼类对水体中缺氧的生理反应最先表现为呼吸频率加快、再表现为向高溶解氧水域迁移或游到水面呼吸空气中的氧气（浮头）、进一步缺氧则是鱼体窒息死亡。如鲢鱼在水体中溶解氧4毫克/升时呼吸频率为80次/分钟，在2毫克/升的呼吸频率为130次/分钟、在1毫克/升时的呼吸频率为160次/分钟以上，在0.34~0.72毫克/升时窒息死亡。

2. 池塘水体溶解氧的来源

池塘水体溶解氧的来源主要有：池塘换水；空气溶解氧；水生植物的光合作用产生的氧气。在这三种来源中以光合作用产生的氧气为主要来源，其次为空气溶解的氧。

3. 池塘水体溶解氧的消耗

水中溶解氧的消耗主要是被水中悬浮物、水中溶解的有机物（40%）、池塘底泥所消耗（40%），鱼及水中生物的消耗只有很少一部分（12%）。池塘水体溶解氧的变化规律主要为溶解氧的水平、垂向分布，溶解氧的日变化、季节性变化等。

4. 池塘增氧与载鱼量（力）的关系

（1）增氧机的作用。在相似的养殖条件下，使用增氧机强化增氧的鱼池比对照池可净增产13.8~14.4%，使用增氧机所增加的成本不到因溶氧不足而消耗饲料费用的5%。开动增氧机可增加浮游生物3.7~26倍，绿藻、隐藻、纤毛虫的种类和数量增加。增氧机增加水中溶氧后，能增加产量、节约饲料、改善水质、防治鱼病；增氧机运行时间越长越好，更能发挥增氧机的综合功能，增加放养密度提高单产。增氧机可以使池塘水体溶解氧24小时保持在3毫克/升以上，16小时不低于5毫克/升。

①增氧。据测定，一般叶轮式增氧机每千瓦小时能向水中增氧1千克左右。如负荷水面小，例如1~1.5千瓦/亩时，解救浮头的效果较好。在负荷面积较大时，可以使增氧机周围保持一个较高的溶解氧区，使浮头的鱼吸引到周围，达到救鱼目的。

②搅水。叶轮增氧机有向上提水的作用，白天可以借助机械的力量造成池水上下对流，使上层水中的溶氧传到下层去，增加下层水的溶氧。而上层水在有光照条件下，通过浮游植物的光合作用可继续向水中增氧。这样不仅可以大大增加池水的溶氧量，减轻或消除翌日晨浮头的威胁，而且有利于池底有机物的分解。

③曝气。增氧机的曝气作用能使池水中溶解的气体向空气中逸出，会把底层在缺氧条件下产生的有毒气体，如硫化氢、氨、甲烷等加速向空气中扩散。中午开机也会加速上层水中高浓度溶氧的逸出速度，但由于增氧机的搅水作用强，液面更新快，这部分逸出的氧量相对并不高，大部分溶氧通过搅拌作用会扩散到下层。由于增氧机预防和解救浮头的效果较好，因此可以提高放养密度，增加投饵施肥量，从而提高鱼产量。

（2）增氧机的使用。增氧机的使用应根据不同情况来掌握。目前，生产上大多使用3千瓦叶轮增氧机，对面积较大的池塘，实际增氧效果在短时间内并不显著，因此最好在夜间池鱼浮头前开机，即在含氧量为2毫克/升左右，池中野杂鱼和虾开始浮头时开机，这样可预防饲养鱼浮头。阴雨天，浮游植物光合作用不强，生产氧气不多，耗氧因子相对增加，溶氧供不应求。这种情况要充分发挥增氧机的作用，及早开机增氧，改善溶氧状况，预防和解救浮头。最适开机时间和长短，要根据天气、鱼的动态以及增氧机负荷等灵活掌握。池塘载鱼量在500千克/亩的池塘在6～10月生产旺季，每天开动增氧机两次：13：00～14：00开1～2小时，凌晨1：00～8：00点开5～6小时。

第五节　渔药使用中的注意事项

一、渔药使用原则

无公害水生动物养殖过程中对病、虫、敌害生物的防治，坚持“全面预防，积极治疗”的方针，强调“防重于治，防治结合”的原则；渔药的使用必须严格按照国务院、农业部有关规定，严禁使用未经取得生产许可证、批准文号、生产执行标准的渔药；推广健康养殖技术，改善养殖水体生态环境，科学合理的混养和密养，严禁使用高毒、高残留、或具有三致毒性（致癌、致畸、致突变）的渔药，提倡生态综合防治和使用生物制剂、中草药对病虫害进行防治；严禁使用对水环境有严重破坏而又难以修复的渔药，严禁直接向养殖水体泼洒抗生素，严禁将新近开发的药作为渔药的主要成分。外用泼洒药及内服药具体用法及用量应符合水产行业标准《无公害食品渔用药物使用准则（NY 5071—2002）》的规定。

二、药物选择

选用渔药应严格遵守国家和有关部门的有关规定，以不危害人类健康和破坏水域生态环境为基础，选用“三效”（高效、速效、长效）“三小”（毒性小、副作用小、用量小）的渔药。渔药的功能很多，对于养殖生产而言主要有以下几个方面：预防疾病，治疗疾病，消灭、控制敌害和改善环境等。

目前常用于防治细菌、病毒性水产养殖动物疾病和改善水域环境的全池泼洒渔药有氧化钙（生石灰）、漂白粉、二氯异氰尿酸钠、三氯异氰尿酸、二氧化氯、二溴海因、四烷基季胺盐络合碘等；常用杀灭和控制寄生虫性原虫病的渔药有氯化钠（食盐）、硫酸铜、硫酸亚铁、高锰酸钾、敌百虫等，这些渔药常用于浸浴机体、挂篓和全池泼洒；常用内服药有土霉素、红霉素、诺氟沙星、磺胺嘧啶和磺胺甲噁唑等。中草药有大蒜、大蒜素粉、大黄、黄茶、黄柏、五倍子、空心莲和苦参等，可以用中草药浸液全池泼洒和拌饵内服。

三、休药期

食用鱼上市前，应有休药期表 16－2。休药期是指受试动物从最后一次给药到该动物上市可供人安全消费的时间间隔，休药期的长短应确保上市水产品的残留量必需符合 NY 5072 要求。

表 16－2　常用渔药休药期

序号	药物名称	停药期（天）
1	敌百虫（90% 晶体）	≥10
2	漂白粉	≥5
3	二氯异氰尿酸钠	≥10
4	三氯异氰尿酸	≥10
5	二氧化氯	≥10
6	土霉素	≥30
7	磺胺间甲氧嘧啶及其钠盐	≥37

四、禁用的渔药

根据农业部第 193 号公告和 560 号公告，共 32 种。禁用渔药包括以下种类及品种：六六六、林丹、毒杀芬、滴滴涕、甘汞、硝酸亚汞、醋酸汞、呋喃、杀虫脒、双杀脒、氟氯氰菊酯、氟氯戊菊酯、五氯酚钠、孔雀石绿、锥虫胂胺、酒石酸锑钾、磺胺噻唑、磺胺脒、呋喃西林、呋喃唑酮、呋喃那斯、氯霉素、红霉素、杆菌肽锌、泰乐菌素、环丙沙星、阿伏帕星、喹乙醇、速大肥、己烯雌酚、甲基睾丸酮。

第六节　鱼病防治技术

一、鱼类发病的原因

认识鱼类致病的原因，有利于我们自觉采取全面预防措施，做好预防工作。也有利于正确诊断鱼病对症下药治疗，提高预防治疗效果。鱼类致病原因较多，有自然条件，人为因素、生物因素，也有鱼类本身内在的原因。主要有以下几点：

清塘消毒不彻底，池内存有病菌、寄生虫；鱼种体质差，抗病能力弱；鱼体受伤，细菌侵入；密度过大，比例不适当；投喂不清洁或腐烂变质带有病菌的饵料；养鱼工具、吃鱼的鸟、兽带入病菌和寄生虫；乱丢病鱼、死鱼；水质恶化，遇高温、天气突变时，鱼类缺氧泛塘；池水污染或相互污染，引起中毒或鱼病流行。

二、鱼病的预防

1. 预防鱼病的特殊意义

鱼病预防是一项经常性、综合性的工作。可从控制病原、增强鱼类体质、水体消毒、内服药物预防等方面着手。

2. 控制和消灭病原

（1）彻底清塘消毒。

（2）控制水质，防止水质恶化。定期向鱼池加注新水或施用水质改良剂。

（3）鱼种消毒下塘。在鱼种下塘前，先用药物浸泡，可以避免鱼病带入传播。常用量为每 50 千克水中加食盐 1 ~ 1.5 千克或高锰酸钾 1 克，浸泡 10 分钟左右。

3. 增强鱼类体质

提高抗病力，增强鱼类体质，可通过选育抗病力强的品种、个体及进行人工免疫法，如注射草鱼出血病疫苗，是提高草鱼抗病力的有效措施之一。

4. 搞好水体消毒

在 5 ~ 9 月鱼病多发季节，每半月每亩 1 米水深用生石灰 20 千克或漂白粉 0.65 千克全池泼洒；在食台竹架上悬挂 3 ~ 5 只篓，篓口露出水面寸许，竹篓内放一块石子，每篓装漂白粉 100 克，或挂布袋 3 个，每个布袋装硫酸铜 100 克和硫酸亚铁 40 克，一天换一次，连用 3 天；土法预防，每亩水面用苦楝树枝叶 40 千克、枫树枝叶 25 千克、辣蓼草 10 千克、樟树枝叶 30 千克，松树枝叶

25千克，混合捆成捆，投入食场和鱼池周围浸泡，每隔2天翻动一次，也可起到效好的预防作用。

5. 投喂药物预防

每半月左右，在饲料中投喂药物，如大蒜素等进行预防，连用3天。

三、鱼病诊断

鱼一旦生病，它就有各种表现。要做全面的分析和检查，以便找出发病的原因，正确诊断，对症下药。

1. 现场分析

（1）回顾饲养管理情况。塘鱼发病，常与饲养管理不善关系极大。如施肥量过大，商品饲饵质量较差，投喂饲料过多等容易引起水质恶化，产生缺氧引起死亡。反之，如果水质较瘦，饵料不足，也会引起萎缩病、跑马病等。由于拉网和其他操作不慎，也很容易使鱼体受伤引起鱼种发病。因此，对施肥、投饵量、放养密度、规格和品种，拖网和各种操作以及历年来发病的情况等，应做详细回顾分析。

（2）观察鱼类在池中活动情况。急性型的病鱼：体色和体质与正常色差别不大，活动正常，仅在病变部位稍有变化，但一旦出现死亡，即急剧上升，短期内出现死亡高峰。慢性型的病鱼：体色较黑，体质瘦弱，离群独游，活动缓慢，死亡率一般是缓慢地上升，要在比较长的时间内出现高峰。寄生虫性的病鱼：在池中表现不安，一时上窜下跳，一时急剧狂游，鱼的死亡，缓慢地增加。农药或工业污水中毒：突然出现大批鱼死亡，各种家鱼和野杂鱼都不例外。

2. 肉眼观察病鱼体

其方法是检查病鱼体表、鳃、肠道。鱼病按病原体可分为病毒、细菌和寄生虫三大类型。大型寄生虫如鱼虱、锚头鳋、中华鳋、水霉等用肉眼可认出。但有些病原体如病毒、细菌、体型小的寄生虫用肉眼看不见，就需要根据其病状来辨别。由病毒引起的草鱼出血病症状是：口腔、鳃盖、鳍基、肌肉、肠道、肝、脾、肾各器官和组织出现不同程度出血。由细菌引起的鱼病，常表现：充血、发炎、脓肿、腐烂、脱鳞、竖鳞、鳃丝粘液增多、发白。由小寄生虫引起的鱼病，黏液过多、出血、肿大，有点状块状的孢囊与病灶。

四、常见鱼病的治疗

（一）传染性鱼病

1. 草鱼病毒性出血病

（1）主要症状。主要是充血，病鱼口腔、鳃盖、鳍基、肠道、肝、脾等器官有出血现象，将病鱼的皮肤剥除肌肉显示点状或块状充血，严重时全身肌肉呈鲜红色，鳃失去鲜红呈苍白色，但肠道、肌肉无腐烂、水肿现象出现。

（2）流行情况。每年4～10月为发病季节，水温一般在15℃以下病情逐渐消失。

（3）预防方法。①注射草鱼出血病疫苗。②土法预防：发病季节到来前1个月，每半月投喂1个疗程的板蓝根、穿心莲合剂，预防出血病有特效。具体做法是：第一天，按100千克鱼用板蓝根2.5千克、穿心莲1.5千克加开水浸泡1小时，取汁加食盐0.5千克，然后拌入麸或玉米粉4千克做成药饵投喂；第二天取第一天留下的药渣放锅中加水煮1.5小时，取汁按第1天的方法再投喂1次。或者是100千克鱼每天各用0.5千克大黄、黄柏、黄岑、板蓝根及食盐拌饲投喂，连喂7天。

（4）治疗方法。

1）外用药物。①生石灰每亩1米水深20千克，化水全池泼洒；②二溴海因250克，强氯精300克，全池泼洒，连用2～3次；③烟叶750克温水浸泡2小时，或冷水浸泡一夜，取汁全塘泼洒。

2）内服药物。①1.5%的大黄粉或“三黄粉”（大黄50%，黄柏30%，黄芩20%）；或1.5%的大蒜素0.75%食盐和10%鲜韭菜（捣烂），制药饵投喂。②恩诺沙星按饲料量的0.2%添加，连喂5天；或100千克饵料用500克鱼血散拌饵投喂5～7天。③每100千克池鱼用鱼血康200克粒剂，每天一次，连用3天，直接投喂。

2. 肠炎病

（1）症状。腹部膨大呈红斑，肛门红肿突出，严重时，轻压腹部有淡黄色或血液状黏液从肛门流出，肠管发炎，充血并腐烂。

（2）流行及危害。主要危害一冬龄以上的草鱼。每年5～9月是发病高峰。

（3）治疗方法。采用内服和外用药物结合进行。

1）外用。每亩1米水深用生石灰20千克或漂白粉0.65千克全池遍洒。隔天一次，连用2次。

2）内服。①大蒜头治疗。每50千克草鱼用大蒜头500克，食盐100克，捣烂与适量的面粉渗合拌饵投喂，每天一次，连喂3天。②韭菜，每亩水面用韭菜2.5千克，切碎后加食盐0.2千克，拌入饲料中投喂，每天一次，连喂3天。③三黄粉：黄芩、黄柏、大黄各0.5千克，煮沸后取汁，并加0.5千克的食盐，拌入100千克的饲料，拌食投喂，连续4～5天。④二花二黄散：金银花500克，菊花500克，大黄500克，黄柏500克，另加500克食盐拌100千克鱼料。⑤鱼必康1.5克/千克鱼体重，每天1次，连用3～4天。

3. 烂鳃病

（1）症状。体色发黑，特别是头部变得乌黑，也叫作“乌头瘟”，病鱼鳃丝腐烂，带有污泥，严重时鳃盖骨中间的内表皮常腐蚀成圆形或不规划的透明小窗，俗称“开天窗”。

（2）流行及危害。青、草、鲢、鳙、鲤都可发生，主要危害草鱼，流行季节多在5~9月。往往与赤皮、肠炎并发。

（3）治疗方法。①每亩1米水深用生石灰20千克，或溴氯海因，或二溴海因全池泼洒。②五倍子全池遍洒：每亩水深1米用五倍子1.35千克，研碎煮开或用开水冲溶，连渣带汁全池遍洒。③枫树叶每亩20千克，捣烂后全池遍洒。

4. 赤皮病

（1）症状。病鱼体表局部或大片出血发炎，鳞片脱落，鳍条基部充血，鳍条末端腐烂。

（2）流行及危害。此病在草、鲤鱼中很普遍，终年可见，但以春末夏初较为常见，常因拉网、运输或冬季冻伤而发生此病。

（3）治疗方法。必须体内与体外同时用药。

1）外用药物：每亩1米水深用石灰20千克或五倍子1.5~3千克捣碎溶水全池泼洒。

2）内服药物：多病灵拌饵投喂；苦楝树叶浸一昼夜投喂；同肠炎治法③④，连用3~5天。

5. 白头白嘴病

（1）症状。病鱼头部和嘴周围皮肤色素消退成乳白色，唇似肿胀，张闭失灵，因而造成呼吸困难，口圈周围的皮肤腐烂，微有絮状物粘随其上，故在池边观察水面游动的病鱼，可见“白头白嘴”的症状，但将病鱼拿出水面观察，则微不明显。

（2）流行及危害。一般在5~7月，在草、鲢、鳙、鲤等鱼苗和夏花鱼种发生，对3.3厘米（1寸）左右的夏花草鱼种危害最大。

（3）治疗方法。①每亩1米水深用生石灰20千克或漂白粉0.65千克全池遍洒。②每亩用菖蒲1~1.5千克，艾草2.5千克，食盐1.5千克和水煮汁全池泼洒。③每亩用苦楝树叶30千克，煎汁全池泼酒。

6. 白皮病

（1）症状。先尾柄处出现小白点后尾部变白，严重时尾鳍腐烂，头部朝下，尾鳍朝上，不久死亡。

（2）流行及危害。每年6~8月流行，主要危害鲢、鳙鱼夏花鱼种，草鱼苗有时也患此病，发病后2~3天死亡。

（3）治疗方法。同白头白嘴病。

7. 打印病

（1）症状。患病部位；通常在肛门附近的两侧和腹部两侧，呈圆形或椭圆形的红斑，好像盖了红色印章一样，严重时肌肉腐烂，直至穿孔，可见骨骼和内脏。

（2）流行及危害。主要危害鲢、鳙鱼，一年四季均可发现，而以夏、秋两季最易发生。

（3）治疗方法。同白头白嘴病。

（二）真菌性鱼病

1. 水霉病

（1）症状。鱼类患此病的主要原因是，由于捞捕，运输等使体表受伤，鳞片脱落，或被寄生虫破坏皮肤，以致霉菌的孢子从鱼体伤口侵入，迅速萌发，并向外生长，成棉毛状菌丝，故称为"生毛"，病鱼游动失常，食欲减退，最后瘦弱而死。

（2）流行及危害。各种饲养鱼从鱼卵到成鱼都可感染，一年四季都可发生，以早春、晚冬最为流行，在密养的越冬池最易发生这种病。

（3）治疗方法。①每亩1米水深用五倍子2.5千克，捣碎浸泡后，全池泼洒。②3%～4%食盐水浸泡鱼种5～10分钟。③菖蒲每亩用2.5～5千克，食盐0.5～1千克，加入人尿5千克，全池泼洒。

2. 鳃霉病

（1）症状。病鱼鳃丝呈苍白色，鳃霉在鳃上长成棉毛状菌丝，鳃瓣有点状充血或出血现象，急性型的发病3～5天大量死亡，死亡率在60%以上。

（2）流行及危害。四大家鱼从鱼苗到成鱼都可患此病，5～10月此病最流行，特别是在高温季节，在水质恶化，有机质含量很高，水质很脏而发臭的池塘，容易发生此病。

（3）防治方法。目前，尚无特效治疗方法，主要采取预防措施。彻底清塘消毒，加强饲养管理，注意水质，定期加注新水，每月全池遍洒1～2次生石灰或漂白粉，掌握饲料及施肥量，肥料必须经过发酵后才能施放入池。一旦发病，迅速加注新水，并泼洒生石灰，有一定效果。

（三）寄生虫引起的鱼病

1. 小瓜虫病

（1）症状。在鱼体表、鳃、鳍条上布有小白点，用肉眼可见，严重时病鱼体表似覆盖一层白色薄膜，病鱼死亡2～3小时后白点消失。

（2）流行及危害。3～5月、8～10月是此病流行季节，从鱼苗到成鱼都可感染。

（3）治疗方法。每亩1米水深用干辣椒250克、生姜80克，对水煮汤，全池遍洒。

2. 大中华鳋病

（1）症状。病鱼鳃及末端肿大发白，肉眼可见鳃上挂有许多白色像小蛆虫体，病鱼食欲减退，呼吸困难离群独游。

（2）流行及危害。每年5～9月流行最甚，主要危害一冬龄以上草鱼。

（3）治疗方法。①每亩1米水深用硫酸铜350克，硫酸亚铁125克，全池遍洒。②每亩用晶体敌百虫350克，全池遍洒。

3. 锚头鳋病

（1）症状。病鱼体表被虫体寄生部位周围的组织发炎红肿，大量寄生时，鱼身似披上"蓑衣"一样，病鱼呈现急躁不安，食欲减退，致使鱼体消瘦，生长缓慢，以致死亡。

（2）流行及危害。流行很广，每年4～10月都可大量繁殖，对鱼种和成鱼都有危害，尤其对鱼种危害较大。

（3）治疗方法。①突然改变鱼的生活环境，如注水，培肥水质，可使锚头鳋脱落。②每亩用90%晶体敌百虫350克遍洒。③每亩用松树枝叶或苦楝树枝叶15千克浸泥池中，3天后锚头鳋即脱落。

4. 鱼鲺

（1）症状。鲺寄生在鱼体表和鳃上，肉眼可见到鱼鲺虫体，靠吸盘、口刺吸附在鱼体上，刺伤或撕破鱼的皮肤，吸食血液，使鱼体逐渐消瘦，病鱼呈现极度不安，群集水面狂游和跳跃。

（2）流行及危害。一般四季都有发生，5～8月为流行盛期，对饲养鱼类都有危害，尤其对鱼种危害较大，少数几个鱼鲺寄生就可引起死亡。

（3）治疗方法。①每亩用晶体敌百虫350克，全池泼洒。②每亩用樟树叶15千克捣烂，连渣带液投入池中。

5. 车轮虫病

（1）症状。可寄生在皮肤及鳃上，鳃丝鲜红，鳃盖张开，嘴唇及眼前色素消退，出现白嘴。

（2）流行及危害。每年5～8月对饲养的幼鱼和成鱼都可感染。一般在面积小、水浅、水肥脏的池塘中易发生。面积大，密度小的养殖水体不易流行。

（3）治疗方法。①每亩用硫酸铜350克，硫酸亚铁125克，全池泼洒。②用苦楝树叶30千克，煎汁遍洒。

6. 指环虫病

（1）症状。病鱼鳃丝黏液增多，鳃苍白色，显著水肿，鳃盖不能闭合，呼吸困难，游动缓慢，不吃食，鱼体瘦弱，以致死亡。

（2）流行及危害。流行季节为春末夏初和秋季，饲养鱼均可感染，尤其对鱼苗和鱼种危害很大。

（3）治疗方法。每亩用硫酸铜 350 克，硫酸亚铁 125 克遍洒，3 天后用晶体敌百虫 200 克遍洒。

第四篇　山地牧业

第十七章　肉牛品种改良及饲养管理技术*

第一节　肉牛品种改良及人工授精技术

一、肉牛改良技术路线

中国黄牛普遍具有耐粗饲、抗逆性强、肉质细嫩等优点，但也存在生长速度慢、体型发育不佳、胴体产肉少、优质牛肉切块率低等缺陷，本地品种昭通黄牛亦如此。近30年来，我国引进的13个国外肉牛品种中，大都具有良好的产肉性能和生长优势，但在耐粗饲、抗逆方面就不如中国黄牛优秀，体格大的品种改良中国黄牛还存在难产率高的问题。为了克服以上两者的缺点，我们可以通过引进国外肉牛品种与本地黄牛杂交改良，但是，我们要根据市场需求和国内实际，明确肉牛改良的方向和目标，制定切实可行的工作计划，积极寻求“杂交优势”。

在我国肉牛改良中，主要的杂交方式有级进杂交和多元经济杂交，其中一般以引进品种作为父本或者三元杂交的二代父本来使用，两种杂交方式产生的杂交后代公牛均可去势后育肥。

1. 级进杂交

级进杂交是以优良品种公牛与昭通黄牛的母牛交配，所产杂种一代母牛再与该优良品种公牛交配，产下的杂种二代母牛继续与该优良品种公牛交配；得到杂种三代及四代以上的后代。当某代杂交牛表现最为理想时，便从该代起终止杂交，以后即可在杂交公母牛间进行横交固定，直至育成新品种。

2. 多元经济杂交

多元经济杂交是以两个以上优良品种公母牛进行杂交产生优势后代的杂交方式。如昭通母黄牛与西门塔尔公牛杂交叫二元杂交，产生的西本杂交一代母牛再与短角公牛杂交叫三元杂交，产生的短西本杂交二代母牛再与安格斯公牛杂交叫四元杂交。

---

* 本章编写人：昭通市畜牧站　胡义　朱泽娥

虽然昭通市从1981年开始进行肉牛杂交改良，因受牛本身的生长周期长、单胎的特点限制，加之养殖分散无规模，肉牛杂交改良到肉牛品种的育成还有很长的路要走。目前，昭通肉牛改良的技术路线是以西门塔尔牛、短角牛、红安格斯牛为主，以级进杂交的方式，逐步改良昭通黄牛，寻找理想世代进行横交固定，尽可能育成新品种。

二、冻精人工授精技术

1. 发情鉴定

发情初期：母牛食欲减退，爱鸣叫，频频排尿，兴奋。阴道开始流黏液、黏膜微充血、显淡红色，子宫颈轻度充血微肿，黏液稀薄透明。

发情旺盛期：外阴户肿胀明显，不时举头张望，拱背举尾，接受牛爬跨，阴道黏膜潮红有光泽，宫颈充血发亮、肿胀、开口，黏液量大，牵缕性强，液质透明，无黏性。

发情后期：外阴户肿胀消褪，浓稠黏液在外阴户周围或尾根上呈痂皮，阴道黏膜充血度消褪，呈暗红色，黏液少而稠，呈半透明或乳白色，牵缕性不强，有黏性，宫颈肿胀及颈口开度已收缩。一般来说，发情后期配种最理想。

排卵期：性欲全消失，公牛不跟随，采食正常，阴道黏膜淡红，宫颈口关闭，黏液少，浓稠呈乳皮状。

2. 配种时间

黄牛的人工授精配种时间适宜在发情后期。简单来说，若上午发现发情，下午牵牛到配种站输精；若下午发情，第二天上午牵牛到配种站输精。若只进行一次输精，可在拒爬后8～12小时进行；若应用二次输精方法，则母牛早上接受爬跨，下午输精一次，第二天补配一次；母牛下午接受爬跨，次日上、下午各输精一次。

3. 器械准备

细管输精枪、温度计各1支，镊子、细管专用剪各1把，指甲剪1把，恒温水浴锅1台。

4. 细管冻精解冻

将恒温水浴锅调至温度40～42℃，用镊子从液氮罐取出细管冻精，把细管放入水浴锅里摇动10～15秒，使之升温均匀。

5. 镜检

取少量均匀的精液于载玻片上在150倍显微镜下镜检，以0.3级以上者为合格。用吸水性好的纸巾擦干细管，检查所取精液的品种及型号，以细管棉塞端为底部，用手举高与眼齐平，剪去0.5厘米左右封闭端，装入输精枪备用。

6. 输精

输精员将左手指甲剪短，锉平，清洗手掌消毒，并涂上肥皂水，将手指并成锥形，缓慢旋转进入肛门，掏出直肠粪便。然后将左手撑展开，掌心向下，按压抚摸，隔着直肠在骨盆底部能触摸到一个长圆形、质地较硬的棒状物，即子宫颈，将子宫颈后端轻轻固定在手中。此时将输精枪呈45°向上插入阴道并逐步拧转输精枪，之后呈水平沿阴道壁向前移动，这样可避免进入尿道口和膀胱，继续使输精枪向前至子宫颈口，当输精枪缓慢通过子宫颈管的皱壁轮进入子宫颈深部或子宫体时，便用右手轻轻推动枪塞将精液完全输入子宫体，之后分别轻轻拔出输精枪和左手。

第二节　肉牛的饲养管理技术

一、繁殖母牛的饲养管理

为了让繁殖母牛的受胎率高、犊牛成活多，产犊后正常发情早，那就必须提高肉用繁殖母牛的饲养管理水平。母牛营养状况良好条件下，8～10月龄为其初情，发情周期13～25天，平均21天；初配年龄在2岁左右，体重达成年牛体重的70%；妊娠期为270～285天（月减三，日加六）。我们要根据不同繁殖时期的母牛调整好饲养管理条件。

1. 掌握各时期营养需要

配种前要按标准配制饲料，使母牛正常发情和按时受孕；妊娠期要保证蛋白质、矿物质和维生素的需要，特别是妊娠后期（产前2～3个月），胎儿营养需要多，要保证母牛营养，同时为产后保证正常产乳，否则，造成胎儿发育不良，乃至出现流产、死胎现象，更严重者会造成母牛产后瘫痪；产后要给予丰富营养，保证母牛供给犊牛足量母乳，不然不仅会影响犊牛生长，还可能影响下个繁殖周期。

2. 加强管理

孕牛最好与其他牛分开饲养放牧，特别要防止挤撞奔跑，造成早期流产，注意饮水温度，保证正常妊娠，安全产犊；搞好畜舍卫生，冬季舍温保持6℃以上；饲料、用水都要卫生；加强运动，增强体质。

二、犊牛的饲养管理

犊牛是指从出生到6月龄这一阶段的小牛。犊牛在这一时期正处于生长发育最快的阶段，且各个器官发育尚不完善，犊牛饲养管理的好坏直接影响到成年后的生产性能。

1. 初生护理

新生犊牛最适外界温度为15℃，因此，注意保持犊牛床舍保温、通风、干燥、卫生。犊牛出生后，首先要清除口鼻中的黏液，方法是使小牛头部低于身体其他部位，或倒提几秒钟使黏液流出，然后用干草搔挠犊牛鼻孔，刺激其呼吸；其次是犊牛断脐后应将残留在脐带内的血液挤干，并用碘伏对脐带进行消毒，以防感染。

2. 及时吮吸初乳

初乳是母牛分娩后5~7天内所分泌的牛奶，其中，含有比常乳更高的蛋白质、脂肪、维生素等营养成分，而且还含有大量的免疫球蛋白和溶菌酶，能杀灭和抑制病菌，而犊牛生后4~6小时对初乳中的免疫球蛋白吸收最强。因此，在犊牛生后1小时左右就要喂给犊牛初乳，在6~9小时饲喂第二次，喂量为2千克，之后逐渐增加（一般不超过犊牛体重的5%），持续5~7天。

3. 保证充足母乳

犊牛在5~7天以后，应转入犊牛舍饲喂常乳，每天喂奶3次，日喂量按体重的8%~10%计，奶温保持在35~38℃。如果母乳不够又没保姆牛，可用人工乳代替，人工乳的配方为1 000毫升豆浆、2~3个鸡蛋、15毫升鱼肝油、10克盐以及适量的糖，加热到38℃，日喂4~6次。

4. 及时补饲，早期断奶

为促使犊牛的肠胃尽早发育，犊牛出生后1周至2月龄前让其自由采食优质粗饲料，粗饲料以每天1.7千克左右为宜；在断奶前半个月左右，开始增加精料和粗料，减少牛奶喂量，每天喂奶次数由3次改为2次，临断奶时由2次改为1次，然后停喂牛奶；发育健康的犊牛在60日龄即可断奶，断奶时精饲料用量为每天1~1.5千克；断奶后的犊牛可喂一般粗饲料，粗料控制在每天2千克；3月龄即可喂到1.5~2千克精饲料，4~6月龄增至4~5千克精饲料。

5. 去角

为便于管理，防止争斗受伤，犊牛生后10天去角。方法是把犊牛固定好，剪掉角周围毛，抹上些凡士林，取棒状苛性钠，用水蘸湿，在露出的角上摩擦，直到皮肤出血为止，10天后，角基形成痂皮脱落，而不再长角。

6. 称重

在犊牛初生、3月龄、6月龄、12月龄和断奶时分别称量其体重，做好记录，以便掌握犊牛的生长发育情况，调整日粮。

三、育成牛的饲养管理

育成牛为6~7月龄以后，重点是要把握哺乳期与育成期的过渡，防止消化不良。通过给予足够正常营养需要，使母牛按时发情受孕，公牛进入育肥，同时对育成牛给予一定的运动。一般育成牛不宜拴养，进行散养，使其相互竞食增加采食量。

四、育肥牛的饲养管理

育肥牛是指18～24月龄的肉牛，在出栏前的3～4个月进行催肥的也称架子牛育肥。要提高育肥效果，通常要做好以下几个措施。

1. 选好牛

如果外购牛，一般有20天左右的恢复过渡期，此期应减少疲劳和应激，以粗料为主，并每天补1千克精料。选牛时最好选西门塔尔、利木赞、夏洛莱等改良的杂交牛种或黑白花公牛。

2. 育肥牛的日常管理

在育肥前首先要搞好防疫及卫生，同时进行药物驱虫，驱虫药物如丙硫咪唑、硫氯酚等按说明投药；其次保持环境安静，减少运动，拴养以提高日增重；再者注意防寒防暑，7、8月不宜强度育肥。

3. 合理搭配日粮

日粮要多样化，有条件地加少量胡萝卜等多汁料，可提高秸秆、干草采食量，对牛健康、增重有益。

日增重1千克以上时，精料比例一般都在60%以上，过多精料会使瘤胃发酵，发生慢性酸中毒，轻者减食，重者发生肝脓肿等，这可在日粮中加入苏打或油脂，以抑制瘤胃异常发酵。

五、肉牛疾病防治

1. 口炎

口炎主要是由粗糙的草料、异物、化学物质损伤、机械损伤引起，或由咽炎并发引起。其主要症状是病牛特别不愿吃过热、过冷、粗硬的草料，口黏膜发红、肿胀、流涎，甚至口臭、溃烂、出血。防治时若是轻度的口炎，可用雷佛奴尔或0.1%的高锰酸钾溶液冲洗；若溃烂有渗出液，可用2%明矾治疗，溃疡处用碘甘油（1∶5）涂抹；有全身症状的，可用抗生素药物。

2. 前胃蠕动弛缓

前胃蠕动弛缓主要是由于突然更换饲料或精料喂量过多，长期饲喂难消化及变质的草料，有时也可由其他病引起。其主要症状是病牛食欲减少或废绝，反刍减少或停止，瘤胃及肠蠕动变弱，粪便减少而先干后稀，鼻镜干燥，瘤胃有时扩张，按后有痛感。此病主要是要做好预防，如合理搭配饲料等，牛发病后应停食1～2天，再给易消化的饲料，轻者可减少饲料给量；为促进瘤胃蠕动，可用5%氯化钠和5%氯化钙（每千克体重1毫升），加入苯甲酸钠咖啡因2～3克，静脉注射；为兴奋瘤胃蠕动，可用新斯的明20～60毫克，皮下注射；继发胃肠炎时，可内服黄连素1～2克，每日3次。

3. 瘤胃积食

瘤胃积食主要是由于过食大量不易消化、不易反刍的粗纤维饲草，过食大量精料，或因胃的其他疾病引起。其主要症状是牛的食欲不强，反刍、嗳气减少或停止；拱背、努喷、磨齿、摇尾、时起时卧；从腹壁按压瘤胃，呈硬沙袋样，有痛感；病重时，呼吸心跳加快，四肢颤抖，卧地，甚至发生酸中毒，呼吸加深。对于此病的防治，平时要防止牛贪食，防止大量喂精料，不宜喂单纯不易消化饲草，要与其他饲草混喂；如发病，灌服硫酸钠（或硫酸镁）500～1 000克（配成8～10%水溶液），也可服石蜡油、蓖麻油等泻药，同时大量输入葡萄糖、氯化钠药液，每日2～3次，2 000～4 000毫升/次，在治疗基础上，给新斯的明、高渗氯化钠液等兴奋药，促进瘤胃运行。

4. 口蹄疫

口蹄疫症状主要是病牛体温升高，精神萎靡，闭口，流涎，口腔内膜、趾间、蹄冠皮肤上出现水泡或红色溃烂，严重时蹄壳脱落。防治时要加强防疫，定期注射疫苗；发现病牛要立即上报有关部门，疫区封锁，对畜舍、病畜尸体严格消毒、清理，消毒时用1%～2%氢氧化钠溶液喷洒。

第十八章　肉羊养殖实用技术*

第一节　肉羊品种简介

目前我国的肉羊品种繁多。昭通本地绵羊品种有昭通绵羊、云南半细毛羊。本地山羊品种有昭通山羊、威信白山羊，昭通市自2000年前后引进了波尔山羊、努比羊和南江黄羊等品种，它们的共同特点是适应性强，具有较高的产肉性能。现就波尔山羊、努比羊和南江黄羊这三种肉用山羊做一些简单的介绍。

一、波尔山羊

波尔山羊是在南非杂交选育而成，我国从20世纪90年代开始引进，现已成为全国各地改良本地山羊的理想父本品种，并取得了明显的改良效果。在昭通市的山羊养殖区域已得到了不同程度的改良效果。

1. 品种特点

波尔山羊是世界上最优秀的肉用山羊品种，其具有生长快、体格大、肉质好、成熟早、繁殖力高、适应性强的特点。

2. 体型外貌

波尔山羊的体格较大，结构匀称，胸宽深，肩宽厚，背宽而平直，肋骨开张良好，臀、腿部肌肉丰富，四肢结实有力，整个体躯圆厚而紧凑。

3. 生产性能

波尔山羊的生长发育快，出生公羔平均体重为5千克，母羔为3.7千克；90日龄时，公母羔平均体重分别达到29千克和21千克，12月龄时公母羔平均体重分别达到69千克和53千克；40千克时的屠宰率达48～50%。

4. 繁殖性能

波尔山羊性成熟早，初情期5月龄，发情无明显季节，秋季发情率较高，一胎多羔，产羔率达160～180%。

二、努比羊

努比羊原产于非洲，属肉乳兼用型品种，它具有体型高大，生长发育较快，

---

* 本章编写人：昭通市畜牧站　陈官平

产肉性能良好，繁殖率高，适应性强。在我省的滇西引进较早，昭通市从 2000 年开始陆续引进努比羊和本地羊杂交改良，改良效果较好。

1. 品种特点

努比羊耐热性好，对寒冷潮湿的气候适应性稍差，采食力强，耐粗饲。

2. 体型外貌

努比羊被毛细短，全黑色油光发亮，无杂毛；头型较大，眼大而有神，鼻梁供起，鼻颈粗放，额部和鼻梁隆起呈三角形，两耳宽大而且长下垂至下颌部；头颈结合处肌肉丰满，体格高大，背腰平直，后期丰满，骨骼坚实，体躯深长，腹大而下垂；乳房丰满而有弹性，乳头大而整齐。

3. 生产性能

努比羊体格大，成年公母羊体重分别为 60 ~ 75 千克和 40 ~ 50 千克。公母羔的出生重分别为 1. 5 ~ 3 千克和 1. 2 ~ 2. 1 千克。8 月龄公母羔体重分别可以达到 32. 2 千克和 28. 8 千克，肌肉丰满且肉质细嫩，膻味小。

4. 繁殖性能

努比羊性成熟早，繁殖力强，6 月龄就可初配，产羔率随着胎次的增加而增加，经产母羊高达 200%，每胎 2 ~ 3 羔。

三、南江黄羊

南江黄羊产于四川南江县，它是由四川铜羊和努比羊杂交后的种公羊与当地母山羊杂交育成的。

1. 品种特点

南江黄羊的适应性强、耐粗饲、遗传性能稳定、肉质细嫩且适口性好、板皮的品质较为优良。

2. 体型外貌

南江黄羊被毛黄色，毛短而富有光泽，面部毛色黄黑，鼻梁两侧有对称的浅色条纹，公羊颈部及前胸着生黑黄色粗长被毛。从枕部沿背脊有一条黑色毛带，十字部后渐浅、头大适中，鼻微拱，有角或者无角，体躯似圆桶状，颈长适中，前胸深广，肋骨开张，背腰平直，四肢粗壮。

3. 生产性能

南江黄羊生长发育快、产肉性能好，成年公母羊体重分别为 40 ~ 55 千克和 34 ~ 46 千克。羔羊的平均初生重为 2. 28 千克，2 月龄体重公母羔分别为 9 ~ 13. 5 千克和 8 ~ 11. 5 千克，日增重分别为 120 ~ 180 克和 100 ~ 150 克。南江黄羊周岁羯羊的屠宰率为 49%，平均胴体重为 15 千克。

4. 繁殖性能

南江黄羊性成熟早、繁殖率高，3 ~ 5 月龄初次发情，6 ~ 8 月体重达 25 千克时开始配种，成年母羊四季发情，发情周期平均 19.5 天，妊娠期 148 天，产羔率 180～200%。

第二节　羊的繁殖技术

掌握羊的繁殖技术是养羊生产上的重要环节。在实践工作中，繁殖技术主要掌握关于羊的性成熟、体成熟和初配适龄等一些基本生理规律。

一、性成熟

本地母羊的性成熟年龄一般为 6～8 个月，公羊 5～8 个月，此时公母羊的体重约为成年羊体重的 40～60%。性成熟的羊尽管具有正常的繁殖能力，但不能立即进行配种繁殖。因为此时其生殖器官和机体其他器官都还处于生长发育之中，过早配种会阻碍个体的正常发育，也对后代体质和生产性能产生不利影响。但若过迟配种，则会降低羊的利用价值和经济效益。因此，在实际生产中早熟品种（如昭通本地羊）在 8～10 个月配种比较合适，晚熟品种在一岁左右配种较为合适。

二、体成熟

羊体基本达到生长完成的时期。从性成熟到体成熟要经过一定的时期。早熟品种和晚熟品种的羊一般分别在 8～10 月龄和 12～15 月龄达到体成熟，体成熟时的体重一般为成年羊体重的 70% 左右。

三、发情及发情周期

发情是母羊的一种性活动现象。发情周期指母羊性活动表现的周期性。相邻两次发情的间隔时间为一个发情周期。绵羊的发情周期为 14～19 天，平均 17 天；山羊的发情周期是 18～24 天，平均 21 天。一个发情周期可分为发情前期、发情期、发情后期和休情 4 个时期。母羊在发情前期并无性欲表现，在发情期则表现出强烈的性兴奋，喜欢接近公羊或者在公羊追逐与爬跨时站立不动，外阴充血肿胀，有黏液从阴门流出，山羊尤为明显，此期绵羊和山羊可分别持续 30 小时和 24～48 小时，这是配种的最佳时机，若在这个时期不适时配种或者未受孕，就要等到下个发情期了。

四、受精与妊娠

受精是精子进入卵子形成受精卵的过程。为保证精卵细胞具有旺盛的受精能力，母羊的最佳配种时间应该是从发情开始的12～14小时。妊娠是指由受精卵发育成为胎儿并成熟后排出体外的过程，此段时间为妊娠期，母羊的妊娠期为150天，其变动范围144～159天。

在标准化规模化的养殖场，为了达到科学规律、全年均衡产羔的目的，他们便采用两年三产体系的繁殖技术。该体系是两年正好产三胎，也是目前羊业生产上的普遍规律，即羔羊两个月断奶，母羊产后一个月配种。

第三节　羊舍建设要领

羊舍是羊生活和生产的重要场所，对羊的健康、生产和繁殖性能的发挥有着直接的关系，因此，合理建造羊舍既要符合羊的生活习性，又要考虑建筑成本。

一、羊场选址的基本要求

首先要地势高而且通风干燥，场址周围应该有土质较好的饲草种植地；其次要有良好的生态环境，地形开阔向阳，水源充足，水质良好；再者交通方便，电源通畅，远离工矿区、加工厂、居民区、屠宰场以及有污染源的一切环境。

二、羊场的规划

羊场的总体布局和规划要遵照《无公害食品及肉羊饲养准则》的规定进行设计，要做到便于管理、防病治病。在整体布局上，一般按照四个区域来布局，即行政生活管理区、圈舍生产区、隔离观察周转区和废弃物无害化处理区，其中的间隔距离要因地制宜，一般间距要在50～100米。

三、羊舍内的建筑布局

（1）圈舍。设计按每只羊1平方米的占地设计，舍内的羊楼设施排列，一般以单列式和双列式的居多（大型羊场多列式排列），其中，羊楼是用宽5厘米、厚3.5～4厘米的木条铺成宽为3米的漏粪羊楼，木条间缝隙的宽度为1.5厘米，羊楼底下设为坡斜面以便粪料的清除。舍内建成距地面0.8米、2～3列式的18米×3米×1米的栅栏，草料槽建在栅栏上并与羊楼配套，其中，槽深20～25厘米，上口宽40厘米，羊楼距离料槽上缘45厘米。

（2）羊舍的屋顶。有单坡式和双坡式两种结构，它们分别由东向西和向东西方向坡设计而成，其中东墙高3.5米，西墙高3米，南北墙各装一规格为1.2米×0.9米的窗户，窗台距羊楼1米高，以便空气流通，屋顶用彩钢瓦铺盖。

四、运动场

运动场的建筑面积一般是羊舍的 2～3 倍，围墙高 1.2～1.4 米。一般要在运动场内用水泥制作 2 米×0.4 米×0.3 米的水槽供羊饮水，在距离运动场 10 米远的地方挖 2 立方米的储粪池。

第四节　羊的饲养管理

一、种公羊的饲养管理

公好一坡，母好一窝。种公羊对提高整个羊群品质有着极其重要的作用。长年要坚持以“上等膘情、健壮活泼、精力充沛和性欲旺盛”为原则，在饲养管理上较为精细。

1. 配种期的饲养

配种期要消耗大量的养分和体力，除放牧外，每天要补给混合精料 0.5～1 千克，青绿多汁块根块茎饲料 1～2 千克。此期的种公羊要专人管理，其圈舍要定期消毒，保持宽敞明亮、清洁干燥。

2. 非配种期的饲养

种公羊在非配种期的饲养以恢复和保持良好的种用体况为目的，配种结束后，加大优质青干草及青绿多汁饲料的比例，混合精料减少到 0.5 千克/天。

二、母羊的饲养管理

根据母羊的生理阶段，可分为空怀期、妊娠期和哺乳期 3 个阶段。

1. 空怀期

要求膘情中等偏上，对个别体况欠佳的羊只给予短期优饲，促进母羊发情整齐集中。

2. 妊娠前期

因胎儿发育较慢，其需要的营养物质与空怀期基本相同。妊娠后期（后 2 个月）胎儿生长迅速，其中，80%～90% 的初生重是在此时生长的，这一段时间每天需要补给混合精料 0.3～0.5 千克。妊娠前期要防止早期流产，后期要防止母羊受到惊吓、意外伤害和吃食霉变质饲料而发生早产。产前产后是母羊生产的关键时期，应保持充足饮水，多喂些优质易消化的多汁饲料。

3. 哺乳期

在产羔后 1～3 天内不能喂过多的精料和多汁饲料，多喂些青干草，以防消化不良和发生乳房炎；为了防止断奶时发生乳房炎，在羔羊断奶前一周就要减少母羊的精料喂量。

三、羔羊的饲养管理

由于初生羔羊因体质弱、抵抗力差、易发病，因此搞好羔羊的护理工作是提高羔羊成活率的关键。首先要让羔羊尽早吃好吃饱初乳，加强母羊饲养促进母羊泌乳量，母壮儿肥；其次要加强对缺奶羔羊和多胎羔羊的人工哺乳，一是帮助找泌乳量大的保母羊，二是人工补饲；再者搞好圈舍卫生，严格执行消毒制度，保持良好的生活环境有利于羔羊的生长发育；最后要做好羔羊的补饲，一般羔羊生后15天左右开始训练吃草料，要重视补饲优质脆嫩的青草和少量的蛋白质饲料。

四、育成羊的饲养管理

羔羊从断奶到第一次交配时段的公母羊叫育成羊。羔羊断奶后的最初几个月，生长速度快，育成羊的饲养应根据生长速度的快慢分成不同组别的公母羊育成羊群，结合相应的饲养标准，给予不同营养水平的日粮。在羊的一生中，其出生后的第一年生长强度最大，发育最快，如果羊在育成期饲养不良，就会影响其一生的生产性能，甚至使性成熟推迟，降低种用价值。所以育成羊的饲养应注意两步关键技术，一是要合理地搭配日粮，既要搭配多样化的粗饲料，如青干草、块根块茎多汁饲料，也需要补充适量的矿物质和微量元素；二是适时配种，一般育成母羊在8~10个月龄开始配种。

五、育肥羊的饲养管理

羊的育肥方法可分为放牧育肥、舍饲育肥和混合育肥。在实际生产中，放牧加补饲的混合育肥法是较为常见的。在肉羊育肥之前，应结合当地生产实际，在草山草坡资源丰富且饲草品质优良的放牧区，利用青草期牧草茂盛、营养丰富和羊增膘快的特点进行放牧育肥，这种育肥方法可将育肥所需的饲料成本降为最低，是最经济的育肥方式。在补饲时，育肥羊的日粮配制为精料35%、干草粉20%、秸秆44%、盐1%。

第五节　羊的年龄鉴定及羔羊阉割技术

一、羊的年龄鉴定

羊的年龄主要根据门齿来鉴定，羊的门齿依其发育阶段分作乳齿和永久齿两种。羔羊初生时下颚就有门齿（乳齿）一对，生后一周长出第二对，二至三周长出第三对，一个月时长出第四对，最终幼年羊有乳齿 20 枚，随着羊年龄的增长逐步更为永久齿。在生产实际中通过对羊的门齿的更换和磨损情况来判断其年龄。由乳齿的一对切齿脱落后长出一对永久齿，称为“对牙”，此时该羊的年龄已在 1 ~ 1.5 岁；更换第二对时称为“四牙”，年龄为 2 ~ 2.5 岁；更换第三对称为“六牙”，年龄为 3 ~ 3.5 岁；门齿更换整齐的称为“齐口”，羊的年龄为 5 岁左右，此时羊的牙齿有所磨损，上部牙尖有磨平的趋势；若齿龈凹陷甚至牙齿开始活动，其年龄已进入 6 岁；年龄进入 7 岁时，齿与齿之间会出现大的空隙，即所谓的“漏水”；当牙齿有脱落现象则已进入 8 岁。

二、羔羊阉割技术

凡是不留做种用的公羊都应阉割，阉割的羊性情温顺，便于管理，生长速度快，肉质细嫩。羔羊的阉割一般在出生两周后即可实施，在生产中常用的阉割方法是切割法，其方法是一人保定羊只，术者左手握住羊的阴囊上部，使睾丸挤向阴囊的底部，用碘酒局部消毒，用手术刀横切阴囊，挤出一侧的睾丸，将睾丸和精索用力拉出，割断，用同样的方法再割另一侧的睾丸即可。

第六节　羊病综合防治技术

在肉羊养殖过程中，会发生各种各样的疾病。下面介绍在养羊业实际生产中两类常见病的防治方法，一类是疫病，另一类是寄生虫病。

一、疫病防治

（1）口蹄疫防治。活疫苗接种皮下或者肌肉注射 1 毫升，羔羊减半，每年一次。

（2）羊痘疫病防治。各年龄羊股内侧或者尾根皮内注射 0.5 毫升，每年一次。

（3）羊传染性脓疱（羊口疮）。用羊口疮弱毒细胞对健康羊只在口腔黏膜处注射 0.2 毫升进行免疫预防。

（4）羊梭菌性疾病。羊梭菌性疾病包括羊快疫、羊肠毒血症、羊猝疽、羊黑疫、羔羊痢疾等。本病病程短，发病一般都来不及治疗，因此，每年定期注射三联菌苗或者五联菌苗进行免疫防治，其中各阶段年龄羊每半年均可皮下或肌肉注射一次羊厌气三联菌苗 5 毫升。

二、羊的体内外寄生虫病防治

1. 体内寄生虫病

包括线虫病、绦虫病和肝片吸虫病等，常用的药有广谱驱虫药有伊维菌素、阿维菌素、碘硝酚、丙硫苯咪唑等。

2. 体外寄生虫病

包括蝇、蜱、疥螨等。常见防治方法主要是药浴，生产中常用25%螨净和16%除癞灵对羊只进行药浴。

第十九章 实用养猪技术*

第一节 常用猪品种

本地品种为昭通（乌金）猪，外来品种（系）有大约克（Y）、长白（L）、杜洛克（D）、汉普夏（H）、皮特兰（P）、巴克夏（B）、大河猪（DH）、撒坝猪（SB）、滇南小耳猪（DX），配套系有 PIC、TOP 等。

一、大约克猪

大约克猪生长快、饲料利用率高、胴体瘦肉率高、繁殖性能好和适应性强，是生产商品猪的优良亲本，昭通市多用它作为父本与其他品种猪进行杂交生产商品猪或生产二元母猪。大约克猪的被毛为白色，鼻直或微凹，耳竖立，背腰多微弓，体大，后躯发育良好，四肢结实。初产母猪产仔数为 8 ~ 11 头，经产者为 11 ~ 13 头。

二、长白猪

长白猪生长快，繁殖性能良好，是生产商品瘦肉猪的优良亲本。长白猪全身被毛白色，两耳前倾，体躯长，背微弓或平直，臀部肌肉丰满，四肢较粗壮，初产母猪产仔数为 8 ~ 11 头，经产者为 9 ~ 12 头。

三、杜洛克猪

杜洛克全身被毛棕红或褐色，头稍大，面微凹，耳中等大小呈前倾，背腰较长呈拱起，腹线平直，肢粗壮，蹄健实，腿和臀部的肌肉发达，性温顺，抗应激，胴体瘦肉率高，是生产商品瘦肉猪的优良终端父本。

四、昭通猪

昭通猪又名乌金猪，其具有性成熟早，母性好，适应性强，抗病性强，肉质优良，肌间脂肪含量丰富，肉质细嫩，糯香浓郁，有回甜，风味独特等突出

* 本章编写人：昭通市畜牧站 尤正荣 陈英 覃兴合

优点。

1960 年以来昭通市相继引入巴克夏苏联大白猪、长白猪、约克、杜洛克、汉普夏、内江猪和荣昌猪等开展良种繁育与经济杂交。目前昭通市常见的三元商品瘦肉猪有杜长大、杜大长、杜长昭和杜大昭等。这些杂交猪的杂交优势明显，如体型强状，使用寿命长，母性好，乳头发育好，泌乳力强，产仔多，仔猪生命力强，饲料利用率高，瘦肉率高和抗应激等。

第二节　猪场（舍）建筑

猪舍的设计与建筑，首先要符合养猪生产工艺流程，其次要考虑各自的实际情况。

一、公猪舍

公猪舍的建设一般为单列半开放式，内设走廊，外有小运动场，以增加种公猪的运动量，一圈一头。

二、空怀和妊娠母猪舍

空怀、妊娠母猪最常用的一种饲养方式是分组大栏群饲，一般每栏饲养空怀母猪 4 ~ 5 头、妊娠母猪 2 ~ 4 头，当然也有用单圈饲养的，一圈一头。猪圈面积一般为 7 ~ 9 平方米，地面坡降不要大于 1/45，地表不要太光滑，以防母猪跌倒。圈栏的结构有实体式、栅栏式、综合式三种，猪圈布置多为单走道双列式。

三、分娩哺育舍

舍内设有分娩栏，布置多为两列或三列式。分娩栏位结构也因条件而异。对于地面分娩栏而言，常采用单体栏，中间部分是母猪限位架，两侧是仔猪采食、饮水、取暖等活动的地方。母猪限位架的前方是前门，前门上设有食槽和饮水器，供母猪采食、饮水；限位架后部有后门，供母猪进入及清粪操作。可在栏位后部设漏缝地板，以便排除栏内的粪便和污物。

四、仔猪保育舍

可采用网上保育栏，1 ~ 2 窝/栏，其结构主要由钢筋编织的漏缝地板网、围栏、自动落食槽、连接卡等组成。网上培育可减少仔猪疾病的发生，提高了仔猪成活率。

五、育肥舍和后备母猪舍

这两种猪舍的结构形式基本相同，只是在外形尺寸上因饲养头数和猪体大小的不同而有所变化。

另外，选择与猪场饲养规模和工艺相适应的先进设备可以提高生产水平和经济效益。

第三节　饲　料

猪的常用饲料种类很多，按营养划分为蛋白质饲料、能量饲料、粗饲料、青绿饲料、青贮饲料、矿物质饲料和饲料添加剂几种。

一、蛋白质饲料

蛋白质饲料包括植物性蛋白质饲料和动物性蛋白质饲料两大类。植物性蛋白质饲料有豆类籽实及其加工副产品、谷物加工副产品、油饼和糟渣等；动物性蛋白质饲料包括血骨粉、鱼粉、蚕蛹等，其特点是蛋白质含量高，是谷物饲料的3～8倍。

二、能量饲料

养猪常用的能量饲料包括谷实类能量饲料和糠麸类能量饲料。谷实类能量饲料主要包括玉米、稻谷、大麦、谷子、高粱、荞麦等；糠麸类能量饲料包括稻糠、麦糠、高粱糠等。

三、粗饲料

粗饲料的纤维含量≥18%，包括青干草、青绿饲料和青贮饲料等，其可填充猪的肠胃以增加饱腹感，刺激消化功能。

四、矿物质饲料

猪采食的饲料主要是植物性饲料，然而植物性饲料所含的矿物质无论数量还是比例，与猪的营养需要很不相适应，因而必须另外补充矿物质。食盐、钙和磷为常用的矿物质饲料，而微量元素则多用作矿物质营养添加剂应用。

五、饲料添加剂

饲料添加剂是饲料中不可缺少的部分，其种类很多，有用于补充营养素的添加剂，如氨基酸、无机盐微量元素和维生素等；有为了增进动物健康，促进动物生长或满足饲料加工等特殊要求的非营养性添加剂，如生长剂、抗氧化剂和防霉剂等；另外还有防治疾病的药物添加剂等。

第四节　饲养管理

一、种公猪的饲养管理

对专业户或规模化猪场而言，应经常了解其猪群的变动情况，有目的、有计划地引入种公猪，可减少因缺乏或过多而造成不必要的经济损失。同时，加强对所引后备公猪的饲养管理，使公猪健康、活泼、强壮，以便将其良好的种用性能遗传给后代。

1. 合理的饲喂和使用种公猪

专业户或规模化猪场应根据种公猪的体况和配种情况每天投喂2.5～3千克种公猪料。公猪一般在4月龄开始有性行为，5月龄后有精子产生，因此，公母猪应在5月龄后分开饲养，公猪单饲，以防偷配。后备公猪8月龄开始配种，每周配种不超过3次，1岁以上的要保证每周休息2～3天，同时将人工授精公猪与本交的公猪分开，严禁既人工授精又本交。

2. 加强公猪运动

有数据表明，经常运动的公猪肢体健壮，采精量多，精子活力提高10%～30%，尤其是后备公猪每天要保证0.5～1小时的运动。

3. 定期检查精液

实行人工授精的公猪，每次采精都要检查精液品质，如果采用本交每月也要检查1～2次精液品质，特别是后备公猪开始使用前和由非配种期转入配种期之前，都要检查精液2～3次，严防死精公猪配种。受热应激公猪会出现死精，恢复需56天以上。

二、繁殖母猪的饲养管理

母猪是发展养猪业的重要基础。饲养母猪的目的是繁殖仔猪，要求饲养的仔猪数量多，体质健壮，增重快。要达到这一目的，除了在母猪选种上下工夫外，还要加强母猪空怀期、妊娠期和哺乳期的科学饲养。

1. 空怀母猪的饲养管理

空怀期母猪饲养的关键有两个：一是哺乳后期的饲养管理，哺乳后期虽泌乳量减少，但不要过多削减母猪的喂料量，在一定配合料的基础上，多喂些优质青饲料，让母猪断奶时能保持较好的膘情。二是在断奶后3~4天内的饲养管理，应根据母猪的个体情况区别对待，之后即可进入正常的饲养管理，既可防止发生乳房炎，又能使母猪尽快地增膘发情。

2. 怀孕母猪的饲养管理

配种后3周内是胚胎着床的关键时期，内分泌系统处于调整状态。这一阶段的母猪不能饲喂大量营养浓度高的饲料，应以青粗料为主，适当搭配精料饲喂，同时要特别注意饲料的质量，如果喂给已发霉变质或有害的饲料，会引起胚胎早期大量死亡。

在怀孕后期，母猪需要的营养逐渐增加，特别需要蛋白质、矿物质、维生素和钙磷饲料等。这一阶段喂猪的日粮应以精料为主，适当搭配青料，不喂粗料。

3. 临产前母猪的饲养管理

母猪大约在预产期前7天，于早晨空腹转入分娩舍（需提前一周进行彻底的清扫、冲洗和严格的消毒）。母猪转入分娩舍后立即喂料，不要改变饲料和管理人员，使其尽快习惯新的环境。预产前3天饲料量可由每天3千克减少到2千克，如母猪饥饿，可增加青饲料；在分娩当天，不给料，只给饮水。在母猪临产前，应用温热的0.1%高锰酸钾洗涤母猪的阴门、乳房、腹部。

4. 分娩母猪的饲养管理

母猪分娩前4~8小时，外阴部充血肿胀，乳房发胀，乳头外张，腹部下垂，尾根部下陷，排粪排尿次数增多，眼睛发光；若躺下不起，乳头能挤出乳汁，表明即将分娩。在正常情况下，母猪在2~10小时内即结束分娩。母猪产仔时，一般15~20分钟娩出1头仔猪，有时也会同时娩出2~3头。

生产结束后，及时给母猪喂些麸皮水或包谷粥，粥里适当放点盐，但饲喂量不能过多，要由少到多慢慢增加，直至产后2~3天才按哺乳期的标准饲喂。若母猪产后出现不食的情况，可以肌肉或皮下注射新斯的明注射液2~6毫升，1日1次，一般用1~2次即可；对于后半身麻痹的，可服葡萄糖酸钙片，每日1~2次；产后患子宫炎的，可选用3%~4%氯化钠或0.1%的高锰酸钾溶液冲洗子宫，冲洗液排出后，向子宫注射卢戈氏液以消除炎症。

5. 哺乳母猪的饲养管理

哺乳期母猪每日的饲料中粗蛋白含量不少于15%，且富含矿物质和维生素，这在母猪饲料中适当搭配豆渣、豆浆、酒糟、南瓜、红薯、胡萝卜等多汁青绿饲料，切忌用单一饲料喂哺乳母猪。另外，哺乳期母猪大量采食的关键是水，应保证供给清洁、充足的饮用水。

三、仔猪哺乳期的饲养管理

1. 做好仔猪的接生工作

包括除去羊膜羊水、剪断脐带、剪断犬齿、剪耳号和剪尾。

2. 及时供给初乳和寄养

当母猪产仔太多或缺奶、患病、死亡或因其他原因不能哺育仔猪时，就需要将部分或全部仔猪由其他母猪代养。寄养一般在仔猪生后 3 日内进行，寄养时要注意仔猪的出生日期要相近，个体大小差别不太大。

3. 做好保温工作

哺乳期间应采取保温措施，第一周维持在 35℃，第二周为 31℃，第三周为 27℃。用保温箱可提高保温效果。

4. 提早补料

仔猪 7 日龄后便开始调教开食吃料。

5. 提前断奶，做好断奶前后工作

断奶后一周内要做到猪群、圈舍、饲养人员和饲料维持不变，即四固定。猪群固定，断奶后不要立即并窝，并窝会引起仔猪相斗，增加应激因素，因此要保持猪群不变；圈舍固定，把母猪赶走，仔猪要留在原圈，使它在熟悉的条件下生活；人员固定：喂养母猪的人员继续喂断奶仔猪；饲料固定：断奶后两周内仍喂原乳猪料。

四、仔猪保育期的饲养管理

1. 合理组群，加强饲养管理

仔猪断奶一周后，按拆多不拆少，拆强不拆弱的原则进行分群。逐渐掺入仔猪全价饲料，慢慢增加仔猪的饲喂量。

2. 控制环境温度

断奶至体重 13 千克，以 27℃为最适宜；13 千克至 23 千克，以 24℃为宜；23 千克至 30 千克，以 21℃为宜。

3. 把握好饲养密度

饲养密度不可过高，每栏饲养头数以不超过 20 头为佳。

五、中猪阶段及其之后的饲养管理

1. 控制环境温度

30～45 千克，以 21℃为最适宜；45～60 千克，以 18℃为宜；肉猪在体重达到 60 千克以上时，最适宜环境温度为 18℃。

2. 把握好饲养密度

每只猪至少0.9平方米面积。

3. 猪舍中空气对流务必保持畅通

猪舍如果通风不良，再加上潮湿，极有可能引起浆膜性肺炎等呼吸道疾病，影响中猪的生长及饲料转换效率，尤其是猪舍内氨气与硫化氢的浓度，要时时注意觉察并予以控制。

第五节 常见猪病的防治

一、猪瘟

猪瘟俗称烂肠瘟、美国称猪霍乱、英国称为猪热病，是猪的一种急性、热性、败血性传染病。

1. 临床特征

本病的临床特征表现为：最急性型、急性型、亚急性型和慢性型。最急性型发病急，高热稽留，痉挛，抽搐，皮肤和可视黏膜发绀，有出血点，很快死亡；急性型和亚急性型表现为高热，初便秘，后腹泻，离心端有出血点或红斑不褪色；慢性型的表现为食欲时好时坏，体温时高时低，便秘与腹泻交替进行，耳尖、尾根和四肢皮肤经常发紫坏死，甚至干脱。

2. 病理变化

膀胱黏膜和喉头会厌软骨黏膜出血；肾出血；脾出血，边缘梗死；淋巴结肿大、出血，大理石状；盲结肠钮扣状溃疡；左心耳点状出血；死产胎儿皮下水肿，皮下、四肢等出血。

3. 防治

免疫接种：仔猪在25~30日龄首免，60~70日龄二免；母猪在产后20~25天进行免疫，种公猪每年春秋两季各免疫1次。

紧急接种：常量的4~8倍，5~7天便可产生抗体。

治疗：地塞米松、安乃近、病毒灵、抗生素。

二、猪口蹄疫

口蹄疫病毒引起偶蹄兽的一种急性、热性和高度接触性传染病。

1. 临床症状

高热，食欲不振；蹄冠、蹄叉、蹄踵等部位发红、发热、敏感，后形成水泡，感染后会糜烂，形成溃疡，有时蹄壳脱落，跛行；病猪的口腔、齿龈、舌、乳房也可见水泡和糜烂斑；初生仔猪常因急性心肌炎和急性胃肠炎而死亡。

2. 病理变化

蹄部、口腔、鼻端、乳房等水泡、溃疡、糜烂；咽喉、气管、支气管也有烂斑和溃疡，小肠、大肠出血；仔猪心包膜弥漫性出血，心肌切面淡黄相间似虎纹，俗称“虎斑心”。

3. 防治

（1）免疫。仔猪出生后30～40日龄首免，间隔1个月进行强免；种公猪，每年免疫2次；种母猪，分娩前1.5个月免疫。

（2）防控与治疗。除有保种价值的猪外，应一律扑杀。抗菌治疗时可用阿普拉霉素、头孢噻呋、羟氨苄青霉素、喹诺酮等药物；对症高烧的治疗药物有地塞米松、安乃近或冰点、冰神等。

三、高致病性猪蓝耳病

高致病性猪蓝耳病是一种急性高致死性疫病。

1. 临床特征

哺乳仔猪有严重的呼吸困难，呕吐，四肢划动，外翻腿卧地，腹泻，肌肉颤抖，耳发紫，皮下有斑块，1周内仔猪死亡率达25%以上；妊娠母猪表现为呼吸困难和繁殖障碍，四肢、耳、腹等皮肤发紫或有出血点（斑），用激素治疗效果不理想。

2. 病理变化

缺少肉眼病变，以心脏肿大尤为突出，另外肺脏也有一些炎症变化。

3. 防治

（1）免疫。猪繁殖和呼吸系统综合征灭活苗，仔猪20～25日龄，皮下注射2毫升；母猪配种前10～15天1次，4毫升。

（2）治疗。用阿司匹林拌料，8克/头/天，或用支原净+阿莫西林+金霉素拌料，连用7天。

四、猪传染性胃肠炎

猪传染性胃肠炎是由猪传染性胃肠炎病毒所引起的一种高度接触性肠道传染病。

1. 临床特征

哺乳仔猪表现为突然发病，口渴，呕吐，战栗，剧烈水样腹泻，粪便灰白；哺乳母猪常和仔猪一起发病，表现食欲不振，有的呕吐，腹泻，泌乳量减少或停止；架子猪和育肥猪表现为高烧，腹泻，粪便黄绿色或灰白色，个别猪呕吐，发病期间增重明显减慢。

2. 病理变化

尸体消瘦，脱水，病理变化主要在胃和小肠。胃肠发生卡他性炎症，胃内充满未消化的凝乳块，胃底黏膜轻度充血，有时黏膜下有出血斑；小肠充血，内充满灰白色或黄绿色液体并混有泡沫，小肠绒毛极度萎缩或消失，肠壁变薄并失去弹性；病死猪的回肠、空肠绒毛萎缩变短是本病的特征性病变。

3. 防治

本病的防治主要是防止脱水和酸中毒，治疗时可以静脉5%葡萄糖生理盐水和5%碳酸氢钠或口服葡萄糖生理盐水，内服收敛药止泻（如鞣酸蛋白、活性炭）；补充营养（维生素C、钙制剂），并用抗生素药物防继发感染。

在疫病流行时，可以用新城疫I系苗作紧急防治，其原理是新城疫I系苗作为诱导剂，可诱导猪机体产生干扰素，干扰素具有广谱抗病毒活性的能力。将新城疫I系苗按50～100倍稀释作后海穴或肌肉注射，防治有效率达90%左右。

五、仔猪副伤寒

仔猪副伤寒又称猪沙门氏菌病，是由沙门氏菌属细菌引起的仔猪传染病，多发于断奶后仔猪。

1. 临床特征

高热，嗜睡，呼吸困难；离心端皮肤呈深红色或紫红色；顽固性下痢，粪便呈灰白色、黄绿色，恶臭。

2. 病理变化

全身浆膜、黏膜和内脏器官出血；全身淋巴结肿大、出血；盲、结、回肠壁增厚（麦麸样伪膜）；肝脏有针尖或米粟大的灰黄色坏死灶。

3. 防治

免疫：在本病常发地区，可对1月龄以上的仔猪用仔猪副伤寒冻干弱毒菌苗预防。

治疗：氟甲砜、克痢王、新霉素、喹诺酮或庆大+卡那+痢菌净等。

六、仔猪黄痢

仔猪黄痢又称初生仔猪大肠杆菌病，由致病性埃希氏大肠杆菌（E. Coli）引起的初生仔猪的一种急性、高度致死性传染病。

1. 临床特征

水样稀粪，黄色或灰黄色，内含凝乳小片和小气泡；病猪脱水、消瘦、昏迷或衰竭。

2. 病理变化

肠内容物呈黄色，有时混有血液；肠粘膜充血、水肿，甚至脱落；肠壁变薄，松弛，尤以十二指肠最为重要；心、肝、肾有变性，重者有出血点或凝固性坏死。

3. 防治

预防：妊娠母猪在产前30天和15天接种大肠杆菌基因工程苗；做好母猪产前产后和新生仔猪的护理；仔猪初生后12小时内口服敏感抗生素。

治疗：对仔猪黄白痢的治疗应采取抗菌、止泻、助消化和补液等综合措施。

七、仔猪白痢

仔猪白痢又名迟发性大肠杆菌，是仔猪在哺乳期内常见的腹泻病。

1. 临床特征

仔猪突然拉稀，同窝相继发生，排白色、灰白色、腥臭、糊状或浆状粪便；仔猪有时见有吐奶；一般病猪的病情较轻，及时治疗能痊愈，但多因反复发作而形成僵猪。

2. 病理变化

病死仔猪脱水，消瘦、皮肤苍白；胃黏膜充血、水肿，肠内容物灰白色，酸臭或混有气泡；肠壁变薄半透明，肠黏膜充血、出血易剥脱，肠系膜淋巴结肿胀，常有继发性肺炎病变。

3. 防治

基本上与仔猪黄痢防治措施相同。

八、猪水肿病

水肿病由致病性大肠杆菌引起的断奶后仔猪的一种肠毒血症。

1. 临床特征

眼睑、头、颈部甚至全身水肿；尖叫，口吐白沫；肌肉震颤，盲目行走，转圈，共济失调，痉挛或惊厥，倒地搐动，四肢划动，最后四肢麻痹，不能站立，休克性死亡。

2. 病理变化

上下眼睑、颜面、下颌部等胶冻水肿；胃黏膜胶冻水肿；心包和体腔内有血色积液；全身淋巴结几乎都有不能程度的水肿，肠系膜（结肠、小肠系膜）淋巴结尤为突出。

3. 防治

对于本病的治疗，可肌注“猪水肿”注射液和地塞米松磷酸钠注射液；体温较高的病猪，再加30%安乃近；对水肿表现严重的另加肌注呋噻米；对于绝食的病猪，再肌注亚硒酸钠维生素E注射液。

第六节　猪的人工授精技术

一、采精

1. 采精前的准备

采精前的准备包括采精器械的清洗和消毒以及稀释液的配制。稀释液要求新鲜，宜现配现用。

2. 采精

采用徒手采精法。公猪在爬跨前，用0.1%高锰酸钾水擦洗下腹部和包皮，再用干净毛巾擦去高锰酸钾水，擦拭的方向应由包皮向后单向擦，不能由后向前或来回擦。

3. 精液检测

每次采精后应对射精量、精液颜色、气味等进行检测。有黄、红、绿等颜色或异味的精液不得使用，同时在37～38℃条件下对精液进行镜检，镜检内容包括精子活力、精子的密度、畸形精子率和pH等。

4. 精液的稀释

根据精子活力和密度，精液一般可稀释0.5～4倍。稀释时，首先将稀释液温度调到精液温度相等或略低于精液1℃以内，然后将定量的稀释液沿精液瓶壁缓缓倒入，并轻轻摇匀。稀释后立即对精液进行镜检，精子活力在0.6级以上者方可分装。

5. 精液的分装

将稀释后的精液分装精液瓶内，注明公猪品种、耳号、采精日期、精子密度、活力等，不同品种、不同个体的公猪精液不能混合起来使用。在分装过程中要注意无菌操作。

6. 精液保存和运输

精液应放在阴暗避光处，保存温度为11～25℃，其中以14～18℃最好，低温保存时温度不得低于4℃。在运输过程中，应保持适宜的温度，尽量避免震荡和阳光直射。

二、输精

1. 确定母猪输精时间

用手按压母猪腰背部，母猪站立不动，两耳竖立或扇动，且推臀不动，阴道黏液浓稠，结合询问畜主，发情后36～48小时为最佳输精时间。

2. 输精前的准备

冬季输精或经低温保存的精液，输精前需升温，并检查精子活力是否符合要求，活力评定在0.6级以下者不能供输精用。之后将消毒的输精管和注射器接好，用生理盐水或稀释液冲洗，再吸取摇匀的精液，精液静置产生的沉淀物要抽干，吸取精液动作要缓慢。

3. 输精

用0.1%高锰酸钾液清洗母猪外阴、尾根，再用温水浸湿毛巾，擦干外阴部，并对阴部按摩，达到性高潮。从密封袋中取出一次性输精管（手不应接触输精管前2/3部分），将输精管涂上精液润滑，呈45°角向上逆时针旋转插入阴道25～30厘米，当感到阻力时，继续缓慢旋转同时前后移动，轻轻回拉不动，确认子宫锁定。之后用针头在输精瓶底部扎一个小孔，压背，抚摸外阴刺激母猪，使子宫产生负压，将精液吸纳。切勿将精液挤入母猪生殖道内。每头母猪在一个发情期内至少输精两次，两次输精时间间隔8～12小时，并做好配种记录。

第七节　种猪场技术要求

作为种猪场，在做好常规性的生产管理工作同时，还要做好种猪的选育工作。我国每年从国外引进大量的种猪，同时由于重引种，轻选育，猪选育工作总体上不到位，繁育体系不完善，猪群遗传水平逐年下降，最终不得不淘汰种猪群，重新引进大量种猪，陷入“引种—维持—退化—再引种”的恶性循环局面。因此，种猪选育是种猪场的一项核心工作，只有持续地开展好场内种猪选育工作，制定科学合理的种猪选育方案，才能提高种猪场的核心竞争力和商品猪市场竞争力。

一、加强选育，扩建育种核心群

1. 科学制定选育目标

种猪场引进种猪后，要根据种猪特点以及猪场管理水平，制定相应性状的具体选育目标。父系选育目标应以日增重和瘦肉率为主攻目标，母系选育以日增重、瘦肉率和总产仔数为主攻目标，最终以培育繁殖性能优秀、生长速度快、瘦肉率高、适应性强和高健康水平的种猪为目的。

2. 选育方法

大型种猪场选育方法一般要根据现代数量遗传学原理，采用个体、家系、后裔综合性能测定技术，将多个目标性状综合在一起，制订综合选择指数，按综合选择指数的高低，同时结合体型外貌及健康状况把最优秀、符合本品种育种要求、选择指数最高的公母猪个体，组建成基础核心群。

核心群组建后，核心群的公母猪采取在避免近交情况下进行随机交配，各公猪所配母猪数大体相同，后裔转出保育后，参与群体测定。测定结果按指数高低结合体型外貌选留，一般等量留种，每个公系半同胞留 1 头公猪，每个母系全同胞留 1~2 头母猪，转入下一个世代的品系繁育。在各世代选育中有些公猪和母猪的生产和繁殖性能很低，后裔发育差或出现遗传疾病，必须进行淘汰，这样可能使公母猪数量减少，血缘变窄，导致近亲系数增加，此时可引进一些同质优秀外血公猪或母猪，参与世代繁育，以扩大血缘。

二、选种

选种是育种工作的核心。选种工作有 3 个关键环节，即测定、评估和留种。测定是选种的基础，遗传评估为选种提供依据，留种是选种的归宿。

1. 种猪测定

严格、持久的场内测定是改良种猪群的根本措施，是选种选育工作的基础，连续测定与强度选择是育种成败的关键。测定员应为省一级以上畜牧兽医技术培训中心认证的技术员，测定人员要求相对稳定。种猪测定的具体项目、过程及要求可参照《全国种猪遗传评估方案》。

2. 遗传评估

测定数据要及时输入 GBS 育种软件中，运用育种软件进行遗传评估，用 BLUP 法估算性状育种值，将多个目标性状综合在一起，制订综合选择指数。综合选择指数是根据个体多个性状的育种值信息进行加权成的一个数字，是多性状选择，是选种的一个重要依据。

3. 后备选留

后备猪的选留实行三阶段严格选留法。首先是 70 日龄阶段：在这阶段选留的个体必须健康，无遗传缺陷（隐睾、锁阴等），生长发育正常，体形外貌符合品种特征；其次是 50~60 千克阶段进行的中期测定：主要测体重、背膘厚、眼肌面积，结合体型外貌，选择优秀种猪继续参加性能测定；最后是 85~105 千克阶段进行的末期测定，这阶段主要是统计耗料，个体称重，背膘厚、眼肌面积以及胸围等，及时将测定数据输入 GBS 软件中，运用育种软件进行遗传评估获得综合选择指数。遗传评估后，按照综合选择指数的高低，结合体形外貌、肢蹄结实度、后备猪血缘关系等科学合理地选留后备种猪。

三、育种

1. 健康育种

随着养猪业的发展，猪病越来越复杂，同时猪的疫病对育种工作的制约作用越来越明显。因此在做好卫生防疫的同时，还要加强抗病育种。为了获得高质量、高性能、高健康水平的“绿色”种猪，在综合指数选择与质量性状选择同时，可以利用实验室设备对计划选留个体进行实验室检查，如利用血清学试验、ELISA 或 PCR 检测抗体或病毒，确保选留种猪个体具有良好的健康状况，保证健康育种。

2. 联合育种

开展联合育种必须有遗传联系，通过种猪或精液交换来实现。加强场间合作和横向发展，以点带面，开展同地域多场协同的场内测定与评估，资源共享，联合育种，以进一步提高选种选育工作的效率，同时为全国性种猪联合育种奠定基础。

第八节　目前国家对养猪的扶持政策

近年，我国经济快速发展，人民生活水平不断提高，对猪肉的需求也在急剧上升。为防止食品安全事故的发生、确保“菜篮子”产品稳定供应，促进农民增收致富，国家部门和地方政府出台了许多的优惠政策，以推进养猪业标准化规模养殖，加快养猪业转型升级。

一、能繁母猪补贴政策和保险政策

1. 补贴政策

为调动养猪场户饲养能繁母猪的积极性，促进生猪生产持续健康发展，国家按每年每头 100 元的补贴标准，对饲养能繁母猪的养殖户（场）给予补贴。

2. 保险政策

为有效降低养殖能繁母猪的风险，鼓励能繁母猪生产。每头能繁母猪保额为 1 000 元，保费 60 元，其中，养殖户自行担负 12 元，中央和地方财政直接补贴 48 元。保险责任涵盖母猪饲养过程中面临的主要疾病、自然灾害和意外事故。

二、良种补贴政策

为了加快原良种猪场建设，提高良种覆盖率，国家对重点原良种猪场、扩繁场、省级生猪改良繁育中心给予适当支持，对购买良种猪精液的给予补助，每年每头能繁母猪补助40元。

三、生猪调出大县（农场）的奖励政策

为充分调动地方发展规模化生猪生产的积极性，国家对生猪调出大县（农场）给予适当奖励。奖励资金专项主要用于改善生猪生产条件，加强防疫服务和贷款风险、保费的补助等方面。

四、生猪标准化规模饲养的扶持政策

实行标准化规模饲养是生猪生产的发展方向。为了鼓励大型标准化生猪养殖场的建设，引导农民建立养殖小区，降低养殖成本，改善防疫条件，提高生猪生产能力，国家对标准化规模养猪场（小区）的粪污处理和沼气池等基础设施建设给予适当支持。年出栏500~900头的养猪场（小区）补助20万元；年出栏1 000~1 999头的养猪场（小区）补助40万元；年出栏2 000~2 999头的养猪场（小区）补助60万元；年出栏3 000头以上的养猪场（小区）补助80万元。

五、生猪规模化养殖场无害化处理补助

为促进生猪生产持续健康发展，有效防控重大动物疫病，保障动物产品质量安全，国家对年出栏生猪50头以上，并对所有病死猪进行无害化处理的生猪规模养殖场将给以一定的补助。每头病死猪无害化处理费为80元，补助资金由中央和地方财政按比例分担。

第二十章　规模土鸡生态放养实用技术*

第一节　概　述

“土鸡”是以放养方式养殖的本地鸡或国内地方鸡种在市场上被冠以的俗称，有的叫草鸡、柴鸡、笨鸡，有别于笼养的肉鸡、蛋鸡。广大人民群众在长期的生产生活中，经自然和人工选择培育出了丰富的地方优良品种，如昭通市的盐津乌骨鸡、威信大种鸡以及广东广西的三黄鸡、杏花鸡、麻鸡等，它们的特点是觅食强、耐粗饲、就巢性强、抗病力强、耐粗放，肉质鲜美、风味浓、口感好等特点。土鸡，由于品种间相互杂交，因而鸡的羽毛色泽有“黑、红、黄、白、麻”等，公鸡冠大而红，性烈好斗，母鸡鸡冠极小，脚的皮肤也有黄色、黑色、灰白色等，市场消费也不一样。土鸡若与国外肉鸡杂交后，通常称为“仿土鸡”，如含外来血统较大，则不能称作真正意义上的土鸡了。

昭通市的地域面积广，多数地方山大谷深，草场、果园和山林面积宽阔，远离城市、工业污染，是发展生态、绿色、无公害土鸡产品的良好场地。

第二节　规模生态放养土鸡应具备的条件

1. 要有相关的养殖证照

如果是新建养殖场，应按照相关的法律和法规，办理相应的养殖证照。

2. 应有具体的创业计划

规模化的养殖不能盲目地进行，应该事先拟写养殖创业计划，并反复推敲计划的可行性，最终确定计划内容。

3. 具备一定的专业知识

养殖失败的诸多例子足以证实创业之前学习专业知识是很有必要的，学习的方式多种多样，除了翻阅大量的关于养殖方面的书籍之外，最有效的就是直接派相关养殖人员到其他规模养殖场里学习实践，学习的主要内容有：《动物防疫法》、规模化养殖的标准、基本的饲养管理技术、疫病防控技术以及经营管理

---

* 本章编写人：昭通市畜牧站　陈英　饶军

等知识。

4. 具有适宜的养殖场地

放养鸡生产，既要建设鸡舍，又要有适宜鸡放牧的场地。养殖场区不但要具备地势高燥、背风向阳、环境安静、水源充足卫生、排水和供电方便，而且还要有适宜放养的林区、果园、草场、荒山荒坡或其他经济林地，并满足卫生防疫要求。

5. 保证有较好的品种来源

优良的品种是饲养优质肉鸡的基础。自然放养一般选择体型中小型、活泼好动、耐粗饲、抗病力强、抗逆性好、生长发育快、肉质好、有色羽毛的著名地方品种，如三黄鸡、河南固始鸡、浙江仙居鸡等，也可以根据当地的饲养习惯及市场消费需求，选育适合当地饲养的优良品种，如盐津乌骨鸡和威信大种鸡等。

第三节　规模生态放养土鸡的创业设计

创业者需要根据项目名称拟定出自己的创业计划，并实事求是地分析项目计划的可行性。事实证明只有做好一份透彻的创业计划书，才不会在创业过程中手慌脚乱，乱了方寸。

一、项目计划

项目名称：即规模生态放养土鸡养殖场的名称，如：果园规模生态放养土鸡、林地规模生态放养土鸡。

项目投资：即此项目在实施过程中即将花费的资金。

场地选择：即此规模生态放养土鸡养殖场的规划和布局场所。

经营范围：即项目实施后即将带来经济效益的产品，如：生态土鸡、土鸡蛋、羽毛等。

二、项目的可行性分析

1. 项目计划可行性的依据

项目计划可行性的依据包括：《中华人民共和国动物防疫法》、国家或地方的有关无公害标准、《国土资源部、农业部关于促进规模化畜禽养殖有关用地政策的通知》（国土资发［2007］220 号）、《国家产业政策以及省、市、区农业中长期发展规划》等。

2. 项目计划可行性的范围

项目计划可行性的范围包括：技术含量和生产销售的可靠性分析；项目投

资、成本预算和效益分析；鸡场的建设规模、规划布局及环境分析等。

三、市场调查

仔细对生态放养土鸡产业进行较为全面的市场调查，综合分析其供求关系、市场竞争与效益（社会效益、经济效益和生态效益），并对该产业的市场前景和市场风险进行预测，这样不仅可以使自己的生产和营销模式更为明确，还可以及时地应对各种风险以减少不必要的损失。

四、确定发展思路

当事者在创业过程中要实事求是，根据自己实际情况分析得出适合自己的发展思路，规划出近期计划和远期计划，在计划实施的过程中不能随意得更改计划。

第四节　生态放养土鸡营养需要与饲料配合

一、生态放养土鸡的营养需要

饲料配方的营养水平应满足不同类型、不同生长阶段肉鸡的营养需求，具体的营养需要量见表 20－1。

表 20－1　生态土鸡参考营养需要量

项目	生态土鸡周龄		
	0～5 周	6～13 周	14 周以上
代谢能（兆焦/千克）	11.72～12.13	12.13～12.34	12.35～12.55
粗蛋白（%）	19～21	17.5～18	15～16
赖氨酸（%）	1～1.07	0.85～0.95	0.8～0.9
含硫氨基酸（%）	0.78～0.82	0.6～0.7	0.6～0.7
钙（%）	0.95	0.85	0.82
有效膦（%）	0.44	0.4	0.36

二、生态放养土鸡的饲料配方

生态放养土鸡的饲料配方中不能含影响肉质风味和肉色的动物性饲料，也不得含任何对人体有害的激素、色素和抗生素。关于生态放养土鸡的饲料配方，可以根据北京农学院何欣副教授所提供的以下实例进行选择或者适当调整。

1. 雏鸡的饲料配方

配方一：玉米55.75%、大豆粕35.17%、次粉4.00%、磷酸氢钙1.75%、猪油1.20%、石粉1.00%、食盐0.28%、预混料0.50%、氯化胆碱0.10%、赖氨酸0.08%、蛋氨酸0.17%。

这是典型的玉米—豆粕型饲粮配方，其中的豆粕价格较高、配比大。配方中添加的油脂（动物油、植物油）、赖氨酸和蛋氨酸是为了满足鸡的能量和氨基酸需要，磷酸氢钙、石粉、食盐是为了提供磷、钙、氯和钠等营养需要。

配方二：玉米55.88%、大豆粕33.48%、次粉5.00%、鱼粉1.26%、磷酸氢钙1.55%、猪油0.80%、石粉0.95%、盐0.24%、预混料0.50%、氯化胆碱0.10%、赖氨酸0.06%、蛋氨酸0.18%。

与上一个配方相比，这个配方增添了少量的鱼粉，其他原料添加量相应减少。添加鱼粉的主要目的是为了补充蛋白质和赖氨酸的不足，同时鱼粉各种养分较为全面并含有促生长因子，这样对肉仔鸡的生长十分有利。

配方三：玉米56.31%、大豆粕30.00%、次粉5.00%、菜籽粕3.00%、棉籽粕2.40%、磷酸氢钙1.10%、石粉1.11%、盐0.26%、预混料0.50%、氯化胆碱0.10%、赖氨酸0.07%、蛋氨酸0.14%、植酸酶0.01%。

这个配方的特点是在配方中添加了适量的植酸酶，其主要作用是分解植物性饲料中的植酸，使某些饲料原料中与植酸结合的矿物质元素、氨基酸、蛋白质等营养成分被释放出来，以利于被动物肠道吸收，从而提高饲粮的饲喂效果。由于植酸酶可以提高磷的利用率，因此配方中也相应地降低了磷酸氢钙的含量，从环境保护的角度来看，可以达到降低膦的污染问题。

2. 4~6周龄及之后土鸡的饲料配方

4~6周龄及之后的肉鸡在选择饲料原料基本上没有太大的变化，只是当土鸡长大后，能量需要量增加，而蛋白质、钙和磷的需要量减少，所以，这个阶段的饲料配方的比例会发生一定的改变。

配方一：玉米57.13%、大豆粕30.80%、次粉5.00%、猪油3.25%、磷酸氢钙1.54%、石粉1.30%、盐0.25%、预混料0.50%、氯化胆碱0.08%、赖氨酸0.04%、蛋氨酸0.06%。

这个阶段的玉米—豆粕型饲粮配方与0~3周龄的肉鸡相比，能量饲料所占比例增大，蛋白质、氨基酸所占比例减少。

配方二：玉米58.53%、大豆粕18.85%、次粉5.00%、棉籽粕4.00%、菜籽粕4.00%、鱼粉3.50%、猪油3.12%、磷酸氢钙0.96%、石粉1.09%、盐0.25%、预混料0.50%、赖氨酸0.06%、蛋氨酸0.06%。

由于4~6周龄的肉鸡消化能力增加，所以，这个配方中棉籽粕、菜籽粕的使用量比0～3周龄的肉鸡有所增加。

配方三：玉米58.46%、大豆粕15.00%、次粉4.00%、棉籽粕4.00%、花生粕4.00%、玉米蛋白粉4.00%、喷浆干酒糟（DDGS）4.00%、猪油2.38%、磷酸氢钙1.57%、石粉1.38%、盐0.30%、预混料0.50%、赖氨酸0.24%、蛋氨酸0.08%、植酸酶0.01%。

这个饲料配方从原料选择上比较复杂，但是配方成本相对较低，主要包括玉米、豆粕、杂粕、玉米蛋白粉、喷浆干酒糟、植酸酶这几种，其中，植酸酶可以提高整个配方中营养物质的利用率。

第五节　规模生态放养土鸡饲养管理技术

一、育雏鸡的饲养管理

1. 育雏准备工作

首先要保证育雏舍的房屋保温性能好、不渗漏雨水，并能通风换气（如果通风不好则容易发生慢性呼吸道疾病、新城疫和禽流感等疫病），墙壁无裂缝，地面平整、无鼠洞且干燥；其次要准备好保温设备、饲槽、饮水器、温度计、湿度计、清粪工具和消毒用具等工具；最后要对育雏舍清洗及消毒，即在进雏前一周，对育雏鸡舍的周围、墙壁、地面以及饲养设备彻底冲洗，待鸡舍充分干燥后，采用两种以上的消毒剂交替进行3次以上的喷洒消毒。

2. 雏鸡饲养管理

饮水与喂料：雏鸡应先饮水后开食，雏鸡进入育雏舍后应尽快给予清洁卫生的饮水，初饮水中可加适量的复合维生素，水温要与室温保持一致。雏鸡在饮水后2小时至3小时进行喂食。喂料时要有计划，第1周每天饲喂6次以上，第2周每天饲喂4～6次，3周龄后要让鸡将食槽的料吃完了后再喂料。每次加料以料盘的1/4高度为宜，饲料要求新鲜，颗粒大小适中，易于啄食，营养丰富，容易消化。

温度：保温是育雏成败的关键，一般可采用电灯、烟道、火炉等设备供温。操作时可看鸡施温，如雏鸡全部挤在热源附近打堆尖叫，说明温度太低；如远离热源并张翅呼气，则温度太高；如均匀地卧在地面，伸脚休息，自由运动，证明温度适宜。育雏期的适宜温度见表20－2。

相对湿度：虽然相对湿度不像温度那样要求严格，但在极端情况下或与其他因素共同发生作用时，可能对雏鸡造成较大危害。夏季越湿越热，冬季越湿越冷，因此在鸡舍或饲养的环境中尽量避免潮湿。育雏期的适宜湿度见表20－3。

密度：育雏期适宜的饲养密度主要依据日龄和饲养方式而定，具体见表20－4。

表20－2　雏鸡各阶段的适宜温度

阶段	1～3日龄	2周龄	3周龄	4周龄	5周龄	6周龄
适宜温度	35～33℃	30～28℃	28～26℃	26～24℃	24～21℃	21～18℃

表20－3　雏鸡各阶段的适宜湿度

阶段	0～7日龄	8～10日龄	15～28日龄	>28日龄
适宜湿度	65%～70%	60%～65%	55%～60%	26～24℃

表20－4　雏鸡各阶段的适宜密度

阶段		1日龄～3周龄	4周龄～6周龄
每平方米	平养	20只～35只	10只～20只
	笼养	30只～50只	15只～25只

光照时间和强度：密闭鸡舍的雏鸡在3日龄之前每天应24小时光照，以后每天为20～23小时。光照强度过大会引起啄癖，因此开放式鸡舍在白天可通过遮盖部分窗户来消减自然光照强度。随着鸡龄的增大，光照强度由强变弱。1～2周龄时，每平方米应有2.4～3.2瓦的光照强度；从第3周龄开始改为每平方米0.8瓦～1.3瓦；4周龄后，弱光可使鸡群安静，有利于生长。

断喙：为减少啄癖的发生，建议对7日龄～10日龄的雏鸡施行断喙，在断喙的前1天在饮水中加入复合维生素以减少应激。断喙时将雏鸡喙尖在断喙器上轻轻地烙烫，去掉上喙尖钩，严格控制好断喙的长度，以保证上市时成鸡喙的完整性。

二、放养鸡的饲养管理

1. *放养准备工作*

首先要查看并修补放养地围栏的漏洞，避免鼠害、蛇等天敌的侵袭，必要时在放养前灭一次鼠；其次在放养地搭建鸡舍，以便鸡群在雨天和夜晚歇息；最后对拟放养的鸡群进行筛选，淘汰病弱、残肢的个体，同时保证在鸡活动范围内有充足、卫生的水源供给。

2. *放养时间的选择*

放养期一般从雏鸡脱温后，即4周龄之后，当白天气温不低于15℃时开始放养，气温低的季节，40～50日龄开始放养。在放养初期，要加强调教，形成定时补饲、定时放养和定时归舍的习惯。

3. 选择适宜的放养密度

放养应坚持“宜稀不宜密、全进全出”的原则。适宜的饲养密度便于防病治病，降低养殖风险。各种类型的放养场地一般每年饲养2批次，根据土壤畜禽粪尿（氮元素）承载能力及生态平衡，在不施加化肥的情况下，果园、草地和山坡的养殖密度分别为每批不超过44只/亩、25只/亩和40只/亩。

4. 合理的分群饲养

公鸡争斗性较强，饲料效率高，竞食能力强，体重增加快；母鸡沉积脂肪能力强，饲料报酬低，体重增加慢。公母分群饲养，各自在适当的日龄上市，有利于提高成活率与群体整齐度。

5. 合理喂料

鸡在野外自由觅食的自然营养物质，远远不能满足鸡生长的需要，因此要进行人工喂料，通常应根据鸡的日龄、生长发育、林地草地类型、天气情况决定人工喂料的次数、时间及喂料量。喂料量随着鸡龄增加而增加，具体为：5~8周龄，每只喂料50~70克/天；9~14周龄，每只喂料70~100克/天；15周龄至上市每只喂料100~150克/天。

6. 严防中毒

利用农田、果园、菜园等场地养殖土鸡的，如果农田、果园和菜园等喷过杀虫药和施用过化肥后，需间隔3天（雨天）或5天（晴天）以上才可放养，以防鸡群出现中毒。鸡场应常备解磷定、阿托品等解毒药物，以防不测。

第六节　生态放养土鸡疾病防治技术

一、疫病的常见预防措施

1. 定期消毒

在鸡舍门口的消毒池内铺垫麻布，并用消毒剂浸湿麻布，同时每星期在鸡舍周围撒一层生石灰，以便鸡在进出时消毒。

每批鸡出售后，对鸡舍墙壁、地面、饲养设备以及鸡舍周围彻底冲洗，鸡舍充分干燥后，采用2种以上的消毒剂交替进行3次以上的喷洒消毒，在进下一批鸡之前，再进行一次消毒。消毒剂可选用含过氧乙酸、火碱、醛类、碘伏、有机氯制剂、复方季铵盐等成分的消毒剂，所选消毒剂的使用浓度、配制方法、使用时间等，详见产品的使用说明书。

2. 合理免疫

鸡场应根据当地流行的鸡疫病种类进行免疫，其中新城疫和高致病性禽流感是强制性免疫病。免疫剂量及方法，按照各疫苗的使用说明书进行。放养鸡的常见免疫程序见表 20－5。

表 20－5　免疫程序

日龄	疫苗	免疫方法
3～5	肾型传支 W93	滴鼻或饮水
8～10	新城疫克隆 30 或Ⅳ系＋H120	滴鼻或饮水
13～15	法氏囊 B87 或法氏囊多价苗	滴鼻或饮水
	鸡痘疫苗	翅部刺种或皮下注射
15～18	禽流感 H5＋H9 二联灭活苗	皮下或肌肉注射
23～25	法氏囊 B87 或法氏囊多价苗	滴鼻或饮水
30～35	新城疫克隆 30 或Ⅳ系＋传支 H52	滴鼻或饮水
	或新城疫—传支二联灭活苗	皮下或肌肉注射
40～45	禽流感 H5＋H9 二联灭活苗	皮下或肌肉注射
50～60	禽霍乱灭活苗	肌肉注射
	鸡痘疫苗	翅部刺种或皮下注射
90～100	新城疫克隆 30	滴鼻或饮水
	或新城疫—传支二联灭活苗	皮下或肌注

3. 定期驱虫

由于土鸡生活在野外生态环境中，鸡群采食蚯蚓、昆虫、蜗牛、陆地螺等，易患寄生虫病，特别是蛔虫病和绦虫病，因此，在放养阶段一般要进行两次预防性驱虫，第一次是在 60～75 日龄，第二次是在 100～110 日龄，两次都是用吡喹酮粉剂和阿维菌素粉剂混入饲料中，拌料 3～5 天，吡喹酮量按每千克鸡体重 15 毫克一次服用剂量计算，阿维菌素量按每千克鸡体重 0.03 毫克一次服用剂量计算。另外，雏鸡在 3～50 日龄要用抗球虫药（如磺胺喹恶啉、复方磺胺二甲嘧啶钠、莫能菌素、地克珠利 、球痢灵、氯苯胍等）经饮水或拌料以抗球虫。

二、常见疫病的诊治

1. 新城疫

（1）症状。多数情况下病鸡表现精神不振，采食减少，翅下垂，站立不稳，张口呼吸，咳嗽，发生呼噜声，呼吸困难，部分鸡拉绿色稀粪。发病后期，一些病鸡出现扭头、歪颈、转圈等神经症状。

（2）病变。解剖可见气管环状充血，内有黏液或混有血丝；腺胃乳头出血是新城疫特征性病变，肌胃角质膜下点状、条状出血；肠道广泛性出血，在小肠表面有散在的枣核状红肿病灶，剪开小肠可见黏膜面有枣核状的出血斑或溃殇，盲肠扁桃体肿胀、出血。

（3）防治。本病目前尚无特效药物，病鸡应补充电解多维、黄芪多糖等增强鸡抵抗力。鸡群发生新城疫后，立即用 3～4 倍量新城疫Ⅳ系苗或克隆 30 点眼、滴鼻或饮水，两月龄以上的鸡也可用 2 倍量新城疫 I 系苗肌肉注射进行紧急免疫（紧急免疫前后 5 天不能用抗病毒药物）。

2. 禽流感

（1）症状。病鸡头颈肿胀，有明显的呼吸症状，脚掌、趾肿胀，鳞片出血，急性病鸡精神不振，采食下降，鸡冠、肉髯肿胀发紫，出血，坏死。部分病鸡下痢，排绿色粪便。

（2）病变。解剖可见头、颈及胸部皮下有淡黄色胶冻样水肿；气管充血、出血，心包膜和气囊增厚并附着淡黄色渗出物，卵黄性腹膜炎；腺胃乳头出血、腺胃与肌胃交界处出血，肠黏膜和胰腺也有出血点。

（3）防治。本病目前尚无特效药物，病鸡应补充电解多维、黄芪多糖等增强鸡抵抗力。发生非高致病性禽流感时，发病初期可紧急接种疫苗。由于禽流感各亚型之间缺乏交叉保护，应根据当地流行病毒血清型特点选择疫苗。

3. 鸡白痢

（1）症状。病雏鸡排白色黏稠粪便，肛门周围羽毛有石灰样粪便沾污；雏鸡卵黄吸收不良，呈黄绿色液化或呈棕黄色奶酪样；一些病鸡会引起关节肿大，跛行。

（2）病变。剖检可见肝肿大、充血，肝脏和脾脏上有黄白色坏死点；盲肠膨大，肠内有干酪样凝结物；病程长则可在心肌、肌胃、肠管等部见到隆起的白色结节。

（3）防治。在雏鸡的饮水中加入恩诺沙星、环丙沙星等药物可以起到预防和治疗本病的作用。

4. 大肠杆菌病

（1）症状。眼球炎，眼球浑浊并有淡黄色分泌物；皮肤、肌肉淤血，血呈紫黑色、不易凝固。

（2）病变。解剖可见心外膜、肝膜、腹膜和气囊增厚，表面覆盖有灰白色的纤维素渗出物；肠黏膜出血；肝肿大呈紫红色；心包积液等。

（3）防治。由于大肠杆菌易产生耐药性，应经常更换使用恩诺沙星、氟苯尼考、土霉素、新霉素、庆大霉素、先锋霉素等药物。

5. 球虫病

（1）症状。常见典型症状是拉稀及血便。病鸡精神不振，逐渐消瘦，足和翅膀多发生轻瘫，产蛋鸡的产蛋量减少。

（2）病变。剖检可见盲肠显著肿大，呈紫红色，肠腔充满凝固或新鲜的暗红色血液，盲肠壁变厚，并伴有严重的糜烂；小肠扩张增厚，有严重的坏死，肠壁深部和肠腔积存凝血，使肠的外观呈淡红色或褐色，肠壁有明显的淡白色斑点和黏膜上的许多小出血点相间杂。

（3）防治。在育雏阶段用疫苗或抗球虫药物进行预防，药物使用时应注意交替用药；发病鸡用抗球虫药物并配合维生素 K 帮助止血以促进康复；另外，定期用烧碱对鸡舍和硬化的放养场地进行消毒。

6. 慢性呼吸道病

（1）症状。鸡发病时见有浆液性或黏液性的鼻液堵塞鼻管，后期可见眼睑肿胀，产蛋鸡还会引起产蛋下降。

（2）病变。解剖病鸡可见有气囊炎，表现为气囊变为云雾状，附有白色分泌物。

（3）防治。治疗时常用金霉素、土霉素及红霉素等药物。

第七节　生态放养土鸡经营管理

一、建立养殖档案

养殖场需要建立的养殖档案包括：雏鸡来源、进雏日期、进雏数量以及动物检疫合格证明等；每天的生产日期、日龄、日死淘以及温度、湿度等；饲料和兽药使用对象、使用时间和用量记录等；免疫时的免疫日龄、免疫时间、免疫对象、免疫方式以及疫苗用量等；抗体监测及病死鸡剖检记录。以上生产管理档案应保存两年以上。

二、适时上市

一般情况下，当土鸡平均体重达 1.5～2.5 千克/只（公鸡 9～11 周龄、母鸡 10～11 周龄）时，其肌肉结实，富含蛋白质，肉质细嫩多汁，口感好，料、肉比最佳（1.9∶1～2.1∶1），毛色、体型等卖相也好，便可上市销售。当然也特别需要根据市场行情及售价，适当缩短或者延长上市时间。

三、成本核算

为了做到心中有数，养殖场要对每一批鸡单独进行成本核算。生产过程中建立完整的流水账目，包括支出及收入，有针对性地减少支出而提高养殖利润，最后算出亏盈并作出合理评估。

第二十一章　优良牧草栽培与利用实用技术*

第一节　概　述

牧草是可供畜禽采食的草类，其以草本植物为主，也包括藤本植物、半灌木和灌木。栽培的牧草主要是豆科、禾本科牧草。

牧草中各种营养成分的含量及其消化率都大大高于农作物秸秆而接近精料，而且矿物质和维生素的含量丰富，青绿多汁，气味芬芳，适口性好，可促进家畜的生长发育。

随着农业种植结构的调整、退耕还林和还草力度的加大，畜牧业也进一步向优质高效迈进，种植牧草、以草养畜，已成为振兴农村经济的一个支柱产业。在这种大好形势下，要科学种田，选择适应昭通市种植的高产优良畜牧牧草品种，建立良好的生态农业，加速草畜的产业化进程，最终达到保持草地内牧草与草食家畜的动态平衡，才可稳步发展持续健康的畜牧业。

本文简要介绍了牧草的品种及其栽培技术、病虫害防治技术、收获与利用以及加工调制与贮藏等技术，以期为读者在栽培优良牧草方面提供理论指导和技术指导。

第二节　主要牧草品种及栽培技术

一、豆科牧草及其栽培技术

1. 白三叶

（1）品种性状和适应区域。白三叶主要品种有海弗和草地休衣，长寿多年生，一般 7 ~ 8 年。白三叶的耐热、耐寒、抗旱方面均表现良好，喜温暖湿润气候，年降雨量不应少于 600 毫米；最适生长温度为 19 ~ 24℃；耐酸性土壤，最适 pH 值 5.6 ~ 7。

---

* 本章编写人：昭通市畜牧站　刘龙邦

（2）栽培技术要点。白三叶种子细小，播前须精细整地，亩施有机肥1 500千克和25千克钙镁磷肥作底肥。白三叶在昭通可以夏播和秋播，白三叶条播、撒播均可，播种深度0.5厘米，其中夏播注意苗期除杂。

2. 红三叶

（1）品种性状和适应区域。红三叶为豆科三叶草属短期多年生草本植物，生活年限为3～5年。红三叶适于温带、暖温带和湿润半湿润地带种植，在年降雨量1 000毫米以上地方生长良好，适于昭通东北部的温带地区和西南部降雨量大的局部栽培；其最适pH值6～7，以排水良好、土壤肥沃的粘壤土生长最佳。红三叶耐阴，常与鸭茅混种作果园草。

（2）栽培技术要点。红三叶种子细小，播前应均细整地，亩施1 500～2 000千克厩肥作底肥，并用红三叶根瘤菌拌种，夏、秋播均可，一般为秋播，在昭通可在8月下旬至9月上旬播种，亩播量为0.7～1千克。

3. 大翼豆

（1）品种性状和适应区域。大翼豆原产于中美洲和南美洲、澳大利亚等热带和亚热带地区。大翼豆性喜潮湿、温暖的热带亚热带气候，最适生长温度22～30℃，温度降到10～15℃时生长缓慢；较耐旱，在年降雨量700～800毫米的区域可以栽培；耐酸性强，在pH4.5～8的土壤中能良好生长。

（2）栽培技术要点。播种前翻耕土壤，消灭杂草，可撒播或条播，亩施1 000千克厩肥和20千克钙镁磷肥，每亩条播和撒播的播种量分别是0.4千克和0.8千克，与禾本科牧草隔行条播时，行距为40厘米。

4. 圭亚那柱花草

（1）品种性状和适应区域。圭亚那柱花草原产于拉丁美洲，在澳大利亚的热带地区广泛种植。圭亚那柱花草性喜高温、多雨的潮湿气候，种子在18℃发芽，到22℃生长较快，耐热、耐旱、耐酸，也耐水淹，畏霜冻，适宜昭通北部降雨量在1 000毫米以上的江边河谷栽培。

（2）栽培技术要点。播种前应精细整地，每亩施厩肥1 000千克，钙镁磷肥30～40千克，土壤应补充铜、钼、硼等微量元素肥料。播种前，种子要划破种皮，雨季来临即可播种，播种量为0.15～0.35千克/亩，条播、穴播均可，条播行距50～60厘米，穴播行距50～100厘米，每穴5～6粒。

二、禾本科牧草及其栽培技术

1. 多年生黑麦草

（1）品种性状及适应区域。多年生黑麦草为禾本科黑麦草属短寿多年生疏从型禾草，一般存活4～5年，条件适宜时，也可多年不衰，播种后第二年产量最高。多年生黑麦草喜温暖湿润气候，其生长发育的最适温度为20～25℃；性喜肥，适宜在肥沃、湿润、排水良好的壤土或黏土上种植，适宜的pH为6～7；再生性好，分蘖力强，据测定平均分蘖数44个，是同条件的无芒雀麦、弯穗鹅冠草的5倍；耐刈割，一年可割草2～3次，刈割后的再生枝条超过刈割前的分蘖总数；在年降水量500～1 500毫米的地方都可种植，最宜900～1 000毫米的降水条件。

（2）栽培技术要点。多年生黑麦草种子小，幼苗纤细，顶土力弱，种植地要深翻松耙，使土壤上虚下实，为种子出苗创造良好的土壤条件。由于根系发达，分蘖多，再生快，每次刈割后要及时追施氮肥，每亩5～10千克，若为酸性土壤，可增施钙镁磷肥每亩10～15千克。

2. 鸭茅

（1）品种性状及适应区域。鸭茅又名果园草，属温带著名牧草，在良好的条件下，鸭茅是长寿多年生草，一般6～8年，多者可达15年，以第二、第三年产草量最高。鸭茅适宜于湿润而温凉的气候，其最适生长温度为10～28℃；鸭茅适应的土壤范围较广，在肥沃的黏性土壤上生长最好；若在果树林下或高秆作物下种植，能获得较好的效果。

（2）栽培技术要点。鸭茅幼苗期生长较慢，宜精细整地，彻底除草。鸭茅种子在我国南方各省区春秋播皆可，而以秋播为好，其中，春播以3月下旬为宜，秋播不迟于9月下旬，以防霜害，有利越冬。鸭茅种子在净种时以条播为好，播种量为0.75～1.0千克/亩。

3. 特高多花黑麦草

（1）品种性状及适应区域。特高多花黑麦草是一种中早熟型品种，喜温凉湿润气候，最适生长温度为10～28℃，在昭通市各县（区）均可种植。多年的研究与推广应用证明，昭通市利用冬闲田种植特高多花黑麦草，可以在不影响粮食生产的前提下，生产出高产优质的青饲料，有效地缓解冬春季优质青饲料供应紧缺问题。

（2）栽培技术要点。在昭通的高寒山区、坝区为夏播（于5～6月雨季来临之前播种），江边河谷区则在9月下旬播种。翻耕条播时，播种量1.5千克/亩，亩施1 000千克厩肥和25千克钙镁磷肥；在20℃的坡地上也可浅穴播，播种量1千克/亩，施肥量与条播相同。一般在播种前每亩施有机肥2 000～3 000千克或复合肥10千克作基肥，每次割草后2～3天，亩施复合肥10～15千克，每次追肥后都要进行灌溉，以利养分的吸收，避免肥害。

4. 非洲狗尾草

（1）品种性状及适应区域。非洲狗尾草是禾本科狗尾草属的一个种，多年生牧草。原产于热带非洲海拔600～2 600米的地区。在昭通的江边河谷区可种植。

（2）栽培技术要点。非洲狗尾草应在夏天雨季播种，切忌在高温干旱期间播种。精细整地，应重视抑制野生杂草，每亩施农家肥1 000千克和15千克钙镁磷肥用做基肥。条播时行距为30厘米，播深为1～2厘米，播种量每亩为0.5千克，播种应同时加以轻压，使种子贴土，易于吸水萌发。可单播，也可与大翼豆、柱花草等豆科牧草混播建成优质人工放牧草地，如果与豆科牧草混播，在放牧利用时以施钙镁磷肥为主。

5. 东非狼尾草

（1）品种性状及适应区域。东非狼尾草的主要品种是威提特，原产于肯尼亚，生长于年降雨量不少于1 000毫米、海拔1 800～3 000米的热带地区及湿润的亚热带地区。此草品种适于昭通市北部江边河谷及二半山栽种，昭通市于2013年引进，目前长势良好。

（2）栽培技术要点。翻耕精细整地，亩施1 000～1 500千克厩肥作底肥，条播时行距为60厘米，亩播种0.15千克，覆盖2厘米。由于收种困难，通常可在春末夏初剪匍匐茎扦插繁殖，即将匍匐茎枝剪成25～30厘米/段，按60×60厘米的株距栽培，埋土的深度为10厘米，栽后浇水直至成活，雨季栽植最易成活。

6. 粽子雀稗

（1）品种性状及适应区域。粽子雀稗为禾本科雀稗属多年生草本植物，喜温暖湿润气候，耐短期水浸，适宜生长于降雨量不低于800毫米的地区，在湿润肥沃的土地上生长良好，在贫瘠的土地上也能生长。

（2）栽培技术要点。播前翻耕整地，每亩施厩肥1000千克和10千克钙镁磷肥。宜夏播，撒播、条播均可，条播时行距为40～50厘米，播深1～2厘米，播种量为0.5～1千克/亩。

第三节　牧草的病虫害防治技术

一、病虫害的类型

1. 侵染性病害

细菌病害：如苜蓿枯萎病；真菌病害，如白三叶的白粉病。

病毒病害：如苜蓿花叶病。

寄生植物和线虫害：如菟丝子、线虫等生理性病害。

另外，还有由于水分、养料不足或过多、温度过低或过高、阳光过强或过弱等不适合的外界环境引起的病害，如由于缺磷而导致植株矮小、水分不足而发生凋萎，低温霜冻而引起叶色褪绿等。

2. 虫害

虫害的种类极多，按其口器可分为两类，一类是咀嚼式口器类，如蝗虫、金龟子、蝼蛄、黏虫、蛴螬、地蚕等；另一类是刺吸式口器类，如蚜虫、红蜘蛛和蟒象等。

二、病虫害的防治方法

防治牧草及饲料作物的病虫害，应贯彻执行“预防为主，综合防治”的方法。具体方法有植物检疫、农业防治、生物防治、化学防治和物理、机械防治等。在实际工作中，必须因地制宜地采取多种方法进行综合防治，才能收到良好的效果。

1. 植物检疫

由专门的植物检疫站对种子、苗木等的引进调运进行检疫，以防病虫害的传播和蔓延。

2. 农业防治

主要通过选育抗病虫品种、合理轮作、土壤改良、改进田间管理等措施预防和消灭病虫害。

3. 生物防治

是指利用有益的生物消灭有害的生物，常以害虫天敌消灭害虫，如用七星瓢虫、食蚜虻、草蛉虫等防治蚜虫，利用杀螟杆菌和青虫菌消灭菜青虫、斜纹夜蛾幼虫等。

4. 化学防治

化学药剂可分为杀虫剂和杀菌剂两种。施用的方法有喷雾、喷粉、熏蒸、拌种、土壤处理、涂抹和制作毒饵等。不同性质的化学药剂对病虫害具有一定的选择性或针对性杀伤作用，所以要有针对性地要选用高效低毒、无污染、有选择性和残留期短的药品。

5. 物理机械防治

是指利用物理因素和器械消灭病虫害，如灯光诱杀、暴晒、温烫种子，草把诱杀等。

第四节　牧草的收获与利用

一、牧草的收获

牧草的收获是一项需要周密计划的重要技术环节，它是牧草生产的关键措施之一，关系到牧草的产量、营养价值和饲用价值，进而决定了种植牧草的经济价值和收益。

1. 收获时间的确定

（1）豆科牧草的收获期。一般多在初花期进行，当然也可根据不同家畜的对草产品质量标准的不同灵活掌握牧草的收获期。

（2）禾本科牧草的收获期。第一茬在抽穗期收获，以后可以根据牧草的再生速度决定收获时期，一般30～50天不等。第一茬草收获后，根据天气状况将收获的牧草晒干或青贮，以便用于平衡全年饲料的均衡供应。禾本科牧草的留茬高度为6～8厘米。

2. 收获方式

牧草的收获方式一般有两种：即刈割和放牧。其中，刈割目前采用的方法有人工刈割和机械刈割。人工刈割时在昭通普遍采用的主要工具是镰刀；机械刈割时适合昭通市山地刈割的机械是背负式圆盘割草机，其操作简单，方便快捷，一人一天可以刈割30亩草场，其他的大型割草机不宜在昭通使用。

3. 牧草适时收获的保障措施

首先是人力物力方面的准备；其次是合理搭配品种，大面积生产品种单一的牧草，很难实现适时收获，利用不同生育期（即早、中、晚熟）品种合理搭配就可解决适时收获问题；再者是适当提前收获牧草。

4. 减少牧草损失的措施

首先是临近收获期，时刻关注天气预报，尽量避免在阴雨天气收获；其次要提前做好运输及仓储工作，防止储存的牧草遭风吹、日晒雨淋；最后在收获牧草后，应将牧草晒干、青贮或青饲。

二、牧草的利用

牧草可以通过放牧、刈割、青贮或制成干草等方式加以利用。

1. 草地放牧

人工草地放牧应掌握合理的载畜量，适宜的放牧强度和放牧时期，并采用划区轮牧。

2. 刈割

牧草的利用应根据饲喂对象的不同而分期刈割，饲喂兔、鹅、鱼等可在牧草生长至30～60厘米时刈割，要现割现喂，以防一次刈割太多造成浪费；饲喂牛羊一般在抽穗期和开花期间刈割。

3. 青贮

一般青贮用牧草在抽穗期间刈割，以提高青贮的品质。割下后，切成长10厘米左右，水分控制在70%以下青贮发酵。

4. 调制干草

可选在连续2天以上的晴天刈割，割下就地摊成薄层晾晒，晒至水分含量在14%以后运回堆垛，可供冬春缺草时喂牛羊。如箭舌豌豆干草就是牲畜优良的越冬饲草，具有极高的营养价值。

第五节　牧草的加工调制与贮藏

一、牧草的青贮技术

牧草的青贮概括起来，就是要做到“六随三要”，六随即随割、随运、随切、随装、随踩、随封；三要即原料要切碎，装填要踩实，窖顶要封实。

1. 刈割与运输

禾本科和豆科牧草宜分别在孕穗至抽穗期刈割和现蕾至开花初期刈割，当两者的含水量晾干至45%以下和50%左右时便运至窖棚，切碎装贮，每立方米可装青贮料400～500千克。

2. 切碎和铡短

切碎长度为2～3厘米，同时要防止叶片花絮部分的损失，在条件不允许时也可整株青贮，但要仔细镇压。

3. 装窖和镇压

原料要逐层平摊装填，同时踩紧以排除空气，达到弹力消失，整个装窖过程要求尽可能迅速且不间断。

4. 封窖

草料装满至四周边沿与窖口相平、中间略高出呈弧形时，在原料上加盖10～20厘米厚的整株青草，踏实，随即覆土30厘米厚的土或在原料上覆盖塑料薄膜后再盖10～15厘米厚的土。封窖后头几天原料会下沉，封顶出现裂缝的，要及时加土踏实封严，防止透气漏水。

5. 对青贮窖的要求

青贮窖应修建在土质坚实、地下水位低、周围环境符合卫生要求以及取用方便的地方；窖的四壁要修得垂直光滑，以利原料下沉压紧，砖石缝隙要用水泥抹严。

二、干草的调制与贮藏

为搞好冬春饲草贮备，调制干草显得很重要。调制干草的刈割期宜在抽穗开花期，一般在6月较为合适。牧草刈割后，先让牧草在草地上干燥至含水量为35～40%时，再集成草堆连续干燥1～2天即可制成干草（含水15～18%）。干草调制完成后打捆，堆放于畜圈楼上或干燥阴凉处备用。

后　记

为推进昭通高原特色农业产业发展，加快农业科技的推广应用，我们组织在职精英专家编写了农业科技培训教材《高原特色农业实用技术》一书。全书共设“高原粮作、特色经作、淡水渔业、山地牧业”4篇21章，内容涵盖面广、技术先进、实用，真正做到了主要的昭通农业技术**“一书在手，技术全有”**。该书既是对过去和现在农业技术工作的总结，又是宣传普及农技知识、推广农业技术较好的方式和方法，同时，还使本市的农业技术未能著书传承的长期问题和农户需要综合技术而专家并非万能专家的实际问题得以很好地解决，真正为“三农”服务，促进全市农业的持续、健康与稳定发展。在此，特别由衷感谢各位专家所付出的辛勤劳动。

昭通市农业局党组书记、局长

2015年2月26日